AF544529

EUL
VERLAG

Rechnungslegung und Wirtschaftsprüfung

Herausgegeben von Prof. (em.) Dr. Dr. h. c. Jörg Baetge, Münster, Prof. Dr. Hans-Jürgen Kirsch, Münster, und Prof. Dr. Stefan Thiele, Wuppertal

Band 49
Florian Gallasch
Die Bilanzierung von Versicherungsverträgen nach IFRS 4 Phase II – Das Bewertungsmodell für Erst- und passive Rückversicherungsverträge im Schaden- und Unfallbereich
Lohmar – Köln 2014 • 344 S. • € 63,- (D) • ISBN 978-3-8441-0374-8

Band 50
Christoph Pier
Die Bilanzierung landwirtschaftlicher Vermögenswerte nach IAS 41 und den Regelungsänderungen „Agriculture: Bearer Plants"
Lohmar – Köln 2015 • 288 S. • € 58,- (D) • ISBN 978-3-8441-0383-0

Band 51
Florian Steinbach
Der Kapitalisierungszinssatz in der Praxis der Unternehmensbewertung – Theoretische und empirische Analyse der Ermessensspielräume bei der Ermittlung objektivierter Unternehmenswerte nach IDW S 1
Lohmar – Köln 2015 • 296 S. • € 59,- (D) • ISBN 978-3-8441-0403-5

Band 52
Peter Dittmar
Behavioral Auditing – Begrenzte Rationalität und Entscheidungsheuristiken im Kontext der Urteilsbildung des Abschlussprüfers
Lohmar – Köln 2015 • 320 S. • € 62,- (D) • ISBN 978-3-8441-0418-9

Band 53
Vladimir Schirott
Bilanzabgang nach IFRS am Beispiel der Verbriefungstransaktionen – Eine konzeptionelle und bilanzpraktische Würdigung
Lohmar – Köln 2016 • 296 S. • € 59,- (D) • ISBN 978-3-8441-0438-7

Bilanzabgang nach IFRS

am Beispiel der Verbriefungstransaktionen

- Eine konzeptionelle und bilanzpraktische Würdigung -

Inaugural-Dissertation

zur Erlangung der Würde eines

Doktors der Wirtschaftswissenschaften

der Wirtschafts- und Verhaltenswissenschaftlichen Fakultät

der Albert-Ludwigs-Universität zu Freiburg im Breisgau

vorgelegt von

Diplom-Volkswirt Vladimir Schirott (geb. Gryshchenko)

aus Volnovakha, Ukraine

2015

Dekan: Prof. Dr. Gollhofer

Erstgutachter: Prof. Dr. Kessler, StB

Zweitgutachter: Prof. Dr. Hoffmann, WP, StB

Tag des Promotionsbeschlusses: 30.09.2015

Reihe: Rechnungslegung und Wirtschaftsprüfung · Band 53

Herausgegeben von Prof. (em.) Dr. Dr. h. c. Jörg Baetge, Münster, Prof. Dr. Hans-Jürgen Kirsch, Münster, und Prof. Dr. Stefan Thiele, Wuppertal

Dr. Vladimir Schirott

Bilanzabgang nach IFRS am Beispiel der Verbriefungstransaktionen

Eine konzeptionelle und bilanzpraktische Würdigung

Bibliografische Information der Deutschen Nationalbibliothek

Die Deutsche Nationalbibliothek verzeichnet diese Publikation in der Deutschen Nationalbibliografie; detaillierte bibliografische Daten sind im Internet über <http://dnb.d-nb.de> abrufbar.

Dissertation, Albert-Ludwigs-Universität zu Freiburg im Breisgau, 2015

ISBN 978-3-8441-0438-7
1. Auflage Januar 2016

JOSEF EUL VERLAG GmbH
Brandsberg 6
53797 Lohmar
Tel.: 0 22 05 / 90 10 6-6
Fax: 0 22 05 / 90 10 6-88
E-Mail: info@eul-verlag.de
http://www.eul-verlag.de

Bei der Herstellung unserer Bücher möchten wir die Umwelt schonen. Dieses Buch ist daher auf säurefreiem, 100% chlorfrei gebleichtem, alterungsbeständigem Papier nach DIN 6738 gedruckt.

Vorwort

Mein Dank gilt zuerst meinem Doktorvater Prof. Dr. Wolfgang Kessler für die außerorderlich gute Betreuung und Unterstützung meiner nebenberuflichen Promotion sowie viele hilfreiche Anregungen und Diskussionen.

Prof. Dr. Wolf-Dieter Hoffmann danke ich nicht nur für seine kritischen Beiträge und die freundliche Übernahme des Zweitgutachtens, sondern auch dafür, dass er bereits während meines VWL-Studiums in Freiburg mein Interesse für die internationale Rechnungslegung geweckt hat. Ohne ihn wäre diese Arbeit nie entstanden.

Schließlich danke ich meiner Frau Julia für den vorbehaltlosen Beistand und die Ermutigung während meiner Promotionszeit.

Düsseldorf, im Dezember 2015 Vladimir Schirott

Inhaltsübersicht

Vorwort V

Inhaltsübersicht VII

Inhaltsverzeichnis IX

Abbildungsverzeichnis XV

Tabellenverzeichnis XVII

Abkürzungsverzeichnis XIX

Verbriefungsglossar XXV

1 Problemstellung, Zielsetzung und Aufbau der Arbeit 1

2 Verbriefungstransaktionen als Untersuchungsobjekt 5

3 Konzeptionelle Grundlagen 19

4 Ausbuchungskonzeption des IAS 39/IFRS 9 und IFRS 10 33

5 Bilanzierung bei Voll-, Teil- und Nichtausbuchung 149

6 Eigener Ausbuchungsansatz 221

7 Thesenförmige Zusammenfassung 227

Anhang 231

Literaturverzeichnis 233

Rechtsquellenverzeichnis 251

Rechtsprechungsverzeichnis 253

Verzeichnis der sonstigen Quellen 255

Inhaltsverzeichnis

Inhaltsübersicht V

Inhaltsverzeichnis IX

Abbildungsverzeichnis XV

Tabellenverzeichnis XVII

Abkürzungsverzeichnis XIX

Verbriefungsglossar XXV

1 Problemstellung, Zielsetzung und Aufbau der Arbeit 1

2 Verbriefungstransaktionen als Untersuchungsobjekt 5

2.1 Begriffsbestimmung und Systematisierung 5

2.2 Ausprägungsformen 5

2.2.1 Verbriefungstransaktionen nach Art des Risikotransfers 5

2.2.1.1 True-Sale-Verbriefungen 5

2.2.1.2 Synthetische Verbriefungen 7

2.2.2 Verbriefungen nach Forderungsart 9

2.2.3 Verbriefungen nach Laufzeit 9

2.2.4 Verbriefungen nach Amortisationsprofil 11

2.2.5 Verbriefungen nach Publizitätswirkung 11

2.3 Verbriefungstransaktionen als Instrument der Bilanzpolitik 12

3 Konzeptionelle Grundlagen 19

3.1 Statische und dynamische Bilanzierung: Asset Liability vs. Revenue Expense Approach 19

3.2 Vermögenszurechnung im IFRS-Normsystem: Control- vs. Risk and Reward-Ansatz 22

3.2.1 Vermögenswertdefinition des IFRS-Rahmenkonzepts ... 22

3.2.2 Control-Ansatz ... 23

3.2.3 Risk and Reward-Ansatz ... 24

3.3 Ansatz und Ausbuchung von finanziellen Vermögenswerten ... 25

3.3.1 Begriffsbestimmung ... 25

3.3.2 Ansatz von Finanzinstrumenten ... 27

3.3.3 Ausbuchung von finanziellen Vermögenswerten: konzeptionelle Einordnung des IAS 39/IFRS 9 ... 28

4 Ausbuchungskonzeption des IAS 39/IFRS 9 und IFRS 10 ... 33

4.1 Bestimmung der Anwendungsebene für die weitere Untersuchung: konsolidierter vs. Einzelabschluss ... 33

4.2 Konsolidierung von Verbriefungszweckgesellschaften nach IFRS 10 ... 34

4.2.1 Zur Neuauflage der Konsolidierungsvorschriften ... 34

4.2.2 Beherrschungsbegriff und Beherrschungsobjekt des IFRS 10 ... 36

4.2.3 Zweckgesellschaften als structured entities ... 38

4.2.4 Auslegung der Kontrollkriterien bei Verbriefungszweckgesellschaften ... 39

4.2.4.1 Entscheidungsmacht ... 39

4.2.4.1.1 Vom Autopilot zu Restaktivitäten ... 39

4.2.4.1.2 Entscheidungsmacht bei klassischen ABS-Transaktionen ... 42

4.2.4.1.2.1 Explizite Entscheidungsmacht ... 42

4.2.4.1.2.2 Latente Entscheidungsmacht ... 47

4.2.4.1.3 Entscheidungsmacht bei Conduits ... 49

4.2.4.2 Variable Rückflüsse ... 51

4.2.4.2.1 Chancen und Risiken als variable Rückflüsse ... 51

4.2.4.2.2 Variable Rückflüsse und der regulatorische Selbstbehalt ... 52

4.2.4.3 Zusammenhang zwischen Entscheidungsmacht und Rückflüssen ... 54

4.2.4.3.1 Beherrschung bei delegierter Entscheidungsmacht ... 54

4.2.4.3.2 Prüfung auf substanzielle Abberufungsrechte 55

4.2.4.3.3 Prüfung der Vergütungsmerkmale 57

4.2.4.3.4 De-facto-Agenten 61

4.2.4.3.5 Beherrschung bei mehreren Prinzipalen 61

4.2.5 Verbriefungszweckgesellschaften nach IFRS 10: quo vadis? 62

4.2.5.1 Konzeptionelle Würdigung und abschließende Beurteilung 62

4.2.5.2 Verbleibende bilanzpolitische Bedenken 67

4.2.6 Erstanwendung von IFRS 10 69

4.2.6.1 IFRS-Konzernabschluss in Deutschland 69

4.2.6.2 Konsolidierung im mehrstufigen Konzern 71

4.2.6.3 Erstanwendungszeitpunkt und Übergangsvorschriften 72

4.2.6.4 Erstkonsolidierung einer Verbriefungszweckgesellschaft 73

4.3 Identifikation des Ausbuchungsgegenstands 78

4.3.1 Bilanzierungseinheit im Normsystem der IFRS 78

4.3.2 Ausbuchungsgegenstand i.S.v. IAS 39.16/IFRS 9.3.2.2 80

4.3.2.1 Teilforderung als Bilanzierungseinheit 80

4.3.2.1.1 Anforderungen an Teilausbuchung – auf der Suche nach dem Leitprinzip 80

4.3.2.1.2 Ausschluss ungleichrangiger Teilübertragungen vor dem Hintergrund der Bewertungsvorschriften des IAS 39/IFRS 9 85

4.3.2.2 Portfolio als Ausbuchungsgegenstand 86

4.3.2.2.1 Anforderungen an Portfoliobildung 86

4.3.2.2.2 Ausschluss ungleichrangiger Teilübertragungen vor dem Hintergrund des Einzelbewertungsgrundsatzes 88

4.3.3 Zwischenfazit 89

4.4 Übertragung der vertraglichen Rechte auf die Cashflows am Beispiel des deutschen Zivilrechts 90

4.5 Durchleitungsvereinbarung zwischen Originator und Zweckgesellschaft 97

4.5.1 True-Sale-Transaktionen 98

4.5.2 Synthetischer Risikotransfer als Pass-through? 101

4.5.3 Zwischenfazit 103

4.6 Übergang der Risiken und Chancen 104

4.6.1 Grundsätzliche Vorgehensweise und offene Fragen 104

4.6.2 Abgrenzung der relevanten Risiken und Chancen 106

4.6.3 Maßgeblicher Vergleichsmaßstab 110

4.6.4 Quantifizierung der Risiken und Chancen 112

4.6.4.1 Konkretisierung der Quantifizierungsanforderungen 112

4.6.4.2 Das Vasicek-Modell als Grundlage des IRB-Kreditrisikoansatzes 115

4.6.5 Risikoübergang in Abhängigkeit von der Forderungsklasse 117

4.6.6 Risikoübergang in Abhängigkeit vom Rating 122

4.6.7 Risikoübergang vor dem Hintergrund des regulatorischen Selbstbehalts 124

4.6.8 Risikoübergang im IFRS-Einzelabschluss: zur Problematik der Common Control Transactions 125

4.6.9 Verhältnis zum HGB 126

4.6.10 Zwischenergebnis 129

4.7 Übergang der Verfügungsmacht 131

4.7.1 Operationalisierung in IAS 39/IFRS 9 131

4.7.2 Kritische Würdigung 135

4.8 Bilanzbefreiende Wirkung einer Durchleitungsvereinbarung im Konzern 137

4.8.1 Das zweigleisige Konzept 137

4.8.2 Operationalisierung in IAS 39/IFRS 9 139

4.8.3 Zwischenfazit und Handlungsbedarf 146

5 Bilanzierung bei Voll-, Teil- und Nichtausbuchung 149

5.1 Bilanzierung bei Vollausbuchung 149

5.1.1 Praktische Relevanz 149

5.1.2 Allgemeine Implikationen für die Bilanzierung von Credit Enhancements 150

5.1.3 Bilanzierung von Verwaltungsrechten 154

5.1.4 Klassifizierungsvorschriften des IFRS 9 159

5.1.4.1 Auswirkungen auf die Bewertung der Forderungen 159

5.1.4.2 Klassifizierung der einbehaltenen Verbriefungstitel 160

5.1.4.2.1 Anlass der Klassifizierung 160

5.1.4.2.2 Geschäftsmodellkriterium 161

5.1.4.2.3 Zahlungsstromkriterium 162

5.1.4.2.3.1 Allgemeines 162

5.1.4.2.3.2 Zahlungsstromeigenschaften der Tranche 163

5.1.4.2.3.3 Zahlungsstromeigenschaften des Referenzvermögens 164

5.1.4.2.3.4 Kreditrisikotest der Tranche 166

5.1.5 Anhangangaben bei Vollausbuchung: zwischen Informationsfunktion und Informationsoverload 168

5.2 Bilanzierung bei Nichtausbuchung 171

5.2.1 Allgemeine Bilanzierungsfolgen und erste konzeptionelle Würdigung aus bilanzieller Sicht 171

5.2.2 Auslegung und Bilanzierungsfolgen des IAS 39.AG49/IFRS 9.B3.2.14 im IFRS-Einzelabschluss des Originators 179

5.2.2.1 Praktische Relevanz 179

5.2.2.2 Weite Auslegung des IAS 39.AG49/IFRS 9.B3.2.14 und ihre Grenzen am Beispiel einbehaltener Verbriefungstitel 180

5.2.2.2.1 Ansatz der Verbriefungstitel 180

5.2.2.2.2 Folgebewertung der Verbriefungstitel 187

5.2.3 Anhangangaben bei Nichtausbuchung 191

5.2.4 Abschließende Beurteilung der Bilanzierung als besicherte Kreditaufnahme.. 193

5.2.4.1 Bestehende Kritik 193

5.2.4.2 Reputationsrisiko als fehlendes Glied? 194

5.2.4.3 Ergänzende Funktion des Anhangs 197

5.2.4.4 Financial Components Approach als Alternative? 200

5.3 Continuing Involvement oder Bilanzierung „eigener Art“ 204

5.3.1 Praktische Relevanz 204

5.3.2 Bilanzierung bei Teilausbuchung 205

5.3.2.1 Bilanzielle Darstellung 205

5.3.2.2 Spezialfall: Teilausbuchung bei Teilübertragung – eine Fehleranalyse..... 211

5.3.3 Anhangangaben 216

5.3.4 Konzeptionelle und bilanzpraktische Würdigung 218

6 Eigener Ausbuchungsansatz 221

6.1 Vorbemerkung 221

6.2 Das Konzept der aufgegebenen Kontrolle 221

7 Thesenförmige Zusammenfassung 227

Anhang 231

Literaturverzeichnis 233

Rechtsquellenverzeichnis 251

Rechtsprechungsverzeichnis 253

Verzeichnis der sonstigen Quellen 255

Abbildungsverzeichnis

Abbildung 1: Vereinfachte Struktur einer True-Sale-Verbriefung 6

Abbildung 2: Vereinfachte Struktur einer synthetischen Verbriefung.................... 8

Abbildung 3: Prüfungsschema des IFRS 10 aus Sicht der Vertragstheorie 66

Abbildung 4: Dichtefunktionen zweier Portfolien unterschiedlicher Forderungsklassen.. 119

Abbildung 5: Verteilungsfunktionen zweier Portfolien unterschiedlicher Forderungsklassen.. 120

Abbildung 6: Prüfungsschema des IFRS 9 zur Beurteilung des Zahlungsstromkriteriums bei Verbriefungen.. 163

Abbildung 7: Das Konzept der aufgegebenen Kontrolle 225

Tabellenverzeichnis

Tabelle 1: Vergütung und Abberufungsrechte bei Prüfung auf Prinzipal-Agenten-Beziehungen 60

Tabelle 2: Reduktion der Standardabweichung in Abhängigkeit von Korrelation und Credit Enhancement 121

Tabelle 3: Risikoeinbehalt und ABS-Rating 123

Tabelle 4: Zusammenhang zwischen dem Risikorückbehalt nach HGB und IAS 39/IFRS 9 128

Abkürzungsverzeichnis

ABCP	Asset Backed Commercial Paper
ABS	Asset Backed Securities
Abs.	Absatz
AcP	Das Archiv für die civilistische Praxis
a.F.	alte Fassung
AG	Application Guidance
ASC	Accounting Standards Codification
BaFin	Bundesanstalt für Finanzdienstleistungsaufsicht
BB	Betriebsberater
BC	Basis for Conclusions
BGB	Bürgerliches Gesetzbuch
BGH	Bundesgerichtshof
bspw.	beispielsweise
bzw.	Beziehungsweise
CBO	Collateralised Bond Obligation
CDO	Collateralised Debt Obligation
CDS	Credit Default Swap
CFO	Chief Financial Officer
CLN	Credit Linked Note
CLO	Collateralised Loan Obligation
CMBS	Commercial Mortgage Backed Securities
CP	Commercial Paper
CPA	Certified Public Accountant
CRD	Capital Requirements Directive

CRR	Capital Requirements Regulation
DAX	Deutscher Aktienindex
DB	Der Betrieb
d.h.	das heißt
DRS	Deutscher Rechnungslegungsstandard
DRSC	Deutsches Rechnungslegungs Standards Committee
EBIT	Earnings Before Interest and Taxes
EBITDA	Earnings Before Interest, Taxes, Depreciation and Amortisation
ED	Exposure Draft
EFRAG	European Financial Reporting Advisory Group
EG	Europäische Gemeinschaft
EK	Eigenkapital
EPS	Earnings per Share
et al.	et alii
etc.	et cetera
EU	Europäische Union
EUR	Euro
EWR	Europäischer Wirtschaftsraum
EZB	Europäische Zentralbank
F.	Framework
f.	folgende
FAS	Financial Accounting Standards
FASB	Financial Accounting Standards Board
ff.	fortfolgende
FLP	First Loss Piece
FSF	Financial Stability Forum

GAAP	Generally Accepted Accounting Principles
GE	Geldeinheit
ggf.	gegebenfalls
GmbH	Gesellschaft mit beschränkter Haftung
GuV	Gewinn- und Verlustrechnung
HFA	Hauptfachausschuss
HGB	Handelsgesetzbuch
IAS	International Accounting Standard
IASB	International Accounting Standards Board
i.d.R.	in der Regel
IDW	Institut der Wirtschaftsprüfer in Deutschland e.V.
IFRIC	International Financial Reporting Interpretations Committee
IFRS	International Financial Reporting Standards
i.H.d.	in Höhe der/des
i.H.v.	in Höhe von
InsO	Insolvenzordnung
IRB	Internal Ratings-Based (Approach)
IRZ	Zeitschrift für Internationale Rechnungslegung
i.S.d.	im Sinne des
ISDA	International Swaps and Derivatives Association
i.S.v.	im Sinne von
i.V.m.	in Verbindung mit
Kfz	Kraftfahrzeug
KMU	kleine und mittlere Unternehmen
KoR	Kapitalmarktorientierte Rechnungslegung
KWG	Kreditwesengesetz

LGD	Loss Given Default
LTV	loan-to-value ratio
LuL	(Forderungen) aus Lieferungen und Leistungen
MBS	Mortgage Backed Securities
m.E.	meines Erachtens
MDAX	Mid-cap Deutscher Aktienindex
MEUR	Millionen Euro
Mrd.	Milliarden
No.	Number
Nr.	Nummer
OECD	Organisation for Economic Co-operation and Development
EURIBOR	Euro Interbank Offered Rate
PD	Probability of Default
PfandBG	Pfandbriefgesetz
PiR	Praxis der internationalen Rechnungslegung
PKW	Personenkraftwagen
QSPE	Qualifying Special Purpose Entity
RMBS	Residential Mortgage Backed Securities
ROCE	Return on Capital Employed
ROI	Return on Investment
RS	Rechnungslegungsstellungnahme (des IDW)
Rz.	Randziffer
S.	Seite
SEC	Securities and Exchange Commission
SIC	Standing Interpretations Committee
SIV	Structured Investment Vehicle

sog.	sogenannte(r/s/n)
SPE	Special Purpose Entity
SPV	Special Purpose Vehicle
StuB	Steuern und Bilanzen
TRS	Total Return Swap
u.a.	unter anderem
US	United States
US GAAP	United States General Accepted Accounting Principles
u.U.	unter Umständen
VaR	Value at Risk
vgl.	vergleiche
VIE	Variable Interest Entity
vs.	versus
WiSt	Wirtschaftswissenschaftliches Studium
WISU	Das Wirtschaftsstudium
WPg	Die Wirtschaftsprüfung
WpHG	Wertpapierhandelsgesetz
z.B.	zum Beispiel
zfbf	Zeitschrift für betriebswirtschaftliche Forschung
ZGR	Zeitschrift für Unternehmens- und Gesellschaftsrecht
z.T.	zum Teil

Verbriefungsglossar

ABCP, Asset Backed Commercial Paper	Mit Vermögenswerten gedeckte kurzfristige Wertpapiere mit einer Laufzeit von 30 bis höchstens 360 Tagen.
ABS, Asset Backed Securities	Mit Vermögenswerten gedeckte Wertpapiere.
Administrator	Verwalter, der wesentliche Verwaltungsdienstleistungen einschließlich der Abwicklung des laufenden Betriebs für die Zweckgesellschaft ausführt.
CBO, Collateralised Bond Obligation	Mit Schuldverschreibungen besicherte CDO.
CDO, Collateralised Debt Obligation	Ausprägungsform der ABS, die mit Firmenkrediten besicherte CLO und mit Schuldverschreibungen besicherte CBO umfasst.

CDS, Credit Default Swap	Kreditderivat, das häufig zur Übertragung des Ausfallrisikos im Rahmen synthetischer Verbriefungstransaktionen abgeschlossen wird.
Clean-up Call	Recht auf Rückübertragung der ausstehenden Forderungen, wenn deren Höhe einen bestimmten Grenzwert (i.d.R. 10% des Ursprungsbestands) unterschreitet, der eine Fortführung der Transaktion unwirtschaftlich werden lässt.
CLN, Credit Linked Note	Anleihe, deren Rückzahlungshöhe von der Entwicklung von synthetisch verbrieften Vermögenswerten abhängig ist.
CLO, Collateralised Loan Obligation	Mit Firmenkrediten besicherte CDO.
CMBS, Commercial Mortgage Backed Securities	MBS, denen mit Grundschulden auf gewerblich genutzte Immobilien gesicherte Kredite zugrunde liegen.
Collateral	Vermögenswerte bzw. Sicherheiten, die einer Verbriefungstransaktion zugrunde liegen.
Compartment	Unter dem Rechtsmantel einer Verbriefungszweckgesellschaft können mehrere voneinander separierte Teilvermögen

(Compartments) gebildet werden. So können über eine einzige Zweckgesellschaft mehrere voneinander völlig unabhängige Verbriefungstransaktionen abgewickelt werden.

Conduit — Eine Zweckgesellschaft, die ABCP emittiert.

Covered Bond — Durch Vermögenswerte besicherte Anleihe. Im Unterschied zu ABS besteht ein doppelter Regressanspruch: Nicht nur gegen das verbriefte Vermögen, sondern auch gegen das gesamte Vermögen des Originators. In Deutschland vor allem als Pfandbriefe nach dem Pfandbriefgesetz verbreitet.

CP, Commercial Paper — s. ABCP

Credit Enhancement — Zu Deutsch: Kreditverbesserungsinstrument. Typische Formen sind Excess Spread, Overcollateralisation (Übersicherung), Ausfallgarantien, Nachrangdarlehen, Reservekonten sowie die Übernahme nachrangiger Verbriefungstitel.

Early Redemption/ Amortisation — Vorzeitige Rückzahlung der Verbriefungstitel. Mögliche Gründe können sein:

- Verstoß gegen Zahlungsverpflichtungen durch den Emittenten,

- Kündigung durch den Originator aufgrund bestimmter steuerlicher (Tax Event) oder aufsichtsrechtlicher (Regulatory Event) Änderungen,

- Clean-up Call.

Eligibility Criteria: Auswahl- bzw. Eignungskriterien, nach denen das verbriefte Forderungsportfolio zusammengestellt wurde und die im Transaktionsprospekt niedergelegt sind. Bei festgestellten Verstößen trägt der Originator statt der Investoren den Verlust.

Excess Spread: Nach Abzug der Refinanzierungszinsen und sonstiger Transaktionskosten der Zweckgesellschaft verbleibender Zahlungsüberschuss, der als Credit Enhancement zum Ausgleich von Verlusten verwendet werden kann.

First Loss Piece: Erstverlustposition in einer Verbriefungstransaktion.

Insolvenzferne: Eine der zentralen Anforderungen an die Ausgestaltung einer Verbriefungszweckgesellschaft. Eine Verbriefungszweckgesellschaft ist demnach so auszugestalten, dass eine Insolvenz unwahrscheinlich ist.

Insolvenzfestigkeit	Zeichnet die Rechtsstellung der auf die Zweckgesellschaft übertragenen Vermögenswerte einschließlich etwaiger Sicherheiten aus, die im Insolvenzfall nicht mehr für die Befriedigung der Gläubiger des Originators zur Verfügung stehen.
ISDA, International Swaps and Derivatives Association	Organisation, die standardisierte Verträge für den Abschluss von Derivategeschäften anbietet.
Lead Manager	Führende Bank eines Bankenkonsortiums bei der Platzierung einer Verbriefungstransaktion am Markt.
LTV, loan-to-value ratio	Beleihungsauslauf. Er bezeichnet das Verhältnis zwischen Darlehensbetrag und beliehener Sicherheit. Je niedriger der LTV, desto höher ist die Sicherheit auf den Darlehensbetrag.
MBS, Mortgage Backed Securities	ABS, deren Zins- und Tilgungszahlungen an die Entwicklung eines Portfolios an Immobilienkrediten geknüpft sind.
Multi-Seller Conduit	Conduit, das Vermögenswerte von mehreren Originatoren kauft und verbrieft.

Originator	Ursprünglicher Gläubiger der zu verbriefenden Vermögenswerte.
Overcollateralisation, Übersicherung	Credit Enhancement, bei dem der Wert der verbrieften Vermögenswerte einschließlich etwaiger Sicherheiten die Verpflichtungen aus der Begebung der Verbriefungstitel übersteigt und so zur Deckung eventueller Verluste verwendet werden kann.
Prospekt	Dokument mit detaillierten Informationen für potenzielle Investoren zur Verbriefungstransaktion.
QSPE, Qualifying Special Purpose Entity	Zweckgesellschaft, die sich aufgrund der Erfüllung bestimmter Voraussetzungen für eine generelle Nichtkonsolidierung nach US GAAP qualifiziert. Das Konzept der QSPE wurde inzwischen aufgehoben.
Refinanzierungsregister	In Papierform oder elektronisch geführtes Register, in dem Forderungen und Sicherheiten des Originators (Refinanzierungsgegenstände) eingetragen werden, auf denen ein Übertragungsanspruch seitens der Zweckgesellschaft haftet.
Regulatory Call	Recht auf vorzeitige Rückzahlung der ABS im Falle unvorhersehbarer aufsichtsrechtlicher Änderungen.

Replenishment	Wiederauffüllung des verbrieften Portfolios im Laufe der Transaktion mit neuen Forderungen, die den Anforderungen der Replenishment Criteria entsprechen.
Replenishment Criteria	Auswahl- bzw. Eignungskriterien, nach denen neue Forderungen in das verbriefte Portfolio einer revolvierenden Verbriefungstransaktion aufgenommen werden.
Replenishment/Revolving Period	Zeitraum, in dem das verbriefte Portfolio nach Tilgungen wieder aufgefüllt werden kann.
Reservekonto	Credit Enhancement in Form eines zu Beginn der Verbriefungstransaktion speziell eingerichteten Kontos, dessen Guthaben zur Deckung eventueller Ausfälle dient. Die Mittel werden häufig durch den Originator über ein nachrangiges Darlehen an die Zweckgesellschaft bereitgestellt.
RMBS, Residential Mortgage Backed Securities	MBS, denen mit Grundschulden auf privat genutzte Wohnimmobilien gesicherte Kredite zugrunde liegen.
Selbstbehalt	Vom Originator bzw. Sponsor einzubehaltender Risikoanteil an jeder Verbriefungstransaktion zum Abbau der Informationsasymmetrien zwischen Originator bzw. Sponsor und Investoren.

Servicer, Servicing	Forderungsverwalter, Forderungsverwaltung in einer Verbriefungstransaktion.
Single-Seller-Conduit	Conduit, das Vermögenswerte von nur einem Originator kauft und verbrieft.
Sponsor	Partei, die ein ABCP-Programm aufsetzt. Sponsor kann (s. Single-Seller-Conduit), muss aber nicht (s. Multi-Seller Conduit) identisch mit dem Originator sein.
Subordination, Tranchierung	Anordnung der Tranchen einer Verbriefungstransaktion derart, dass Zahlungen entsprechend des festgelegten Zahlungswasserfalls erfolgen. Höherrangige (senior) Tranchen werden dabei zuerst bedient. Verluste werden dagegen zuerst der niedrigsten (First Loss Piece) Tranche zugewiesen.
Synthetischer Risikotransfer	Verbriefungstechnik, bei der statt einer rechtswirksamen Veräußerung der zu verbriefenden Vermögenswerte lediglich deren Ausfallrisiko durch Kreditderivate übertragen wird.
Tax Call	Recht auf vorzeitige Rückzahlung der ABS im Falle unvorhersehbarer steuerrechtlicher Änderungen.

Tranche	Definierte Klasse von Wertpapieren einer Verbriefungstransaktion, die die gleichen Charakteristika insbesondere hinsichtlich Subordination, Risiko und Verzinsung aufweisen.
Treuhänder, Trustee	Im Interesse der ABS-Investoren handelnder Agent.
True Sale	Verbriefungstechnik, bei der die zu verbriefenden Vermögenswerte rechtswirksam an eine Zweckgesellschaft verkauft werden.
Verbriefungstitel	Von einer Zweckgesellschaft emittierte Wertpapiere (ABS).
VIE, Variable Interest Entity	Zweckgesellschaft i.S.v. US GAAP.
Zahlungswasserfall	Sequenzielle Verteilung der eingehenden Zahlungen in einer Verbriefungstransaktion.

1 Problemstellung, Zielsetzung und Aufbau der Arbeit

Die Bilanzierung von Verbriefungstransaktionen stellt wahrlich kein unerforschtes Terrain der IFRS-Rechnungslegung dar. Im Mittelpunkt der Bilanzforschung steht dabei regelmäßig die Frage des Bilanzabgangs, also der Ausbuchung der Aktiva aus der Bilanz des verbriefenden Unternehmens. Da eine Ausbuchung aus der Konzernbilanz nur bei Nichtkonsolidierung der dazugehörigen Verbriefungszweckgesellschaft möglich ist, schließt die Frage des Bilanzabgangs die Prüfung der Konsolidierungspflicht mit ein. Besonders hervorzuheben sind an dieser Stelle die wissenschaftlichen Arbeiten von *Struffert*[1] und *Feld*[2] zur Bilanzierung von Verbriefungstransaktionen im IFRS-Abschluss. In konzeptioneller Hinsicht hat sich vor allem *Reiland*[3] besonders gründlich mit der Frage der Ausbuchung finanzieller Vermögenswerte nach IFRS befasst. Dennoch wagt der Autor der vorliegenden Arbeit, die Problematik des Bilanzabgangs bei Verbriefungstransaktionen erneut zum Untersuchungsgegenstand zu machen. Anlass dazu geben sowohl weiterhin in der Praxis bestehende Zweifelsfragen als auch die jüngsten Entwicklungen der IFRS. Dazu gehört neben der mit IFRS 10 vollzogenen Neuauflage der Konsolidierungsvorschriften auch die sich anbahnende Überarbeitung der gültigen Ausbuchungskonzeption des IAS 39. Die Letztere wird seit längerem als zu komplex kritisiert und steht zudem konzeptionell nicht im Einklang mit der aktuell vielfach zu beobachtenden Hinwendung des IASB zum sog. Asset Liability Approach und zur Kontrolle als generellem Ansatzkriterium in der Bilanz.[4]

Bereits 2009 unternahm der IASB einen Überarbeitungsversuch im Rahmen eines Derecognition-Projekts,[5] der in den Standardentwurf ED/2009/3 „Derecognition – Proposed amendments to IAS 39 and IFRS 7" mündete.[6] Dieser fand jedoch keinen Anklang bei den Stellungnehmenden. Daraufhin entschied sich der Board zunächst für eine unveränderte Übernahme der bisherigen Ausbuchungsvorschriften des IAS 39 in das Regelwerk des IFRS 9 „Finanzinstrumente"[7] sowie eine Erweiterung der ausbuchungsbezogenen Anhangangaben in IFRS 7

---

1 Vgl. Struffert, Asset Backed Securities-Transaktionen und Kreditderivate nach HGB und IFRS, 2006.
2 Vgl. Feld, Bilanzierung von ABS-Transaktionen im IFRS Abschluss, 2007.
3 Vgl. Reiland, Derecognition – Ausbuchung finanzieller Vermögenswerte, 2006.
4 Vgl. Kapitel 3.1.
5 Der englische Begriff *"derecogntition"* steht für Ausbuchung aus der Bilanz.
6 Vgl. IASB, ED/2009/3 Derecognition - Proposed amendments to IAS 39 and IFRS 7, http://www.ifrs.org/News/Press-Releases/Documents/EDDerecognition.pdf, abgerufen am 31.12.2014.
7 Die erstmalige verpflichtende Anwendung von IFRS 9 ist erst für nach dem 31.12.2017 beginnende Geschäftsjahre vorgesehen. Aus diesem Grund wird im weiteren Verlauf dieser Arbeit auf die Ausbuchungs-

„Finanzinstrumente: Angaben" als Interimslösung. Der IASB betonte dabei, dass die Fortführung der Altregelung lediglich Übergangscharakter besitzt und mit einer Wiederaufnahme des Projekts auf seine Agenda zu rechnen ist.[8] Interessanterweise stellte der Standardentwurf ED/2009/3 neben dem mehrheitlich abgelehnten Hauptausbuchungsansatz einen weiteren Alternativansatz (*alternative view*) zur Debatte, der zumindest in konzeptioneller Hinsicht auf Wohlwollen einiger Stellungnehmender stieß. Damit wurden mit den beiden Ausbuchungsansätzen bereits zwei mögliche, konzeptionell sehr unterschiedliche Wege einer Neuausrichtung der Ausbuchungsregeln für Verbriefungstransaktionen vom IASB aufgezeigt:

1) Behandlung einer Verbriefungstransaktion i.d.R. als besicherte Kreditaufnahme ohne Ausbuchung der Forderungen aus der Bilanz (entspricht dem abgelehnten Hauptausbuchungsansatz).

2) Behandlung einer Verbriefungstransaktion als echter Verkauf, der regelmäßig zur Ausbuchung der Forderungen aus der Bilanz führt (entspricht dem Alternativansatz).

Im Rahmen der vorliegenden Arbeit wird daher die Frage der Neuausrichtung der Ausbuchungsregeln unter Berücksichtigung dieser beiden Alternativen aufgegriffen. Als Ausgangspunkt gilt dabei die aktuell gültige Ausbuchungskonzeption des IAS 39.15-37 bzw. IFRS 9.3.2, deren Anwendung am Beispiel von Verbriefungstransaktionen zunächst kritisch untersucht wird. Dabei wird versucht, ein gesundes Maß zwischen bilanzpraktischen und konzeptionellen Überlegungen zu wahren. Für Zwecke der Bilanzierungspraxis bemüht sich die Arbeit vor allem um die Klärung bestehender Zweifelsfragen und Operationalisierungsschwierigkeiten aus Sicht des Bilanzierenden sowie der Abschlussadressaten. Eine bilanzpraktische Würdigung gepaart mit einer konzeptionellen Auseinandersetzung mit den Ausbuchungsregeln des IAS 39/IFRS 9 sollen letztendlich zur Entwicklung eines eigenen Vorschlags eines Ausbuchungsansatzes für finanzielle Vermögenswerte verhelfen. Bei der gewählten Vorgehensweise handelt es sich somit um eine induktive Methode:[9] Es wird von der

---

vorschriften des bis dahin weiterhin geltendenden IAS 39 Bezug genommen. In Klammern erfolgt zusätzlich die Angabe der entsprechenden Paragraphen gemäß IFRS 9.

8 Vgl. IASB, Transfer of Financial Assets – Project Summary and Feedback Statement, 2010, 7, http://www.ifrs.org/News/Press-Releases/Documents/FeedbackStatementAmendsIFRS72.pdf, abgerufen am 31.12.2014.

9 Vgl. zur induktiven Methode der Erkenntnisgewinnung Peters/Brühl/Stelling, Betriebswirtschaftslehre, 2005, 11, Fischbach/Wollenberg, Volkswirtschaftslehre 1, 2007, 50 f.

Analyse des Besonderen (Verbriefungstransaktionen) auf die Grundsätze für das Allgemeine (Ausbuchungsansatz für finanzielle Vermögenswerte) geschlussfolgert.

Die vorliegende Arbeit besteht aus 6 Hauptkapiteln und einer thesenförmigen Zusammenfassung. Die Kapitel 2 und 3 dienen der Darstellung der erforderlichen Grundlagen In Kapitel 2 wird neben der Begriffsbestimmung und der Systematisierung von Verbriefungstransaktionen auf ihre bilanzpolitische Bedeutung eingegangen. In Kapitel 3 werden relevante konzeptionelle Grundlagen für die Beurteilung der Ausbuchung finanzieller Vermögenswerte einschließlich der Frage nach der Vermögenswertzurechnung in der IFRS-Bilanz aufgezeigt.

Kapitel 4 beschäftigt sich mit der Anwendung der aktuell gültigen Ausbuchungskonzeption der IFRS auf Verbriefungstransaktionen. Da eine Ausbuchung der verbrieften Forderungen aus der Konzernbilanz nur bei Nichtkonsolidierung der Verbriefungszweckgesellschaft erreicht werden kann, setzt sich das Kapitel mit den Konsolidierungsvorschriften des IFRS 10 auseinander. Gleichwohl beschränkt sich die vorliegende Arbeit nicht allein auf die Ebene des IFRS-Konzernabschlusses. Da ein wesentliches Ziel hier in der Erarbeitung eines verbesserten und allgemeingültigen Ausbuchungsansatzes für finanzielle Vermögenswerte besteht, muss ein solcher Ansatz auch für Zwecke des international immer mehr an Bedeutung gewinnenden IFRS-Einzelabschlusses angemessen und praktikabel sein.[10] Ein weiterer Grund für die Einnahme der Einzelabschlusssicht besteht in der nicht zu verkennenden Ausstrahlung der IFRS auf das deutsche Handelsrecht, die sich zuletzt in der Verabschiedung des Bilanzrechtsmodernisierungsgesetzes (BilMoG) manifestierte. Eine konzeptionelle Annäherung der handelsrechtlichen und der IFRS-Ausbuchungskonzeption wäre allein schon zur Vermeidung des bei den deutschen Bilanzierenden entstehenden doppelten Aufwands bei der Prüfung der Ausbuchungsfähigkeit im Einzel- und Konzernabschluss sinnvoll.

In Kapitel 5 findet anschließend eine praxisorientierte Analyse der Bilanzierungsfolgen statt, die sich aus der Anwendung der in Kapitel 4 untersuchten Ausbuchungsvorschriften ergeben. Diese Bilanzierungsfolgen umfassen die Bilanzierung bei Voll-, Teil- und Nichtausbuchung der Forderungen. Auch hier schließt die Untersuchungsebene neben dem Konzern- auch den IFRS-Einzelabschluss ein. Zugleich wird – in Vorbereitung auf die Konzeption eines eigenen Ausbuchungsansatzes in Kapitel 6 – eine Erörterung der Bilanzierungsfolgen des sog. Finan-

---

[10] Vgl. zum IFRS-Einzelabschluss Kapitel 4.1.

cial Components Approach angestellt, der inhaltlich weitgehend dem oben erwähnten Alternativansatz des IASB aus dem Jahr 2009 entspricht.

In Kapitel 6 finden die Erkenntnisse der bisherigen Kapitel Eingang in einen eigenen Ansatz zur Ausbuchung finanzieller Vermögenswerte.

Kapitel 7 schließt mit einer thesenförmigen Zusammenfassung der wesentlichen Arbeitsergebnisse.

2 Verbriefungstransaktionen als Untersuchungsobjekt

2.1 Begriffsbestimmung und Systematisierung

Der Begriff „Verbriefung" bzw. „Securitisation" umfasst den Prozess der Umwandlung illiquider Aktiva (*assets*) eines Unternehmens, die zukünftige Cashflows versprechen, in handelbare Wertpapiere (*securities*). Da die so geschaffenen Wertpapiere dem Bonitätsrisiko der unterlegten Vermögenswerte ausgesetzt sind, werden sie als Asset Backed Securities (ABS) bezeichnet.[11]

ABS lassen sich nach verschieden Kriterien klassifizieren. Ein grundlegendes Unterscheidungsmerkmal ist dabei die gewählte Verbriefungstechnik bzw. die Art des Risikotransfers, wonach eine Kategorisierung in synthetische und True-Sale-Verbriefungen möglich ist.[12] Weiter lassen sich Verbriefungen nach Forderungsart, Laufzeit, Amortisationsprofil sowie Publizitätswirkung systematisieren.[13] Im Folgenden werden die wichtigsten Ausprägungsformen von ABS-Transaktionen in gebotener Kürze beleuchtet.

2.2 Ausprägungsformen

2.2.1 Verbriefungstransaktionen nach Art des Risikotransfers

2.2.1.1 True-Sale-Verbriefungen

Aufgrund der Vielfalt und zum Teil hohen Komplexität der in der Praxis anzutreffenden Verbriefungsstrukturen wird im Folgenden zunächst eine vereinfachte Basisvariante einer True-Sale-Verbriefung zur Verdeutlichung der Funktionsweise derartiger Transaktionen vorgestellt.

Die Verbriefungstechnik einer True-Sale-Transaktion sieht einen rechtswirksamen Forderungsverkauf mit den dazugehörigen Sicherheiten an eine eigens dafür gegründete insolvenzfeste[14] Zweckgesellschaft[15] vor, die den Erwerb von Forderungen durch die Begebung von

---

11 Vgl. Kothari, Securitization: The Financial Instrument of the Future, 2006, 6.

12 Vgl. Bresser/Delchev et al., in: Deloitte, Asset Securitisation in Deutschland, 2012, 1,2.

13 Vgl. Emse, Verbriefungstransaktionen deutscher Kreditinstitute, 2005, 10 ff.

14 Zur Insolvenzfestigkeit vgl. Kammel, in: Zerey, Zweckgesellschaften: Rechtshandbuch, 2013, § 5, 81 ff., Rothman, Fordham Journal of Corporate & Financial Law, 2012, 227, 229 ff.

15 Üblich sind auch Begriffe "Special Purpuse Entitity" (SPE) bzw. "Special Purpose Vehicle" (SPV), die im weiteren Verlauf der vorliegenden Arbeit synonym verwendet werden.

Asset Backed Securities finanziert. Die emittierten ABS bestehen meist aus mehreren Tranchen, die in einem Subordinationsverhältnis zueinander stehen. Die Rückzahlung der ABS ist an die Performance des verbrieften Forderungsportfolios gekoppelt und erfolgt entsprechend der vertraglich vorgesehenen Subordination der einzelnen Wertpapiertranchen nach dem sog. Wasserfall-Prinzip. Demnach werden die eingehenden Zins- und Tilgungszahlungen des zugrunde liegenden Portfolios zuerst der höchstrangigen ABS-Tranche und anschließend den jeweils im Rang darauf folgenden Wertpapieren zugewiesen. Die Verlustzuweisung folgt hingegen einem umgekehrten Wasserfall, sodass eventuelle Verluste zuerst der nachrangigsten Tranche – dem sog. First Loss Piece (FLP) - und danach den jeweils im Rang höheren Tranchen belastet werden.[16]

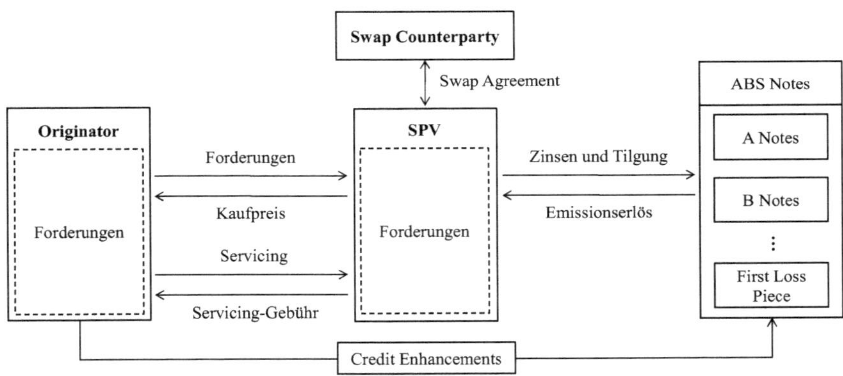

Abbildung 1: Vereinfachte Struktur einer True-Sale-Verbriefung

Die Forderungsverwaltung (sog. Servicing) für den veräußerten Forderungsbestand übernimmt der Originator in der Regel selbst. Angesichts der zwischen dem Originator und den ABS-Investoren bestehenden Informationsasymmetrien[17] wird zur Wahrung der Interessen der Letzteren teilweise ein unabhängiger Treuhänder (*trustee*) eingeschaltet. Da Asset Backed Securities überwiegend eine variable Verzinsung aufweisen, ergibt sich aufgrund des meist fest- oder nicht verzinslichen Forderungspools eine Zinsinkongruenz auf Ebene der Zweckgesellschaft. Darüber hinaus ist auch eine Währungsinkongruenz zwischen Forderungsportfolio

---

16 Vgl. Bresser/Delchev et al., in: Deloitte, Asset Securitisation in Deutschland, 2012, 1,7 f.

17 Zur Informationsasymmetrien bei Verbriefungen vgl. bspw.: Iacobucci/Winter, Journal of Legal Studies 2005, 161 ff, Gorton/Metrick, Securitization, 2012, 33 ff.

und ABS möglich. Für die Ausplatzierung der Zinsänderungs- bzw. Währungsrisiken wird daher regelmäßig ein entsprechender Swap abgeschlossen.

Um eine positive Signalwirkung gegenüber den Investoren zu erzielen sowie zur gleichzeitigen Erreichung des gewünschten Ratings der ABS, ist meist eine Verlustbeteiligung des Originators bzw. eines seiner verbundenen Unternehmen notwendig. Dabei stellt der Originator vielfach Kreditverbesserungsinstrumente (sog. Credit Enhancements) bereit, die verschiedenen Formen von Überbesicherung (*overcollateralisation*), Reservekonten, Rückkaufoptionen bis hin zu Garantien annehmen können. Unter anderem übernimmt der Originator häufig die Erstverlustposition (First Loss Piece), da diese ohnehin wegen bestehender Moral Hazard-Probleme nur schwer platzierbar ist.

2.2.1.2 Synthetische Verbriefungen

Obwohl synthetische Verbriefungen nicht Gegenstand der vorliegenden Arbeit sind, wird deren Funktionsweise zum Zwecke einer präzisen Abgrenzung des eigentlichen Untersuchungsgegenstands – der True-Sale-Verbriefungen – in Kürze beleuchtet. Während das Ausfallrisiko der zu verbriefenden Aktiva bei True-Sale-Transaktionen mittels eines tatsächlichen Forderungsverkaufs an eine Zweckgesellschaft übertragen wird, erfolgt der Risikotransfer bei synthetischen Verbriefungen durch Kreditderivate, ohne dass die Vermögenswerte selbst veräußert werden. Die gebräuchlichste Grundform eines Kreditderivats stellen dabei Credit Default Swaps (CDS) dar,[18] für deren Abschluss i.d.R. standardisierte Vertragsmuster der International Swap and Derivatives Association (ISDA) herangezogen werden.[19] Da die Zahlungsverpflichtung des Sicherungsgebers im Rahmen eines CDS erst bei Eintritt des vertraglich vorgesehenen Kreditereignisses (*credit event*) entsteht,[20] wird der Zweckgesellschaft (*protection seller*) im Gegensatz zu True-Sale-Verbriefungen gegen eine periodische Swap-Prämie lediglich das Ausfallrisiko der Referenzforderungen übertragen, wohingegen alle mit den verbrieften Forderungen verbundenen Zins- und Währungsrisiken – mit Ausnahme der Prepayment-Risiken – beim Originator (*protection buyer*) verbleiben.[21] Anstelle eines CDS

---

18 Vgl. Zantow/Dinauer, Finanzwirtschaft des Unternehmens, 2011, 404.

19 Vgl. Jergtisch, in: Guserl/Pernsteiner, Handbuch Finanzmanagement in der Praxis, 2004, 1137, 1147.

20 Vgl. Zantow/Dinauer, Finanzwirtschaft des Unternehmens, 2011, 404, Kothari, Securitization: The Financial Instrument of the Future, 2006, 524 ff.

21 Vgl. Emse, Verbriefungstransaktionen deutscher Kreditinstitute, 2005, 39.

ist auch die Vereinbarung eines Garantievertrags zwischen Originator und Zweckgesellschaft möglich.

Anschließend überträgt die Zweckgesellschaft die übernommenen Ausfallrisiken entweder mithilfe eines oder mehrerer CDS oder durch die Platzierung von tranchierten Schuldverschreibungen – sog. Credit Linked Notes (CLN). Zur eigentlichen Verbriefung kommt es indes nur dann, wenn der Risikotransfer vollständig oder zumindest teilweise über die Emission von CLN erfolgt,[22] sodass eine Voll- oder Teilfinanzierung durch die Verbriefungstransaktion erreicht wird. Wird dagegen eine reine Absicherung über CDS vorgenommen, so liegt eine sog. Unfunded-Struktur vor,[23] die die Definition einer Verbriefung nicht erfüllt.

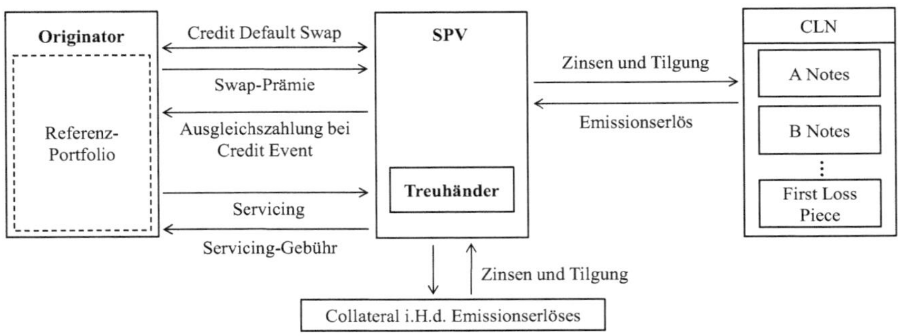

Abbildung 2: Vereinfachte Struktur einer synthetischen Verbriefung

Der Emissionserlös aus den CLN wird in Sicherheiten (*collateral*) erstklassiger Qualität wie bestimmte Staatsanleihen und Pfandbriefe investiert, die von einem Treuhänder verwaltet werden. Das Servicing des verbrieften Portfolios übernimmt hingegen meist der Originator selbst. Denkbar ist auch die Erzielung einer Finanzierungswirkung für den Originator einer synthetischen Verbriefung, indem der Emissionserlös beispielsweise in Form einer Bareinlage als Sicherheit auf ein spezielles Konto (sog. Cash Deposit Account) bei der verbriefenden Bank eingezahlt wird. Weiterhin kann – auch in Ergänzung zu einem Cash Deposit Account – ein Pensionsgeschäft mit dem Originator zur Beschaffung der Liquidität eingegangen werden. Derartige Liquiditätsbeschaffungsmaßnahmen sind jedoch nur Banken mit höchsten kurzfris-

---

22 Vgl. Jergtisch, in: Guserl/Pernsteiner, Handbuch Finanzmanagement in der Praxis, 2004, 1137, 1147.
23 Vgl. Bresser/Delchev et al., in: Deloitte, Asset Securitisation in Deutschland, 2012, 1, 2 f.

tigen Ratings vorbehalten.[24] Im Vordergrund der synthetischen Verbriefungstransaktion steht daher im Regelfall die Entlastung des regulatorischen Eigenkapitals des Originators.[25]

2.2.2 Verbriefungen nach Forderungsart

Nach Art der zugrunde liegenden Vermögenswerte lassen sich Verbriefungen in drei Hauptkategorien untergliedern.

- Werden ABS mit privaten oder gewerblichen Immobilien besichert, spricht man von Residential bzw. Commercial Mortgage Backed Securities (RMBS bzw. CMBS).

- Eine weitere Klasse bilden mit Firmenkrediten unterlegte Collateralised Loan Obligations (CLO) und mit Schuldverschreibungen besicherte Collateralised Bond Obligations (CBO), die unter dem gemeinsamen Begriff Collateralised Debt Obligations (CDO) subsumiert werden.[26]

- Die dritte Kategorie hat einen Residualcharakter und fasst alle sonstigen verbriefungsfähigen Forderungsarten unter dem Sammelbegriff „ABS im engeren Sinne" zusammen.[27] Darunter fallen insbesondere Forderungen aus Lieferungen und Leistungen (LuL), Konsumentenkredite, Forderungen aus Leasing- und Kfz-Finanzierungen sowie Kreditkartenforderungen.

2.2.3 Verbriefungen nach Laufzeit

Weiterhin sind klassische ABS (auch Term-ABS genannt), die mittel- bis langfristig ausgelegt sind, von kurzfristigen Asset Backed Commercial Paper (ABCP) abzugrenzen, bei denen es sich aufgrund ihrer Laufzeit von lediglich 30 bis maximal 360 Tagen nicht um Kapital-, sondern um Geldmarktpapiere handelt.[28] Analog zu Term-ABS erfolgt bei ABCP-Programmen die Übertragung der zu verbriefenden Aktiva auf eine Zweckgesellschaft – ein sog. Conduit, welches sich über die Begebung von nichttranchierten Commercial Paper (CP) refinanziert.

---

24 Vgl. Emse, Verbriefungstransaktionen deutscher Kreditinstitute, 2005, 96 f.
25 Vgl. Jergtisch, in: Guserl/Pernsteiner, Handbuch Finanzmanagement in der Praxis, 2004, 1137, 1147.
26 Vgl. Struffert, Asset Backed Securities-Transaktionen und Kreditderivate nach HGB und IFRS, 2006, 10 f.
27 Vgl. Emse, Verbriefungstransaktionen deutscher Kreditinstitute, 2005, 12.
28 Vgl. Schöning/Rutsch, WISU 2011, 523, 524.

Je nachdem, ob ein ABCP-Programm von einem oder gleich mehreren Originatoren genutzt wird, liegt ein Single- oder Multi-Seller-Conduit vor. Die meisten Conduits werden von Geschäftsbanken als Sponsor zur Verbriefung von Forderungen aus der Geschäftstätigkeit ihrer Kunden gegründet und stellen somit Multi-Seller-Strukturen dar.[29] Während die Durchführung einer klassischen ABS-Transaktion ein Forderungsvolumen von mindestens 100 bis 150 MEUR erfordert, kann ein ABCP-Programm bereits ab einem Mindestvolumen von 10 bis 25 MEUR pro Originator eine kostengünstige Refinanzierungsalternative bieten. Dabei können Forderungen mehrerer Originatoren bis zur Erreichung eines Zielvolumens – ggf. unter Einschaltung einer Ankaufzweckgesellschaft (Purchaser) – gebündelt und anschließend über Commercial Paper verbrieft werden.[30]

Conduit-Strukturen können sowohl über transaktionsspezifische als auch programmweite Kreditverbesserungsinstrumente verfügen. Transaktionsspezifische Credit Enhancements werden von dem jeweiligen Originator ausschließlich zum Schutz gegen Ausfallrisiken des eigenen, auf das Conduit übertragenen Portfolios gestellt. Oft wird dabei ein (variabler) Kaufpreisabschlag (sog. Haircut) vorgenommen, um eine Überbesicherung der Einzeltransaktionen zu erreichen. Programmweite Credit Enhancements stellen eine zweite transaktionsübergreifende Absicherungsschicht dar und können beispielsweise durch ein Nachrangdarlehen oder eine Garantie seitens der Sponsor-Bank[31] oder eines externen Versicherungsanbieters gestellt werden.[32]

Abgesehen von Credit Enhancements werden ABCP-Programme zusätzlich mit Liquiditätsfazilitäten des Sponsors abgesichert, um eine Anschlussfinanzierung durch Commercial Paper insbesondere bei Marktstörungen zu gewährleisten. Wichtig ist dabei zwischen vollständig unterstützten (*fully supported*) und teilweise unterstützten (*partially supported*) ABCP-Programmen zu unterscheiden. Bei teilweise unterstützten ABCP-Strukturen kann die Liquiditätsfazilität ausschließlich zur Sicherstellung der Liquidität des ABCP-Programms gezogen

---

29 Vgl. DZ Bank, ABS & Structured Credits - Asset-basierte Finanzierungen "Made In Germany" - Teil 2, 2010, 24.

30 Vgl. Kunkel/Hummel, Risiko Manager 2011, 1, 6, DZ Bank, ABS & Structured Credits - Asset-basierte Finanzierungen "Made In Germany" - Teil 2, 2010, 32 ff, Bertl, Verbriefung von Forderungen, 2004, 125.

31 Vgl. DZ Bank, ABS & Structured Credits - Asset-basierte Finanzierungen "Made In Germany" - Teil 2, 2010, 21 f.

32 Vgl. bspw. die Mittelstandsverbriefung der Coface-Gruppe: Schneck, Handbuch alternative Finanzierungsformen, 2006, 339 ff.

werden, womit der Sponsor nur das Liquiditätsrisiko trägt.[33] Demgegenüber übernimmt der Sponsor eines vollständig unterstützten ABCP-Programms mittels eines Akkreditivs oder Total Return Swaps (TRS) neben Liquiditäts- auch sämtliche Bonitätsrisiken.[34] Eine derartige Differenzierung ist jedoch nicht unumstritten. Da Liquiditätsgarantien oftmals so gestaltet werden, dass der Kreditausfall (*default*) als Funktion des Zahlungsverzugs (*delinquency*) definiert wird, kommt es meist zu einer Ziehung der Liquiditätsgarantie, bevor die vertraglichen Voraussetzungen für das Vorliegen eines Kreditausfalls (z.B. Kunde mindestens 90 Tage im Zahlungsverzug) überhaupt erfüllt sind.[35]

Klassische Multi-Seller-Conduits, die primär für Kundentransaktionen betrieben werden, sind von den zum Zwecke der Fristentransformation gegründeten hybriden bzw. Arbitrage-Conduits wie Structured Investment Vehicles (SIV) zu unterscheiden. Während die Letzteren in der jüngsten Finanzkrise einige – darunter auch deutsche – Banken ins Wanken brachten, gab es bis dato keine einzige Verlustmeldung von Seiten der klassischen ABCP-Conduits.[36]

2.2.4 Verbriefungen nach Amortisationsprofil

Ferner kann in Abhängigkeit von dem Amortisationsprofil zwischen statischen und revolvierenden ABS unterschieden werden. Während bei statischen Transaktionen eine einmalige Übertragung der Forderungen stattfindet, ist bei revolvierenden ABS eine Aufstockungsphase (*replenishment period*) vorgesehen, innerhalb derer eingehende Zahlungen aus dem Pool nicht zur Tilgung der ABS, sondern zum Ankauf neuer Forderungen verwendet werden. Zur Sicherstellung der ursprünglichen Qualität des Forderungsportfolios gelten für die neu zuzuführenden Forderungen i.d.R. strenge Eignungskriterien (*replenishment criteria*) wie auch für den verbrieften Anfangsbestand.

2.2.5 Verbriefungen nach Publizitätswirkung

Mit Blick auf die Publizitätswirkung lassen sich Verbriefungen analog zu Aktien und sonstigen Schuldverschreibungen in privat und öffentlich platzierte Transaktionen untergliedern.

---

[33] Vgl. Kunkel/Hummel, Risiko Manager, 2011, 1, 7 f.
[34] Vgl. Moody's, The Fundamentals of Asset-Backed Commercial Paper, 2003, 17 ff.
[35] Vgl. Acharya/Schnabl/Suarez, Journal of Financial Economics 2013, 515, 520. Zur Trennung von Kredit- und Liquiditätsrisiken vgl. auch Christ, Verbriefungsplattformen nach IFRS, 2014, 30 f.
[36] Vgl. Croke/Manbeck/Mohan/Samy, The Journal of Structured Finance 2011, 9, 10.

Öffentlich platzierte ABS werden einer breiten Investorenbasis meist über ein mit der Vermarktung beauftragtes Bankenkonsortium (Lead Manager) angeboten. Angesichts der i.d.R. umfangreichen Rücktrittsrechte im Übernahmevertrag steht dabei nicht die Übernahme des eigentlichen Risikos einer etwaigen Nichtplatzierung, sondern vielmehr die Vertriebskraft der Lead Manager im Vordergrund.[37]

Im Rahmen einer privaten Platzierung werden die Wertpapiere nur an ausgewählte Investoren verkauft, die u.U. bei der Transaktionsgestaltung mitwirken durften.[38] Eine Unterform der privat platzierten Verbriefungstransaktionen bilden sog. selbstbehaltene ABS, die mit Ausbruch der Finanzkrise im Jahr 2007 zu einem gängigen Refinanzierungsinstrument vieler Banken insbesondere in Deutschland wurden. Dazu wurden Emissionen eigener ABS zurückgekauft und anschließend zur Durchführung von Offenmarktgeschäften mit der Europäischen Zentralbank (EZB) bzw. der Deutschen Bundesbank genutzt.

2.3 Verbriefungstransaktionen als Instrument der Bilanzpolitik

Bilanz- bzw. Rechnungslegungspolitik wird definiert als Instrument zur bewussten Beeinflussung des (Konzern-)Jahresabschlusses und damit des Verhaltens der Informationsempfänger innerhalb des rechtlich zulässigen Rahmens zur Erreichung der gesetzten Unternehmensziele.[39] Da die Ausübung der Bilanzpolitik maßgeblich dem Management obliegt, kann sie zur Erreichung persönlicher Ziele des Managements (Management Override) betrieben werden.[40] Damit es überhaupt zur Entstehung der Bilanzpolitik bzw. zur Entfaltung ihrer verschleiernden Wirkung kommen kann, darf sie nicht leicht erkennbar und rückführbar sein, wobei sich verschiedene Abschlussadressaten in ihren diesbezüglichen Fähigkeiten durchaus unterscheiden können.[41] Nur unter Annahme eines effizienten Kapitalmarktes übt die Bilanzpolitik keinen Einfluss auf die Entscheidungen der Adressaten aus, da die Kapitalmarktteilnehmer alle Informationen über die Bilanzpolitik besitzen und ihre Wirkung daher stets umkehren kön-

---

37 Vgl. Gerner-Beuerle, in: Schriften zum europäischen und internationalen Privat-, Bank- und Wirtschaftsrecht, Band 27, Die Haftung von Emissionskonsortien, 2009, 14.

38 Vgl. Emse, Verbriefungstransaktionen deutscher Kreditinstitute, 2005, 17.

39 Vgl. Küting/Weber, Die Bilanzanalyse, 2012, 33, Freidank/Velte, Rechnungslegung und Rechnungslegungspolitik, 2013, 856, Zimmermann, Abschlussprüfer und Bilanzpolitik der Mandanten, 2008, 64.

40 Vgl. Zimmermann, Abschlussprüfer und Bilanzpolitik der Mandanten, 2008, 65.

41 Vgl. Wagenhofer/Ewert, Externe Rechnungslegung, 2007, 251, Küting/Weber, Die Bilanzanalyse, 2012, 48.

nen.[42] In der Praxis werden allerdings selbst explizite Angaben im Anhang vom Kapitalmarkt nur teilweise berücksichtigt. Vielfach scheinen die Investoren an den berichteten Zahlen regelrecht zu „kleben" und durchschauen die Rechnungslegungseffekte nicht.[43]

Das bilanzpolitische Instrumentarium lässt sich in die zwei grundlegenden Bereiche Sachverhaltsgestaltung und Sachverhaltsabbildung unterteilen.[44] Die sachverhaltsabbildende Bilanzpolitik umfasst materielle/buchmäßige Maßnahmen (Ansatz und Bewertung) sowie Maßnahmen formeller Natur (Gliederung, Ausweis und Erläuterung im Anhang/Lagebericht). Sachverhaltsgestaltende Maßnahmen beziehen sich indes auf die Generierung realer geschäftlicher Vorfälle vor dem Bilanzstichtag, zu denen beispielsweise die Vorverlagerung der Umsätze über Käuferincentives, Pensions- sowie Sale and Lease Back-Geschäfte, Factoring und nicht zuletzt Verbriefungstransaktionen gehören.[45] Aufgrund bestehender Interdependenzen zwischen beiden Bereichen der Bilanzpolitik geht mit der Durchführung einer Verbriefungstransaktion regelmäßig auch ein gewisses sachverhaltsabbildendes Potential etwa bei der Bewertung der vom Originator einbehaltenen Rechte und Pflichten oder der Berichterstattung im Anhang einher.

Mit der fortschreitenden Standardisierung bzw. Normierung der Rechnungslegung und der damit verbundenen Begrenzung der sachverhaltsabbildenden Bilanzpolitik erscheint der zunehmende Rückgriff der Unternehmen auf Sachverhaltsgestaltungen nicht überraschend.[46] Nicht zuletzt mit Blick auf das gemischte Modell der Folgebewertung wird der internationalen Rechnungslegung eine Begünstigung der sachverhaltsgestaltenden Bilanzpolitik und sogar die Umkehrung der Kausalität vorgeworfen: Nicht die realwirtschaftliche Rationalität einer Transaktion, sondern die vorteilhaftere Bewertung entscheidet über die Durchführung.[47] Da die Identifizierbarkeit bilanzpolitischer Maßnahmen tendenziell umso größer ist, je weniger sie auf realwirtschaftlichen Sachverhalten beruhen,[48] kann die sachverhaltsgestaltende Bi-

---

42 Vgl. Zimmermann, Abschlussprüfer und Bilanzpolitik der Mandanten, 2008, 66, 72 f.
43 Vgl. Wagenhofer/Ewert, Externe Rechnungslegung, 2007, 251.
44 Vgl. Veit, Bilanzpolitik, 2002, 5 f., Küting/Weber, Die Bilanzanalyse, 2012, 39, Freidank/Velte, Rechnungslegung und Rechnungslegungspolitik, 2013, 859 f.
45 Vgl. Küting/Weber, Die Bilanzanalyse, 2012, 40, Freidank/Velte, Rechnungslegung und Rechnungslegungspolitik, 2013, 861, Lüdenbach/Hoffmann/Freiberg, Haufe IFRS Kommentar, 2014, § 1, Rz. 34, Wagenhofer/Ewert, Externe Rechnungslegung, 2007, 239 f., Zimmermann, Abschlussprüfer und Bilanzpolitik der Mandanten, 2008, 71 f.
46 Vgl. Kühnberger/Thurmann, KoR 2013, 281, 282, Lüdenbach/Hoffmann/Freiberg, Haufe IFRS Kommentar, 2014, § 1, Rz. 40.
47 Vgl. Lüdenbach/Hoffmann/Freiberg, Haufe IFRS Kommentar, 2014, § 1, Rz. 38.
48 Vgl. Becker/Endert, ZGR 2012, 699, 703.

lanzpolitik weitgehend betrieben werden, ohne sich als Bilanzpolitik zu erkennen geben und damit die Wirkung konterkarieren zu müssen.[49]

Bei der Durchführung einer klassischen Forderungsverbriefung steht neben dem Ertrags- vor allem das **Bilanzstrukturmanagement** des Originators im Mittelpunkt.[50] Durch den Abgang der Forderungen aus der Bilanz und den Zufluss der Liquidität in Höhe des erzielten Kaufpreises kommt es zu einem Aktivtausch, wobei die Bilanzsumme zunächst unverändert bleibt. Je nach Verwendung der gewonnenen Liquidität ergeben sich Auswirkungen auf die Bilanzstruktur und -kennzahlen.[51] Wird die Liquidität in der Bilanz gehalten, kommt es zu einer Verbesserung der Liquiditätskennzahlen, die eine höhere Zahlungsfähigkeit signalisieren. Bei einer Investition in renditeträchtigere Aktiva wie z.B. höher verzinsliche Kredite lässt sich zudem die Eigenkapitalrendite verbessern.[52] Werden liquide Mittel zum Abbau von Verbindlichkeiten eingesetzt, führt dies zu einer Bilanzverkürzung, die sich wiederum positiv auf weitere Bilanzkennzahlen darunter insbesondere den Verschuldungsgrad und die Eigenkapitalquote auswirkt. Die Verbesserung der Eigenkapitalquote führt tendenziell zu einem besseren Rating und mithin zu attraktiveren Konditionen bei der Aufnahme von Eigen- und Fremdkapital.[53] Bilanzielle Verschuldungskennzahlen wie Leverage Ratio[54] und Debt/Equity Ratio gehören zudem laut einer von der Unternehmensberatung Roland Berger Strategy Consultants durchgeführten Unternehmensbefragung zu den am häufigsten verwendeten Financial Covenants in Kreditverträgen.[55] Ein zielgerichtetes Bilanzstrukturmanagement während der Kreditlaufzeit kann den Originator folglich vor drohenden Covenant-Verstößen bewahren. Der bilanzverkürzende Effekt kann sich ferner positiv auf die für die Managemententlohnung relevanten Kennzahlen wie beispielsweise ROCE (Return On Capital Employed)[56] auswirken. ROCE gehört neben den ergebnisorientierten Kennzahlen wie EBIT und EBITDA zu den

---

49 Vgl. Lüdenbach/Hoffmann/Freiberg, Haufe IFRS Kommentar, 2014, § 1, Rz. 34.

50 Vgl. Schmeisser/Leonhardt, in: Schmeisser/Eckstein/Zündorf/Eckstein/Krimphove, Finanzwirtschaft – Finanzdienstleistungen – Empirische Wirtschaftsforschung, Band 12, 2009, 99, 105.

51 Vgl. Emse, Verbriefungstransaktionen deutscher Kreditinstitute, 2005, 78, Struffert, Asset Backed Securities-Transaktionen und Kreditderivate nach HGB und IFRS, 2006, 42.

52 Vgl. Emse, Verbriefungstransaktionen deutscher Kreditinstitute, 2005, 80, Schmeisser/Leonhardt, in: Schmeisser/Eckstein/Zündorf/Eckstein/Krimphove, Finanzwirtschaft – Finanzdienstleistungen – Empirische Wirtschaftsforschung, Band 12, 2009, 99, 105.

53 Vgl. Emse, Verbriefungstransaktionen deutscher Kreditinstitute, 2005, 79, Schmeisser/Leonhardt, in: Schmeisser/Eckstein/Zündorf/Eckstein/Krimphove, Finanzwirtschaft – Finanzdienstleistungen – Empirische Wirtschaftsforschung, Band 12, 2009, 99, 106 sowie in Bezug auf das Factoring Klein/Eisenschink, StuB 2011, 334, 339.

54 Auch Nettoverschuldungsgrad, definiert als Verhältnis von Nettoverschuldung zu EBITDA.

55 Vgl. Haghani/Voll/Holzamer/Warnig, Financial Covenants in der Unternehmensfinanzierung, 2009, 15.

56 Definiert als Quotient aus EBIT und eingesetztem Kapital (Gesamtkapital – kurzfristiges Fremdkapital). Vgl. zu unterschiedlichen Berechnungsmöglichkeiten Lang, Neue Theorie des Management, 2014, 123.

gebräuchlichsten renditeorientierten Bemessungsparametern der Vorstandsvergütung im DAX und MDAX.[57] Hierbei ist allerdings zu beachten, dass der positive/mindernde Effekt auf das eingesetzte Kapital (Nenner) durch einen negativen Einfluss auf das operative Ergebnis (Zähler) konterkariert werden kann, falls die Verbriefungstransaktion mit allzu hohen Kosten verbunden ist.

Die Ausbuchung der Kredite aus der Bankbilanz kann ferner mit der Eigenkapitalentlastung für den Originator einhergehen, wenn die verbrieften Kredite aufsichtsrechtlich nicht mehr Bestandteile der risikogewichteten Aktiva sind und folglich nicht mehr mit Eigenkapital unterlegt werden müssen. Dabei stellt das Aufsichtsrecht ebenso wie aktuell IAS 39/IFRS 9 auf den Risikoübergang ab.[58] Bilanzabgang nach IFRS ist jedoch nicht mit der aufsichtsrechtlichen Eigenkapitalentlastung gleichzusetzen. Neben der fehlenden Deckungsgleichheit zwischen dem aufsichtsrechtlichen Konsolidierungskreis[59] und jenem nach IFRS ist vor allem zu beachten, dass sämtliche neu entstandenen und vom Originator einbehaltenen Risikopositionen weiterhin mit Eigenkapital zu unterlegen sind. Der tatsächlich erzielte Einspareffekt hängt folglich vom Einzelfall ab.[60]

Im Hinblick auf das **Ertragsmanagement** in Zusammenhang mit Verbriefungstransaktionen können sich verschiede Effekte für den Originator ergeben. Entspricht der erzielte Kaufpreis exakt dem Buchwert der veräußerten Forderungen nach Abzug der eventuell gebildeten Wertberichtigungen, so bleibt die Transaktion im Wesentlichen ergebnisneutral [61] In der Regel hat die Durchführung einer Verbriefungstransaktion aufgrund der damit verbundenen Kosten und des häufig unter dem Buchwert liegenden Kaufpreises jedoch einen negativen Einfluss auf das Periodenergebnis. Ein positiver Effekt aus der erfolgswirksamen Auflösung der zuvor gebildeten Wertberichtigungen tritt nach IFRS im Gegensatz zum HGB[62] kaum ein. Grund dafür ist die der Ablehnung des Vorsichtsprinzips geschuldete Unzulässigkeit von Pauschal-

---

[57] Vgl. Devlin/Doeringer, Vorstandsvergütung und Aufsichtsratspflicht auf dem Prüfstand, Deloitte White Paper, 2011, 5 sowie zur Verdrängung der klassischen Gesamtkapitalrentabilität (ROI) durch ROCE Bieker/Moser, PiR 2011, 163, 165.

[58] Vgl. Grünberger/Klein, Offenlegung im Bankabschluss, 2008, 173.

[59] Vgl. Grünberger/Klein, Offenlegung im Bankabschluss, 2008, 173 sowie ausführlicher zum aufsichtsrechtlichen Konsolidierungskreis im Zusammenhang mit Zweckgesellschaften Thelen-Pischke, in Zerey, Zweckgesellschaften: Rechtshandbuch, 2013, § 6, 104, 104 ff.

[60] Vgl. Ricken, Kreditrisikotransfer europäischer Banken, 2007, 103.

[61] Vgl. Röchling, Loan-Backed Securities, 2002, 167, Emse, Verbriefungstransaktionen deutscher Kreditinstitute, 2005, 79, Ricken, Kreditrisikotransfer europäischer Banken, 2007, 124.

[62] Vgl. zum HGB Röchling, Loan-Backed Securities, 2002, 167, Emse, Verbriefungstransaktionen deutscher Kreditinstitute, 2005, 79.

wertberichtigungen nach IAS 39. Einzelwertberichtigte und damit zum Veräußerungszeitpunkt bereits leistungsgestörte Forderungen stellen indes keinen Gegenstand einer traditionellen Verbriefung dar. Die Aufnahme solcher Forderungen in den Verbriefungspool wird regelmäßig durch die im Forderungskaufvertrag vorgegebenen Eligibility Criteria untersagt. Ein Veräußerungsgewinn kann dennoch – wenn auch nur bei (höher) verzinslichen Forderungen bzw. Krediten – entstehen, indem diese barwertig zu einem über dem Buchwert liegenden Preis verkauft werden oder die positive Differenz zwischen vertraglichen und an die ABS-Investoren zu zahlenden Zinsen auf den Veräußerungszeitpunkt vorverlagert und als Zinsstrip (*interest-only strip*) aktiviert wird.[63] Weitere Einflussmöglichkeiten auf das Veräußerungsergebnis ergeben sich aus den Ermessensspielräumen bei der Bewertung von Credit Enhancements – sofern diese überhaupt bei einem Bilanzabgang vorliegen – sowie Verwaltungsrechten.[64]

Da zu den möglichen Zielen des Ertragsmanagements neben der Maximierung des ausgewiesenen Erfolgs auch dessen Minimierung und Glättung gehören,[65] können Verbriefungstransaktionen durchaus zur gewollten Ergebnisminimierung oder Glättung über die Zeit beitragen. Dazu kann der Originator über die Festlegung des Zeitpunkts und Volumens der Transaktion sowie die Auswahl geeigneter Kredite (Positivauslese bzw. *cherry picking*) und ggf. die Bewertung seiner einbehaltenen Rechte und Pflichten Einfluss auf das Periodenergebnis ausüben.[66]

Insgesamt kommen Ertrags- und Bilanzstrukturmanagement i.d.R. nicht als primäre Ziele einer Verbriefungstransaktion in Frage, zumal dem Bilanzierenden hierzu häufig eine Reihe anderer schnellerer und kostengünstigerer Instrumente zur Verfügung steht.[67] Vielfach stellt die Bilanz- und Ertragsgestaltung daher einen Nebeneffekt dar.[68] Als besonders willkommener Nebeneffekt gilt dabei die Erreichung eines Bilanzabgangs. Ob und inwieweit das bilanz-

---

63 Vgl. Pollock/Stadum/Holtermann, Recht der Internationalen Wirtschaft 1991, 275, 280, Emse, Verbriefungstransaktionen deutscher Kreditinstitute, 2005, 79 sowie Kapitel 5.1.3.

64 Vgl. dazu Kapitel 5.1.3

65 Vgl. ausführlicher Wagenhofer/Ewert, Externe Rechnungslegung, 2007, 245 ff., Zimmermann, Abschlussprüfer und Bilanzpolitik der Mandanten, 2008, 66, 68 ff.

66 Vgl. Ricken, Kreditrisikotransfer europäischer Banken, 2007, 125 f.

67 Vgl. Bund, Asset Securitisation : Anwendbarkeit und Einsatzmöglichkeiten in deutschen Universalkreditinstituten, 2000, 194, Emse, Verbriefungstransaktionen deutscher Kreditinstitute, 2005, 79, Ricken, Kreditrisikotransfer europäischer Banken, 2007, 134.

68 Vgl. Emse, Verbriefungstransaktionen deutscher Kreditinstitute, 2005, 79.

politische Motiv tatsächlich über die Durchführung einer Verbriefungstransaktion entscheiden kann, hängt nicht zuletzt von der jeweils anzuwendenden Ausbuchungsnorm ab.[69]

---

69 Vgl. Kapitel 5.2.4.4 zur Kritik am Financial Components Approach als Ausbuchungsnorm.

3 Konzeptionelle Grundlagen

3.1 Statische und dynamische Bilanzierung: Asset Liability vs. Revenue Expense Approach

Während des gesamten 19. Jahrhunderts und der ersten Hälfte des 20. Jahrhunderts lag der Fokus der Standardsetter bzw. der Gesetzgeber überwiegend auf der Bilanz. Erst seit Mitte des 20. Jahrhunderts wurden zunehmend mehr Informationen über die Ertragskraft des Unternehmens von den Aktionären verlangt, was zur Entwicklung einer immer umfassenderen Gewinn- und Verlustrechnung führte.[70] Die heutige IFRS-Rechnungslegung setzt sich die gleichzeitige Bereitstellung von entscheidungsnützlichen Informationen sowohl über die Vermögens- und Finanz- als auch die Ertragslage zum Ziel.[71] Dieser Zweckpluralismus ist jedoch insofern problematisch, als die für die zutreffende Darstellung der Vermögenslage einschlägigen Rechnungslegungsgrundsätze mit solchen in Konflikt geraten können, die einer zutreffenden bzw. periodengerechten Ermittlung der Ertragslage dienen.[72] Dabei geht es um zwei grundlegende bilanztheoretische Ansätze der Performancemessung: den statischen (*stock-based*) Asset Liability Approach und den dynamischen (*flow-based*) Revenue Expense Approach.[73]

Nach dem GuV-orientierten Revenue Expense Approach wird der Gewinn als Residualgröße zwischen periodengerecht ermittelten Erträgen und Aufwendungen definiert, während die Änderung von Vermögen und Schulden als sekundäre/abhängige Variable gilt.[74] Vermögenswerte werden nach dem Revenue Expense Approach als Ausgaben betrachtet, die noch nicht als Aufwand anzusehen sind.[75] Der Entscheidungsnützlichkeit des Revenue Expense Approach liegt die Annahme zugrunde, dass der Periodengewinn als Indikator für die gewöhnliche langfristige Performance des Unternehmens angesehen werden kann. Zur Sicherstellung

---

70 Vgl. Hayn/Hold, in: Ballwieser/Beine et al., Handbuch International Financial Reporting Standards 2011, 2011, Abschnitt 3, Rz. 3.

71 Vgl. IAS 1.9, F.OB13 ff.

72 Vgl. Schulz, IRZ 2008, 179, 180, Hayn/Hold, in: Ballwieser/Beine et al., Handbuch International Financial Reporting Standards 2011, 2011, Abschnitt 3, Rz. 4.

73 Vgl. ausführlicher Kusano, The Japanese Accounting Review 2012, 139, 140 ff.

74 Vgl. Lüdenbach/Hoffmann/Freiberg, Haufe IFRS Kommentar, 2014, §1, Rz. 118.

75 Vgl. Schreiber, WiSt 2007, 572, 573.

dieser langfristigen Prognosefähigkeit erfolgt die Gewinnermittlung im Rahmen des Revenue Expense Approach nach Maßgabe der Anschaffungskosten (*historical cost*).[76]

Der Asset Liability Approach basiert hingegen auf dem Primat der Bilanz und damit der Vermögens- und Finanzlage vor der Gewinn- und Verlustrechnung und der Ermittlung der Ertragslage.[77] Nach dem Asset Liability Approach ergibt sich das Periodenergebnis als Folge der Wertänderungen der Bilanzposten zwischen zwei Stichtagen,[78] wobei als Stichtagswert und mithin als relevanter Wertmaßstab der Fair Value gilt.[79] Erträge und Aufwendungen werden indes sekundär als Zu- bzw. Abnahme des Nettovermögens abgeleitet. Damit werden Erträge als Erhöhungen von Assets bzw. Verringerungen von Liabilities und Aufwendungen als Verringerungen von Assets bzw. als Erhöhungen von Liabilities angesehen.[80] Die Höhe des nach dem Asset Liability Approach ermittelten Gewinns hängt folglich nicht von der Zuordnung der Cashflows den Berichtsperioden, sondern von den Ansatzkriterien für Vermögenswerte und Verbindlichkeiten sowie deren Bewertung ab.[81] In einer statisch geprägten Rechnungslegung spielt die Vermögenswertzurechnung daher eine weit größere Rolle als in einem dynamisch ausgerichteten Rechnungslegungssystem.[82]

Obwohl vom IASB nie explizit bestätigt, wird im Schrifttum häufig von einer Hinwendung der IFRS (ebenso wie der US GAAP) zum Asset Liability Approach und der Priorisierung der Bilanz als zentrales Berichtsinstrument gesprochen.[83] Dabei wird insbesondere auf die bilanzorientierte Grunddisposition des IFRS-Rahmenkonzepts verwiesen.[84] Der Vorrang der Bilanz vor der zutreffenden Periodisierung von Erträgen und Aufwendungen wird etwa in F.4.50 manifestiert.[85] Demnach wird die Bilanzierung von Posten untersagt, die zwar im Einklang mit den Grundsätzen der periodengerechten Gewinnermittlung entstehen, aber gegen die Definition von Vermögenswerten und Schulden verstoßen. Der Grund für die Bevorzugung eines

---

76 Vgl. Kusano, The Japanese Accounting Review 2012, 139, 143.
77 Vgl. Wagenhofer, Der Schweizer Treuhänder 2014, 539, 540.
78 Vgl. Hettich, KoR 2007, 6, 8, Hommel, PiR 2007, 322, 323.
79 Vgl. Kusano, The Japanese Accounting Review 2012, 139, 143, Schulz, IRZ 2008, 179, 180.
80 Vgl. Schreiber, WiSt 2007, 572, 572.
81 Vgl. Wagenhofer, IRZ 2006, 31, 35, Wagenhofer, Der Schweizer Treuhänder 2014, 539, 540.
82 Vgl. Christ, Verbriefungsplattformen nach IFRS, 2014, 76.
83 Vgl. Kühnberger, zfbf 2014, 428, 428 f.
84 Vgl. Hayn/Hold, in: Ballwieser/Beine et al., Handbuch International Financial Reporting Standards 2011, 2011, Abschnitt 3, Rz. 4, Lüdenbach/Hoffmann/Freiberg, Haufe IFRS Kommentar, 2014, § 26, Rz. 37, Wagenhofer, Der Schweizer Treuhänder 2014, 539, 540 sowie Schreiber, WiSt 2007, 572, 573 f. in Bezug auf das Rahmenkonzept der US GAAP.
85 Vgl. Lüdenbach/Hoffmann/Freiberg, Haufe IFRS Kommentar, 2014, § 26, Rz. 37.

bilanzorientierten Ansatzes durch den IASB liegt in dem vermeintlich objektivierbaren Charakter von Vermögenswerten und Schulden gegenüber dem prinzipiell eher abstrakten und vagen Ertrags- und Aufwandsbegriff.[86] Ein dynamischer, auf die zutreffende Periodisierung von Erträgen und Aufwendungen primär ausgerichteter Ansatz kann zu einer fast beliebigen Entstehung von Abgrenzungsposten in der Bilanz führen.[87] Gleichwohl läuft die Hinwendung der IFRS zum Asset Liability Approach, bei dem Ansatz und Bewertung bilanzieller Größen in den Vordergrund rücken, vielfach den internen Bedürfnissen der Unternehmenssteuerung zuwider, die weitgehend auf Basis von Erfolgsgrößen stattfindet.[88] Auch von den CFOs und Finanzanalysten wird regelmäßig ein Vorrang der GuV, darunter insbesondere der Größe EPS (Earnings per Share), betont.[89]

Eine Tendenz zum Asset Liability Approach ist nicht nur aus dem Rahmenkonzept, sondern auch aus der Gesamtschau der zuletzt vom IASB verabschiedeten Standards bzw. Standardentwürfe erkennbar. Eine deutliche statische Prägung weisen etwa die neuen konzeptionellen Ansätze zur Erfassung von Umsatzerlösen nach IFRS 15 „Revenue from Contracts with Customers“, zur Leasingbilanzierung nach ED/2013/6 „Leases“ sowie zur Bilanzierung von Versicherungsverträgen nach ED/2013/7 „Insurance Contracts“ auf.[90] Getragen vom Gedankengut des Asset Liability Approach entstehen beim Bilanzierenden mit jedem Vertrag – sei es Kunden-, Leasing- oder Versicherungsvertrag – mindestens ein Leistungsanspruch und eine Leistungsverpflichtung.[91] Die Erfolgswirkung ergibt sich aus der Veränderung des bilanziellen Ansatzes. Erträge entstehen damit nicht durch Umsatz, sondern durch den Abbau bestehender Verbindlichkeiten gegenüber Kunden oder Versicherungsnehmern im Wege der Erfüllung der vertraglichen Liefer- bzw. Versicherungsverpflichtungen.[92] Beim Leasingnehmer ergibt sich die Erfolgswirkung indes aus der Aufzinsung sowie ggf. Korrektur der bilanzierten Verbindlichkeit zur Zahlung der Leasingraten einerseits und der Folgebewertung, da-

---

86 Vgl. Wagenhofer, Der Schweizer Treuhänder 2014, 539, 540, Saito, The Japanese Accounting Review 2011, 105, 108, Schreiber, WiSt 2007, 572, 574.

87 Vgl. Wagenhofer, Der Schweizer Treuhänder 2014, 539, 540.

88 Vgl. Pelger, KoR 2008, 565, 571.

89 Vgl. Kühnberger, zfbf 2014, 428, 438.

90 So auch Christ, Verbriefungsplattformen nach IFRS, 2014, 87 ff.

91 Vgl. zur Umsatzrealisierung Pellens, WPg 2014, I, I, Hagemann, PiR 2014, 227, 228, zur Bilanzierung von Versicherungsbeiträgen Hommel/Bielke/Zicke, KoR 2013, 404, 405 sowie zur Leasingbilanzierung Knobloch, WPg 2014, 705, 708.

92 Vgl. Hommel/Bielke/Zicke, KoR 2013, 404, 405, Pellens, WPg 2014, I, I, Hagemann, PiR 2014, 227, 228.

runter insbesondere der Abschreibungen, des aktivierten Nutzungsrechts am Leasinggegenstand andererseits.[93]

Mit Blick auf die offensichtlich statische, bilanzorientierte Prägung der IFRS ist die Frage der Vermögenswertzurechnung im IFRS-Normsystem von nicht unerheblicher Bedeutung für Zwecke der vorliegenden Arbeit.

3.2 Vermögenszurechnung im IFRS-Normsystem: Control- vs. Risk and Reward-Ansatz

3.2.1 Vermögenswertdefinition des IFRS-Rahmenkonzepts

Ausgangspunkt für die Beurteilung der bilanziellen Vermögenszurechnung nach IFRS stellt die Vermögenswertdefinition des Rahmenkonzepts dar. Das Rahmenkonzept definiert einen Vermögenswert als eine Ressource, „die aufgrund von Ereignissen der Vergangenheit in der **Verfügungsmacht** (control) des Unternehmens steht, und von der erwartet wird, dass dem Unternehmen aus ihr künftiger **wirtschaftlicher Nutzen** (economic benefits) zufließt.“[94] Die Vermögenswertdefinition des Rahmenkonzepts setzt damit die kumulative Erfüllung der Kriterien „control“ und „benefits“ voraus. Eine vom Unternehmen (formal) kontrollierte Ressource ohne „benefits“ stellt demnach genauso wenig einen Vermögenswert dar wie „benefits“, über die das Unternehmen keine Kontrolle innehat. Zusätzlich wird mit dem Gebot einer wirtschaftlichen Betrachtungsweise in F.4.6 klargestellt, dass nicht die formalrechtliche Gestaltung, sondern der wirtschaftliche Gehalt für die Definition eines Vermögenswerts maßgebend ist. Unter „benefits“ bzw. wirtschaftlichem Nutzen wird indes das Potenzial verstanden, direkt oder indirekt zum Zufluss von Zahlungsmitteln und Zahlungsmitteläquivalenten des Unternehmens beizutragen.[95]

Obwohl das Rahmenkonzept nicht direkt auf Risiken und Chancen als Zurechnungskriterium abstellt, findet das positive Merkmal des Risk and Reward-Ansatzes – nämlich die Chancen – indirekt Einzug in die Vermögenswertdefinition.[96] Denn mit dem Eigentum an einem Vermögenswert verbundene Chancen können als Substitution bzw. als Konkretisierung des Nutzen-

---

93 Vgl. zur Folgebilanzierung beim Leasingnehmer Knobloch, WPg 2014, 705, 711 f.

94 Vgl. F.4.4(a).

95 Vgl. F.4.8.

96 Vgl. Matena, Bilanzielle Vermögenszurechnung nach IFRS, 2004, 55.

kriteriums angesehen werden.[97] Geringere bzw. ausbleibende Nutzenzuflüsse lassen sich indessen mit dem Begriff „Risiko“ zutreffend beschreiben. Obwohl vordergründig an der Kontrolle als Zurechnungskriterium ausgerichtet, legt die Vermögenswertdefinition des IFRS-Rahmenkonzepts mit dem Nutzenkriterium und dem ausdrücklichen Gebot einer wirtschaftlichen Betrachtungsweise den Grundstein für die Berücksichtigung von Risiken und Chancen und damit die Koexistenz von Control- und Risk and Reward-Ansatz als Vermögenszurechnungskonzepte im Normsystem der IFRS.

3.2.2 Control-Ansatz

Nach dem Control-Ansatz als unmittelbarem Ausfluss der Vermögenswertdefinition des Rahmenkonzepts erfolgt die Zurechnung eines Vermögenswerts demjenigen, der die Kontrolle bzw. Verfügungsmacht über den künftigen Nutzen des Vermögenswerts innehat und andere von der Nutzenziehung ausschließen kann (Exklusivprinzip).[98] Gemäß dem Control-Ansatz mit seiner wirtschaftlichen Betrachtungsweise ist somit nicht das Eigentum bzw. die Inhaberschaft oder der Besitz eines Vermögensgegenstands von Bedeutung, sondern die mit dem Vermögenswert verbundenen Verfügungsrechte.[99] In der Literatur wird daher für Zwecke der Operationalisierung des Control-Ansatzes auf die Property-Rights-Theorie zurückgegriffen,[100] die das Eigentum an einem Vermögenswert als Bündel von einzelnen Rechten des Eigentümers definiert. Dazu gehören insbesondere das Nutzungsrecht (usus), das Verwertungsrecht sowie das mit der Pflicht zur Tragung von Verlusten einhergehende Residualrecht (usus fructus).[101]

Zur Anwendung kommt der Control-Ansatz u.a. bei der Abgrenzung des Konsolidierungskreises nach IFRS 10.5 ff, der Umsatzrealisierung nach IAS 18.14(b), der Definition ansatzfähiger immaterieller Vermögenswerte nach IAS 38.13 ff. sowie im Rahmen der Übertragung von Sachanlagen nach IFRIC 18.9 ebenso wie finanzieller Vermögenswerte nach

---

97 Vgl. Matena, Bilanzielle Vermögenszurechnung nach IFRS, 2004, 55 f., Christ, Verbriefungsplattformen nach IFRS, 2014, 79.

98 Vgl. Reiland, Derecognition – Ausbuchung finanzieller Vermögenswerte, 2006, 151, Matena Bilanzielle Vermögenszurechnung nach IFRS, 2004, 54 sowie IAS 38.13 und IFRS 15.33.

99 Vgl. Scharenberg, Die Bilanzierung von wirtschaftlichem Eigentum in der IFRS-Rechnungslegung, 2009, 108.

100 Vgl. Christ, Verbriefungsplattformen nach IFRS, 2014, 80.

101 Vgl. Scharenberg, Die Bilanzierung von wirtschaftlichem Eigentum in der IFRS-Rechnungslegung, 2009, 108 ff., Matena, Bilanzielle Vermögenszurechnung nach IFRS, 2004, 16 ff., Streckenbach, Bilanzierung von Zweckgesellschaften im Konzern, 2006, 170 ff.

IAS 39.20(c) i.V.m. IAS 39.23 (IFRS 9.3.2.6 i.V.m. IFRS 9.3.2.9). Auch die jüngsten, im Zusammenhang mit dem Asset Liability Approach bereits angesprochenen IASB-Projekte zur Umsatzrealisierung, Leasingbilanzierung sowie zur Bilanzierung von Versicherungsverträgen sind in konzeptioneller Hinsicht vornehmlich vom Control-Ansatz getragen.[102]

3.2.3 Risk and Reward-Ansatz

Nach dem Risk and Reward-Ansatz hängt die bilanzielle Vermögenszurechnung von der Verteilung der Risiken und Chancen ab. Dabei unterstellt der Risk and Reward-Ansatz, dass zwischen der Kontrolle/Verfügungsmacht und der Tragung von Risiken und Chancen im Regelfall eine hohe Korrelation gegeben ist.[103] Je nach Sachverhalt kann der Risk and Reward-Ansatz daher eine wirtschaftlich sinnvolle Konkretisierung bzw. Operationalisierung des übergeordneten Control-Ansatzes darstellen oder gar zu seiner Zurückdrängung führen. Eine Zurückdrängung durch den Risk and Reward-Ansatz zeichnete sich bislang besonders bei komplexeren, oftmals von der Sachverhaltsgestaltung betroffenen Bilanzierungsfragen ab. Dazu zählen Leasingverhältnisse nach dem aktuell noch gültigen IAS 17, die Konsolidierungspflicht von Zweckgesellschaften nach der inzwischen abgeschafften Interpretation SIC-12 sowie die Regelungen zur Ausbuchung von finanziellen Vermögenswerten nach IAS 39 bzw. IFRS 9.[104] Auch bei der Erfassung von Umsatzerlösen setzte der IASB bislang primär auf den Übergang der maßgeblichen Risiken und Chancen nach IAS 18.14(a).[105] In der Prävalenz des Risk and Reward-Ansatzes ausgerechnet bei Bilanzierungsfragen mit hohem sachverhaltsgestalterischem Potenzial spiegelt sich sicherlich nicht zuletzt die Befürchtung wider, die Kontrolle bzw. Verfügungsmacht könnte formal ausgelegt und damit leichter manipuliert werden als die getragenen Risiken und Chancen.

Die in den IFRS aktuell zu beobachtende sukzessive Abkehr vom Risk and Reward-Ansatz hin zum Control-Ansatz hat zweierlei Ursachen. Zum einen gilt der Risk and Reward-Ansatz aufgrund der damit regelmäßig einhergehenden Schwellenregelungen (*bright lines*) nach Auf-

---

102 Vgl. zum Control-Ansatz bei der Umsatzrealisierung IFRS 15.31, bei der Leasingbilanzierung ED/2013/6.7 i.V.m. ED/2013/6.12 sowie im Rahmen der Bilanzierung von Versicherungsverträgen Hommel/Bielke/Zicke, KoR 2013, 404, 405.

103 Vgl. Zülch/Burghardt, PiR 2009, 80, 80, Christ, Verbriefungsplattformen nach IFRS, 2014, 82.

104 Zum Risk and Reward-Ansatz vgl. IAS 17.8, SIC-12.10(c)-(d), IAS 39.20 bzw. IFRS 9.3.2.6.

105 Vgl. auch Hagemann, PiR 2014, 227, 228.

fassung des IASB als ermessensanfällig.[106] Zum anderen verbirgt sich dahinter der Wunsch nach mehr standardübergreifender konzeptioneller Konsistenz im IFRS-Normsystem.[107] Der Control-Ansatz wird erwartungsgemäß kontinuierlich zur einheitlichen konzeptionellen Grundlage für die bilanzielle Vermögenszurechnung nach IFRS ausgebaut. Von einer Abschaffung der Risiken und Chancen als Zurechnungskriterium ist allerdings kaum auszugehen. Dies belegen auch die jüngsten IFRS-Entwicklungen. IFRS 10 spricht zwar nicht mehr von Risiken und Chancen, verwendet aber gleichwohl als Äquivalent den Sammelbegriff „Rückflüsse“.[108] Bei der Erfassung von Umsatzerlösen nach IFRS 15 soll künftig zwar allein auf den Kontrollübergang abgestellt werden. Dieser knüpft aber u.a. an den Übergang der Risiken und Chancen an.[109] Auf die Beibehaltung des Risk and Reward-Ansatzes deuten auch die aktuellen Überlegungen des IASB und FASB zur Bilanzierung von Leasingverhältnissen beim Leasinggeber hin.[110]

3.3 Ansatz und Ausbuchung von finanziellen Vermögenswerten

3.3.1 Begriffsbestimmung

Für Zwecke der nachfolgenden Ausführungen müssen zunächst die relevanten Begriffe „Finanzinstrumente“, „finanzielle Vermögenswerte“ und „finanzielle Verbindlichkeiten“ konkretisiert werden. IAS 32.11 definiert Finanzinstrumente als Verträge, die gleichzeitig einen finanziellen Vermögenswert bei dem einen Unternehmen und eine finanzielle Verbindlichkeit oder ein Eigenkapitalinstrument bei dem anderen begründen. Somit umfasst der übergeordnete Begriff eines Finanzinstruments neben den für Zwecke der vorliegenden Arbeit hauptsächlich relevanten finanziellen Vermögenswerten auch finanzielle Verbindlichkeiten und Eigenkapitalinstrumente als weitere Untergruppen.[111] Ein wesentliches Merkmal dieser Definition besteht darin, dass es sich stets um zwei- bzw. mehrseitige Verträge bzw. Vereinbarungen handelt.[112] Vermögenswerte oder Schulden, die nicht aus einem Vertragsverhältnis hervorgehen (z.B. Ertragssteuern), sind hingegen nicht als Finanzinstrumente aufzufassen.[113] Die

106 Vgl. bspw. im Zusammenhang mit der Erfassung von Umsatzerlösen ED/2010/6.BC60(b) sowie Hagemann, PiR 2014, 227, 228.
107 Vgl. Christ, Verbriefungsplattformen nach IFRS, 2014, 86.
108 Vgl. auch Christ, Verbriefungsplattformen nach IFRS, 2014, 82 sowie Kapitel 4.2.4.2.1.
109 Vgl. IFRS 15.38.
110 Vgl. Knobloch, WPg 2014, 705, 718, Findeisen/Adolph, DB 2014, 614, 615 f.
111 Vgl. Grünberger, IFRS 2013, 2012, 111.
112 Vgl. Schmidt, Rechnungslegung von Finanzinstrumenten, 2005, 58.
113 Vgl. IAS 32.AG12.

Form der einem Finanzinstrument zugrunde liegenden vertraglichen Vereinbarung ist dabei unerheblich. Entscheidend ist die rechtliche Durchsetzbarkeit der vertraglichen Ansprüche, sodass sich die Vertragsparteien der Erfüllung der getroffenen Vereinbarung nicht entziehen können.[114] Da der Abschluss einer vertraglichen Vereinbarung regelmäßig zur Entstehung eines finanziellen Vermögenswerts bei einem der Vertragspartner führt, knüpft die Definition eines Finanzinstruments damit unmittelbar an den Begriff eines finanziellen Vermögenswerts an.

Unter finanziellen Vermögenswerten sind alle vertraglichen Ansprüche auf Erhalt von Zahlungsmitteln oder anderen finanziellen Vermögenswerten bzw. auf Tausch von Zahlungsmitteln oder anderen finanziellen Vermögenswerten zu potenziell vorteilhaften Bedingungen zu verstehen.[115] Somit handelt es sich bei finanziellen Vermögenswerten um Finanzinstrumente mit einem aus Sicht des bilanzierenden Unternehmens positiven Wert.[116] Dadurch unterscheiden sich finanzielle Vermögenswerte sowohl von materiellen als auch immateriellen und geleasten Vermögenswerten, die mangels der oben angesprochenen Zweiseitigkeit aus sich heraus keinen Zufluss von Zahlungsmitteln bzw. anderen finanziellen Vermögenswerten generieren können, sondern dafür vielmehr eines Wertschöpfungsprozesses bedürfen.[117] Leasingverhältnisse können demnach nur dann als Finanzinstrumente klassifiziert werden, wenn sie als *finance lease* eingestuft werden. Beim *operating lease*, bei dem anstelle einer Forderung gegenüber dem Leasingnehmer der Leasinggegenstand selbst bilanziert wird, erfüllen hingegen nur die regelmäßig fälligen Zahlungen die Definition eines Finanzinstruments.[118] Ebenfalls keine Finanzinstrumente bzw. keine finanziellen Vermögenswerte stellen gemäß IAS 32.AG11 geleistete Anzahlungen dar, weil sie keinen Anspruch auf Erhalt von Zahlungsmitteln oder finanziellen Vermögenswerten sondern von Gütern oder Dienstleistungen verkörpern. Darüber hinaus enthält IAS 39.2 eine Liste von „ausgeklammerten Finanzinstru-

114 Vgl. IAS 32.13.
115 Vgl. IAS 32.11 i.V.m. IAS 32.AG10.
116 Vgl. Grünberger, IFRS 2013, 2012, 111.
117 Vgl. Friedhoff/Berger, Financial Instruments, 2013, 39, Schmidt, Rechnungslegung von Finanzinstrumenten, 2005, 58, Schipper/Yohn, Accounting Horizons 2007, 59, 61.
118 Vgl. IAS 32.AG9.

menten", d.h. von Finanzinstrumenten, die zwar als solche zu qualifizieren sind, jedoch aus dem Anwendungsbereich des IAS 39/IFRS 9 explizit ausgeschlossen werden.[119]

Finanzielle Verbindlichkeiten stellen als Gegenstück zu finanziellen Vermögenswerten gemäß IAS 32.11 vertragliche Verpflichtungen zur Abgabe von Zahlungsmitteln oder anderen finanziellen Vermögenswerten bzw. zum Tausch von Zahlungsmitteln oder anderen finanziellen Vermögenswerten unter potenziell nachteiligen Bedingungen dar.

3.3.2 Ansatz von Finanzinstrumenten

Gemäß IAS 39.14 (IFRS 9.3.1.1) ist ein Finanzinstrument dann in der Bilanz anzusetzen, „wenn das Unternehmen Vertragspartei des Finanzinstruments wird" und – soweit relevant – die Übertragung des Finanzinstruments die Ausbuchungsvorschriften des IAS 39/IFRS 9 erfüllt.[120] Entgegen den allgemeinen Ansatzvorschriften des Rahmenkonzepts, wonach der Ansatz eines Abschlusspostens nur bei Erfüllung der Kriterien eines wahrscheinlichen Nutzenzuflusses bzw. -abflusses sowie einer verlässlichen Bewertbarkeit möglich ist,[121] erfüllen Finanzinstrumente bereits mit Vertragsschluss die Ansatzvoraussetzungen. Für den Ansatz eines Finanzinstruments ist die Wahrscheinlichkeit des Nutzenzuflusses bzw. Nutzenabflusses somit unerheblich. Sie ist allein bei der Bewertung zu berücksichtigen. Das jüngst vom IASB veröffentlichte Diskussionspapier „A Review of the Conceptual Framework for Financial Reporting" sieht im Übrigen auch für den Ansatz von Nichtfinanzinstrumenten eine Streichung der Wahrscheinlichkeitsschwelle vor. Demnach wäre die Wahrscheinlichkeit des Nutzenzuflusses bzw. -abflusses analog zu Finanzinstrumenten bei der Bewertung und nicht im Rahmen der Bilanzierungsfähigkeit zu berücksichtigen.[122]

Im Gegensatz zum Ansatz anderer Bilanzposten kann es im Rahmen der Bilanzierung von Finanzinstrumenten somit zur Berücksichtigung schwebender Geschäfte kommen, vorausgesetzt es ergeben sich aus dem zu beurteilenden Sachverhalt ausschließlich Finanzinstrumente

---

119 Vgl. Lüdenbach/Hoffmann/Freiberg, Haufe IFRS Kommentar, 2014, §28, Rz. 11 ff., Friedhoff/Berger, in: Buschhüter/Striegel, Kommentar Internationale Rechnungslegung IFRS, 2011, 1041, 1042 ff, Deloitte, iGAAP 2010, 2010, 3 ff.

120 Vgl. Henkel, Rechnungslegung von Treasury-Instrumenten nach IAS/IFRS und HGB, 2010, 110 sowie IAS 39.AG34 i.V.m. IAS 39AG50 (IFRS 9.B3.1.1 i.V.m. IFRS 9.B3.2.15).

121 Vgl. F.4.44 sowie F.4.46.

122 Vgl. Wagenhofer, Der Schweizer Treuhänder 2014, 539, 540 f., Brown, IRZ 2014, 423, 424.

und keine nichtfinanziellen Vermögenswerte bzw. Schulden.[123] Finanzielle Vermögenswerte bzw. Verbindlichkeiten, die als Folge eines Vertrags über den An- oder Verkauf von Waren oder Dienstleistungen entstehen, dürfen gemäß IAS 39.AG35(b) (IFRS 9.B3.1.2(b)) hingegen erst dann angesetzt werden, wenn mindestens eine der Vertragsparteien ihre vertraglich geschuldete Leistung erbracht hat. Somit bleibt der in IAS 39.14 (IFRS 9.3.1.1) postulierte Grundsatz zur Erfassung eines Finanzinstruments bereits mit dem Vertragsschluss vielfach auf Finanzderivate beschränkt.[124]

3.3.3 Ausbuchung von finanziellen Vermögenswerten: konzeptionelle Einordnung des IAS 39/IFRS 9

Im Mittelpunkt der vorliegenden Arbeit soll die Frage der Ausbuchung finanzieller Vermögenswerte stehen. Definitionsgemäß ist unter Ausbuchung die „Entfernung eines finanziellen Vermögenswerts oder einer finanziellen Verbindlichkeit aus der Bilanz eines Unternehmens" zu verstehen.[125] Das Ausbuchungsmodell des IAS 39/IFRS 9 basiert nicht auf einem einzelnen konzeptionellen Ansatz in seiner Reinform, sondern enthält vielmehr Elemente verschiedener Konzeptionen.[126] Insofern erscheint es sinnvoll, zunächst kurz auf die existierenden konzeptionellen Ansätze zur Ausbuchung einzugehen. Als konzeptionelle Grundformen lassen sich dabei (1) der Predominant Characteristics Approach (auch All-or-Nothing Approach) und (2) der Financial Components Approach unterscheiden.[127]

Nach dem **Predominant Characteristics Approach** wird der zu beurteilende Sachverhalt dahingehend untersucht, ob seine wirtschaftlich überwiegenden Charakteristika (*predominant characteristics*) eher auf einen Verkauf oder eine besicherte Kreditaufnahme schließen lassen: *„the primary accounting issue is deciding whether the securitization as a whole should be*

---

123 Vgl. Käufer, Übertragung finanzieller vermögenswerte nach HGB und IFRS, 2009, 225.

124 Vgl. Lüdenbach/Hoffmann/Freiberg, Haufe IFRS Kommentar, 2014, §28, Rz. 52, Käufer, Übertragung finanzieller vermögenswerte nach HGB und IFRS, 2009, 225. Es kann sich dabei bspw. um einen bedingten Auszahlungsanspruch des Originators (Excess Spread) handeln. Vgl. hierzu Kapitel 5.1.2.

125 IAS 39 Definitions, bzw. IFRS 9 Anhang A Definitionen.

126 Vgl. Feld, Bilanzierung von ABS-Transaktionen im IFRS Abschluss, 2007, 61, Reiland, Derecognition – Ausbuchung finanzieller Vermögenswerte, 2006, 205 ff.

127 Vgl. Brakensiek, Bilanzneutrale Finanzierungsinstrumente in der internationalen und nationalen Rechnungslegung, 2001, 65, Reiland, Derecognition – Ausbuchung finanzieller Vermögenswerte, 2006, 249 ff., Feld, Bilanzierung von ABS-Transaktionen im IFRS Abschluss, 2007, 61 ff., Scharenberg, Die Bilanzierung von wirtschaftlichem Eigentum in der IFRS-Rechnungslegung, 2009, 2. Perry verwendet den Begriff *„paradigm"* anstatt *„approach"*. Vgl. Perry, Accounting Horizons 1993, 71 ff.

characterized as a sale or a financing".[128] Die bilanzielle Behandlung richtet sich dabei unmittelbar nach den festgestellten „*predominant characteristics*" des Sachverhalts. Eine Verbriefungstransaktion kann demnach entweder als vollständiger Verkauf oder als besicherte Kreditaufnahme dargestellt werden.[129] Der Predominant Characteristics Approach ist daher mit Blick auf seine bilanziellen Konsequenzen ein All-or-Nothing Approach.[130] Laut *Reiland* wird mit dem Predominant Characteristics Approach versucht, dem Grundsatz der wirtschaftlichen Betrachtungsweise bzw. der glaubwürdigen Darstellung[131] gerecht zu werden, wonach Geschäftsvorfälle gemäß ihrem tatsächlichen wirtschaftlichen Gehalt und nicht allein aufgrund der formalrechtlichen Gestaltung zu bilanzieren sind.[132] Als Untergruppen des Predominant Characteristics Approach lassen sich der Control Approach sowie der Risk and Reward Approach unterscheiden.[133] Zur Anwendung kommt der Predominant Characteristics Approach in der Ausprägung eines auf den Übergang der Bonitätsrisiken beschränkten Risk and Reward-Ansatzes beispielsweise im Rahmen der Bilanzierung von ABS-Transaktionen nach HGB.[134]

Der **Financial Components Approach** unterstellt hingegen, dass der zu beurteilende Sachverhalt in einzelne Basiskomponenten (Rechte und Pflichten) zerlegt werden kann, die anschließend gesondert als finanzielle Vermögenswerte und Schulden nach den jeweils für sie allgemein geltenden Vorschriften bilanziert werden.[135] Der Financial Components Approach stellt somit einen Ausfluss aus dem Asset Liability Approach dar. Nach *Reiland* wird zutreffenderweise nicht der Vermögenswert selbst (Forderungen) sondern der Ausbuchungssachverhalt (Verbriefungstransaktion) in einzelne Bestandteile zerlegt. Damit ist der sachverhaltsbezogene Financial Components Approach von dem vermögenswertbezogenen Components

---

128 Vgl. Perry, Accounting Horizons 1993, 71, 81.

129 Vgl. Perry, Accounting Horizons 1993, 71, 74.

130 Vgl. Perry, Accounting Horizons 1993, 71, 81, Brakensiek, Bilanzneutrale Finanzierungsinstrumente in der internationalen und nationalen Rechnungslegung, 2001, 65, Feld, Bilanzierung von ABS-Transaktionen im IFRS Abschluss, 2007, 61 ff., Scharenberg, Die Bilanzierung von wirtschaftlichem Eigentum in der IFRS-Rechnungslegung, 2009, 2.

131 Die wirtschaftliche Betrachtungsweise wird nicht mehr als separater Bestandteil der glaubwürdigen Darstellung betrachtet, da sie nach Ansicht des IASB redundant ist. Glaubwürdige Darstellung bedeutet ohnehin, dass Finanzinformationen die Substanz eines wirtschaftlichen Vorgangs darstellen und nicht nur seine rechtliche Form. Vgl. F.BC3.26.

132 Vgl. Reiland, Derecognition – Ausbuchung finanzieller Vermögenswerte, 2006, 249.

133 Vgl. Brakensiek, Bilanzneutrale Finanzierungsinstrumente in der internationalen und nationalen Rechnungslegung, 2001, 65

134 Scharenberg, Die Bilanzierung von wirtschaftlichem Eigentum in der IFRS-Rechnungslegung, 2009, 180. Zur Ausbuchung nach HGB vgl. IDW RS HFA 8.

135 Vgl. Reiland, Derecognition – Ausbuchung finanzieller Vermögenswerte, 2006, 254, Swieringa, Journal of Accounting, Auditing & Finance 1989, 169, 174, 182.

Approach abzugrenzen, der bei der Identifikation des Ausbuchungsgegenstands im Rahmen des ersten Schritts der Ausbuchungsprüfung nach IAS 39.16 (IFRS 9.3.2.2) zur Anwendung kommt.[136]

Die eventuell weiterhin bestehenden Beziehungen des Übertragenden zum finanziellen Vermögenswert beispielsweise in Form von Garantien, Rückkaufvereinbarungen usw. haben infolge der Zerlegung des Übertragungsvorgangs in einzelne Komponenten keinen Einfluss auf die Ausbuchungsentscheidung.[137] Deren Berücksichtigung findet ausschließlich im Wege der Bilanzierung als eigenständige Vermögenswerte und Schulden statt. In seiner Reinform als formalrechtliches Control-Konzept schließt der Financial Components Approach damit eine Bilanzierung als besicherte Kreditaufnahme aus:[138] Eine Verbriefungstransaktion wird demnach bilanziell stets als Verkauf behandelt, wenn das rechtliche Eigentum an den verbrieften Forderungen an die Zweckgesellschaft übergeht.[139] Auch wenn dem Financial Components Approach nicht zwingend ein rein formalrechtliches Control-Konzept zugrunde liegen muss, stellt der Financial Components Approach regelmäßig auf das Kriterium der Kontrolle ab.[140] Die Kontrolle kann dabei aber unterschiedlich definiert sein: als Verfügungsmacht i.S.v. IAS 39.23 (IFRS 9.3.2.9) oder etwa als „*effective control*" nach ASC 860.[141]

Der US-amerikanische Ausbuchungsstandard ASC 860 „Transfers and Servicing" ist ein Paradebeispiel für die Anwendung – wenngleich auch nicht in seiner Reinform – des Financial Components Approach.[142] Danach ist es mit Ausnahme der Rückübertragungsvereinbarungen möglich, eine Ausbuchung der Forderungen zu erzielen, obwohl der Originator weiterhin maßgeblich an den Ausfallrisiken beteiligt ist.[143] Die Erfassung der zurückbehaltenen Risiken und Chancen erfolgt dabei im Wege der Bilanzierung sämtlicher aus dem Übertragungsvorgang entstehenden Vermögens- und Schuldenpositionen des Originators, darunter insbesonde-

---

136 Vgl. Reiland, Derecognition – Ausbuchung finanzieller Vermögenswerte, 2006, 254 f. sowie Kapitel 4.3.

137 Vgl. Feld, Bilanzierung von ABS-Transaktionen im IFRS Abschluss, 2007, 62.

138 Vgl. Breker/Gebhardt/Pape, WPg 2000, 729, 734.

139 Vgl. Perry, Accounting Horizons 1993, 71, 71 sowie 74.

140 Vgl. Brakensiek, Bilanzneutrale Finanzierungsinstrumente in der internationalen und nationalen Rechnungslegung, 2001, 67.

141 Vgl. ASC 860-10-40-5(c).

142 Vgl. Kothari, Securitization: The Financial Instrument of the Future, 2006, 773, Niu, Review of Accounting and Finance 2007, 195, 196, Sickmann, Konsolidierung von Variable Interest Entities, 2005, 125 f., Brakensiek, Bilanzneutrale Finanzierungsinstrumente in der internationalen und nationalen Rechnungslegung, 2001, 70 ff. zum Teil mit Verweis auf die Vorgängerregelungen.

143 Vgl. Lotz/Gryshchenko in: Zerey, Zweckgesellschaften: Rechtshandbuch, 2013, § 9, 142, 183 ff.

re der gestellten Credit Enhancements. Die Letzteren werden dadurch in der Bilanz des Originators genauso abgebildet wie bei einem dritten Sicherungsgeber.[144]

Die Ausbuchungskonzeption des IAS 39/IFRS 9 stellt in seiner aktuellen Fassung hingegen eine Kombination aus Predominant Characteristics Approach und Financial Components Approach dar.[145] Der Erstgenannte kommt in Form des Risk and Reward-Ansatzes zur Anwendung und führt, je nachdem ob im Wesentlichen alle Risiken und Chancen übertragen oder zurückbehalten wurden, zu einer Bilanzierung als Verkauf oder als besicherte Kreditaufnahme. Auf den Financial Components Approach wird indes im Rahmen der Prüfung des Übergangs der Verfügungsmacht zurückgegriffen, falls die Risiken und Chancen zwischen Verkäufer und Erwerber geteilt werden.[146] Bejaht man den Übergang der Verfügungsmacht, kommt es zu einer Ausbuchung der Forderungen und einer gesonderten Bilanzierung der einzelnen „*financial components*". Wird dieser verneint, erfolgt im Rahmen des Continuing Involvement-Ansatzes eine Teilausbuchung der Forderungen i.V.m. einer Bilanzierung des nicht ausgebuchten Forderungsumfangs als besicherte Kreditaufnahme. Ob man bei IAS 39/IFRS 9 nun von einem Modified Predominant Characteristics Approach oder einem Modified Financial Components Approach[147] spricht, ändert nichts an der Tatsache, dass die Ausbuchungskonzeption des IAS 39/IFRS 9 im Gegensatz zu einem rein formalrechtlichen Financial Components Approach und den vorstehend dargestellten allgemeinen Ansatzvorschriften für Finanzinstrumente von einer „Klebrigkeit" (*stickiness*) geprägt ist: Während ein Finanzinstrument verhältnismäßig einfach in der Bilanz aktiviert werden kann, lässt es sich deutlich schwieriger daraus wieder entfernen.[148] Im Folgenden soll auf die Besonderheiten der Ausbuchungskonzeption des IAS 39/IFRS 9 ausführlich eingegangen werden.

---

[144] Vgl. Perry, Accounting Horizons 1993, 71, 74, Brakensiek, Bilanzneutrale Finanzierungsinstrumente in der internationalen und nationalen Rechnungslegung, 2001, 71.

[145] Vgl. Kropp/Klotzbach, WPg 2002, 1010, 1013 f.

[146] Ähnlich auch Scharenberg, Die Bilanzierung von wirtschaftlichem Eigentum in der IFRS-Rechnungslegung, 2009, 165.

[147] So bspw. Kuhn, Die bilanzielle Abbildung von Finanzinstrumenten in der Rechnungslegung nach IFRS, 2007, 145.

[148] Vgl. Friedhoff/Berger, in: Buschhüter/Striegel, Kommentar Internationale Rechnungslegung IFRS, 2011, 1041, 1064 Deloitte, iGAAP 2014 – Financial Instruments, 2013, Volume C, 512.

4 Ausbuchungskonzeption des IAS 39/IFRS 9 und IFRS 10

4.1 Bestimmung der Anwendungsebene für die weitere Untersuchung: konsolidierter vs. Einzelabschluss

Bei Konzernabschlüssen sind die Ausbuchungsvorschriften gemäß IAS 39.15 (IFRS 9.3.2.1) auf konsolidierter Ebene anzuwenden, d.h. nachdem sämtliche konsolidierungspflichtigen Tochtergesellschaften einschließlich Zweckgesellschaften nach Maßgabe von IFRS 10 in den Konzernabschluss einbezogen wurden. Soweit jedoch ein Einzelabschluss nach IFRS erstellt wird, erfolgt die Prüfung der Ausbuchungsvorschriften auf Ebene des Einzelunternehmens. In Deutschland hat ein nach IFRS erstellter Einzelabschluss im Gegensatz zu einem Konzernabschluss keine befreiende Wirkung. Die Pflicht zur Aufstellung eines handelsrechtlichen Einzelabschlusses nach §§ 264 ff. HGB bleibt von der freiwilligen Veröffentlichung eines IFRS-Einzelabschlusses unberührt. Ein freiwillig erstellter IFRS-Einzelabschluss dient lediglich Informationszwecken und stellt im Gegensatz zum Einzelabschluss nach HGB keine Grundlage für die Ausschüttungsbemessung und die Besteuerung dar, was nicht zuletzt dem stark ausgeprägten Fair Value-Gedanken der IFRS-Rechnungslegung geschuldet ist.[149] Eine freiwillige Erstellung eines IFRS-Einzelabschlusses kann vor allem für börsennotierte Unternehmen in Frage kommen, die mangels konsolidierungspflichtiger Tochtergesellschaften nicht zur Konzernrechnungslegung nach IFRS verpflichtet sind, gleichzeitig aber den Informationsbedürfnissen des in Anspruch genommenen Kapitalmarktes nachkommen wollen.[150]

Im internationalen Vergleich ist die Maßgeblichkeit nationaler Rechnungslegungsvorschriften für Einzelabschlüsse dagegen bei Weitem kein Muss. So räumt die Verordnung (EG) Nr. 1606/2002 des Europäischen Parlaments und des Rates den Mitgliedstaaten der EU die Möglichkeit ein, die verpflichtende oder wahlweise Anwendung der in das EU-Recht übernommenen IFRS auf Einzelabschlüsse zu gestatten.[151] Nach einer Erhebung der EU-Kommission zur Umsetzung der oben genannten Verordnung in der EU und im EWR (Stand: 07.02.2012) erlauben oder verlangen – vorbehalten der teilweise noch bestehenden größen- und branchenspezifischen Besonderheiten – bereits 23 Staaten die Anwendung von IFRS in Einzelab-

---

149 Vgl. Müller, IFRS: Grundlagen und Erstanwendung, 2007, 41 f., Riebell, Die Praxis der Bilanzauswertung, 2006, 181.

150 Vgl. Niehus, WPg 2001, 737, 740. Vgl. z.B. die im SDAX gelistete Prime Office REIT AG.

151 Vgl. Verordnung (EG) Nr. 1606/2002 des Europäischen Parlaments und des Rates vom 19. Juli 2002 betreffend die Anwendung der internationalen Rechnungslegungsstandards, Artikel 5.

schlüssen kapitalmarktorientierter Unternehmen.[152] In 18 Staaten der EU und des EWR können bzw. müssen auch Unternehmen ohne Kapitalmarktzugang ihre Einzelabschlüsse nach IFRS aufstellen.

Bei den meisten international tätigen Konzernen ist die wertorientierte Steuerung sowie das jährliche und unterjährige Berichtswesen aller Konzerngesellschaften i.d.R. ohnehin nach IFRS ausgerichtet.[153] Zudem kann der externen Informationsbereitstellung durch einen IFRS-Einzelabschluss in der Regel besser nachgekommen werden, da zusätzliche Berichtsinstrumente wie eine Kapitalflussrechnung, eine Segmentberichterstattung sowie eine Eigenkapitalveränderungsrechnung verpflichtend aufgestellt werden müssen.[154] Nach Vorgabe der europäischen Bankenaufsicht müssen alle Banken künftig nur noch nach einem Schema bilanzieren, nämlich nach IFRS. Nationale Standards wie das HGB in Deutschland werden dagegen nicht mehr lange toleriert.[155] Im Interesse der Praxis wäre daher auf eine generelle Zulassung der IFRS für separate Abschlüsse zu hoffen.[156] Angesichts der bereits gegebenen und künftig wohl weiter steigenden praktischen Relevanz von IFRS-Einzelabschlüssen beschränkt sich die vorliegende Arbeit nicht allein auf die Perspektive des IFRS-Konzernabschlusses.

4.2 Konsolidierung von Verbriefungszweckgesellschaften nach IFRS 10

4.2.1 Zur Neuauflage der Konsolidierungsvorschriften

Mit IFRS 10 „Konzernabschlüsse“ veröffentlichte der IASB neue Vorschriften zur Konzernrechnungslegung, durch die u.a. auch das bisher einschlägige Regelwerk zur Konsolidierung von Zweckgesellschaften (IAS 27 „Konzern- und Einzelabschlüsse“ i.V.m. SIC-12 „Konsolidierung – Zweckgesellschaften“) ersetzt wurde.[157]

---

152 Vgl. European Commission, Implementation of the IAS Regulation (1606/2002) in the EU und EEA, http://ec.europa.eu/internal_market/accounting/docs/ias/ias-use-of-options_en.pdf, abgerufen am 15.12.2014.

153 Vgl. Lüdenbach, IFRS, 2013, 28.

154 Vgl. Wohlgemuth, IFRS: Bilanzpolitik und Bilanzanalyse, 2007, 59.

155 Vgl. Lüthje, in: Varnholt/Hoberg, Bilanzoptimierung für das Rating, 2014, 21, 21 f.

156 Vgl. Lüdenbach, IFRS, 2013, 38.

157 Neben IFRS 10 wurden zudem weitere Standards des sog. Konsolidierungspakets darunter IFRS 11 „Gemeinsame Vereinbarungen“, IFRS 12 „Angaben zu Beteiligungen an anderen Unternehmen“ sowie die überarbeiteten IAS 27 und IAS 28 im Mai 2011 herausgegeben. Anschließend unternahm der IASB im Juni 2012 Änderungen an den Übergangsvorschriften zu IFRS 10, IFRS 11 und IFRS 12, um Erleichterungen beim Übergang auf die neuen Standards zu ermöglichen. Zur Erstanwendung von IFRS 10 vgl. Kapitel 4.2.6.3.

Die Forderungen nach einer verbesserten Kommunikation der Risiken aus außerbilanziellen Geschäften, insbesondere aus nicht konsolidierten Verbriefungszweckgesellschaften, erlangten zwar erst mit dem Ausbruch der jüngsten Finanz- und Wirtschaftskrise eine weltweite gesellschaftspolitische Brisanz.[158] In Fachgremien wurde dagegen schon seit längerem über eine Überarbeitung der bestehenden Konsolidierungsregeln diskutiert. Der IASB setzte bereits im Juni 2003 ein entsprechendes Projekt auf seine Agenda.[159]

Kritisiert wurde in Fachkreisen einerseits die vermeintliche Inkonsistenz zwischen dem auf normale bzw. Nichtzweckgesellschaften (*voting interest entities*) ausgelegten IAS 27 und seiner speziell der Konsolidierung von Zweckgesellschaften gewidmeten Interpretationshilfe SIC-12. Zwar wird die Pflicht zur Konsolidierung sowohl nach IAS 27 als auch nach SIC-12 an das Vorliegen eines Beherrschungsverhältnisses geknüpft (Kontrollkonzept). Gleichwohl wird Beherrschung im Standard und in der Interpretation unterschiedlich begründet. Während der Standard dem gesellschaftsrechtlich geprägten Control-Konzept folgt, liegt der Interpretation der sog. Risk and Reward-Ansatz zugrunde. Neben der systematischen Inkompatibilität bestand in Ermangelung der Anwendungshinweise zudem Unsicherheit dahingehend, welche Regelung – der Standard oder die Interpretation – vorrangig anzuwenden ist.[160] Je nach Einordnung der Gesellschaft in den Geltungsbereich des IAS 27 oder des SIC-12 konnten unterschiedliche Schlüsse im Hinblick auf die Konsolidierung bzw. Nichtkonsolidierung ein und desselben Unternehmens abgeleitet werden.[161]

Ein weiterer Schwachpunkt des bisherigen Rechts ergibt sich zudem nach Auffassung des IASB unmittelbar aus dem Risk and Reward-Ansatz. Dieser knüpft den Beherrschungstatbestand allein an die Erfüllung des Kriteriums der mehrheitlichen Chancen-Risiko-Tragung, wodurch dem Bilanzierenden eine rigide Schwelle (*bright line*) i.H.v. 50% der quantifizierbaren Chancen und Risiken als Grenzziehung zwischen Konsolidierungspflicht und Nichtkonsolidierung vorgegeben wird. Die Beherrschungsvermutung konnte mithin regelmäßig widerlegt

---

158 Vgl. FSF, Report of the Financial Stability Forum on Enhancing Market and Institutional Resilience, 2008, 22 ff., http://www.financialstabilityboard.org/publications/r_0804.pdf sowie G20-Staaten, Declaration on Strengthening the Financial System, 2009, http://www.g20.utoronto.ca/2009/2009ifi.pdf, abgerufen am 15.12.2014.

159 IASB, Effect Analysis, IFRS 10 Consolidated Financial Statements and IFRS 12 Disclosure of Interests in Other Entities, 2012, 3 f.

160 Vgl. Brune, in: Bohl/Riese/Schlüter, Beck'sches IFRS-Handbuch, 2013, § 30, Rz. 26, Struffert, Asset Backed Securities-Transaktionen und Kreditderivate nach HGB und IFRS, 2006, 135.

161 Vgl. Lotz/Gryshchenko in: Zerey, Zweckgesellschaften: Rechtshandbuch, 2013, § 9, 142, 159, Matena, Bilanzielle Vermögenszurechnung nach IFRS, 2004, 204 f., Mojadadr, Zweckgesellschaften im Konzernabschluss nach HGB und IFRS, 2013, 226 sowie IFRS 10IN3 f.

werden, wenn keiner der Parteien die absolute Mehrheit der Chancen und Risiken zugeordnet werden konnte. SIC-12 schaffte somit nach Überzeugung der Standardsetter Strukturierungsanreize für außerbilanzielle Gestaltungen.[162] Die Missbrauchsanfälligkeit des SIC-12 wurde zudem durch die Anwendung zum Teil unzumutbar komplexer mathematischer (Wahrscheinlichkeits-)Rechnungen zur quantitativen Messung der potenziellen Chancen und Risiken begünstigt.[163]

Zu einer sachgerechteren Abgrenzung des Konsolidierungskreises – insbesondere mit Blick auf die Konsolidierung von Zweckgesellschaften – sollte demzufolge ein allgemeingültiges und weniger quantitativ ausgerichtetes Kontrollkonzept verhelfen.[164] In nachfolgenden Abschnitten werden die Neuregelungen des IFRS 10 vor dem Hintergrund der Konsolidierung von Zweckgesellschaften erläutert und die Implikationen aus der Anwendung des Standards auf ausgewählte Verbriefungsstrukturen kritisch untersucht.

4.2.2 Beherrschungsbegriff und Beherrschungsobjekt des IFRS 10

Im Gegensatz zu dem Vorläufer IAS 27, der aufgrund seiner bei Zweckgesellschaften regelmäßig ins Leere laufenden formalrechtlichen Definition der Kontrolle[165] einer Ergänzung durch SIC-12 bedurfte, definiert IFRS 10.7 den Kontrollbegriff zunächst abstrakt und umfassend. Ein Mutter-Tochter-Verhältnis liegt demnach vor, wenn folgende drei Kriterien kumulativ erfüllt sind:

(1) Das potentielle Mutterunternehmen (*investor*) kann Entscheidungsmacht (*power*) über das potentielle Tochterunternehmen (*investee*) ausüben und

(2) muss aufgrund seiner Verbindung zum Tochterunternehmen variablen Rückflüssen (*variable returns*) ausgesetzt sein sowie

---

162 Vgl. IFRS 10.BC35 f.

163 Vgl. Küting/Mojadadr, KoR 2011, 273, 283, Mojadadr, Zweckgesellschaften im Konzernabschluss nach HGB und IFRS, 2013, 226.

164 Ferner sollte mit IFRS 10 ein weiterer Schritt Richtung Konvergenz mit der Konsolidierungsnorm der US GAAP vollzogen werden. Vgl. PwC, Manual of Accounting - IFRS 2012, 2011, Rz. 24A.2, IASB, Effect Analysis, IFRS 10 Consolidated Financial Statements and IFRS 12 Disclosure of Interests in Other Entities, 2012, 4 sowie 22.

165 Vgl. IAS 27.4 i.V.m. IAS 27.13 a.F.

(3) in der Lage sein, seine Entscheidungsmacht zu nutzen, um die Höhe der variablen Rückflüsse zu beeinflussen.

Die Vereinheitlichung des Kontrollkonzepts unter Verzicht auf Sonderkriterien für Zweckgesellschaften ist sicherlich zu begrüßen. Zu bemängeln ist dabei einzig die Wahl der Begriffe *„investor"* (auf Deutsch „Investor") und *„investee"* (auf Deutsch „Beteiligungsunternehmen"). Dem Wortlaut des Standards nach sollen darunter potentielle Mutter- bzw. Tochterunternehmen zu subsumieren sein. Wird die Beherrschungsvermutung bejaht, so ist die aus IAS 27 a.F. bekannte Terminologie weiterhin zu verwenden: *„parent"* für Mutter- und *„subsidiary"* für Tochterunternehmen.[166]

Berechtigterweise weist *Lüdenbach*[167] darauf hin, dass die neuen Begriffe dahingehend missverstanden werden könnten, dass es einer Eigenkapitalbeteiligung als Voraussetzung für ein Beherrschungsverhältnis bedürfe. Eine Beteiligung am Eigenkapital des beherrschten Unternehmens wird gemäß IFRS 10.5 jedoch nicht gefordert. Beherrschung kann demnach unabhängig von der Art der Verbindung (*involvement*) zum Tochterunternehmen begründet werden.

Darüber hinaus kann der Begriff *investor* besonders im Zusammenhang mit Verbriefungstransaktionen etwas irreführend erscheinen. Als *investor* wird sinngemäß derjenige bezeichnet, der in verbriefte Wertpapiere investiert. Ein *investor* i.S.d. IFRS 10 muss dagegen nicht zwingend in Verbriefungstitel investieren, um als potentielles Mutterunternehmen in Frage zu kommen. Somit sind die beiden Begriffe nicht deckungsgleich und könnten zumindest bei IFRS-Unerfahrenen für Verwirrung sorgen.

Auf der anderen Seite weist die weite Auslegung des Begriffs *investor* in IFRS 10 Ähnlichkeiten mit dem aufsichtsrechtlichen Investor-Begriff auf. Demnach gilt ein Institut als Investor, wenn es eine oder mehrere Verbriefungspositionen in einer Verbriefungstransaktion hält. Eine Verbriefungsposition umfasst dabei neben den eigentlichen Investitionen in Verbriefungstranchen, auch gestellte bilanzielle und außerbilanzielle Credit Enhancements und Liquiditätslinien sowie derivative Risikopositionen aus Zins- und Währungsabsicherungen, sofern

---

166 Vgl. IFRS 10.2(a) i.V.m. Appendix A.

167 Vgl. Lüdenbach/Hoffmann/Freiberg, Haufe IFRS Kommentar, 2014, § 32 Tochterunternehmen im Konzern- und Einzelabschluss, Rz. 11.

sie in den Zahlungswasserfall einbezogen sind. Ein Investor ist demnach jeder, der eine Risikoposition in einer Verbriefungstransaktion hält.[168]

Im Folgenden werden neben *investor* und *investee* auch die altbewährten Begriffe (potentielles) Mutter- bzw. Tochterunternehmen verwendet, auch wenn sie, wie oben angemerkt, in enger Auslegung des Standardtexts bereits ein Beherrschungsverhältnis voraussetzen.[169]

Als Beherrschungs- und mithin auch als Konsolidierungsobjekt gilt nach IFRS 10 regelmäßig eine rechtliche Einheit, wobei jedoch auch einzelne wirtschaftlich abgrenzbare Teilbereiche einer Zweckgesellschaft (sog. Zellen bzw. Silos) unabhängig von dem einheitlichen rechtlichen Mantel konsolidierungspflichtig sein können.[170] Im Verbriefungsbereich ist ein derartiger zellularer Aufbau insbesondere bei Multi-Seller-Conduits und Compartment-Strukturen üblich.

Die Anwendung der Konsolidierungsvorschriften auf einzelne Zellen einer Zweckgesellschaft ist nicht neu und galt in der Praxis bereits nach SIC-12 als geboten.[171] Mit IFRS 10 wurde dieses Gebot lediglich in einem Standard erstmalig kodifiziert.[172]

4.2.3 Zweckgesellschaften als structured entities

Zweckgesellschaften werden in IFRS 10 – bedingt wohl durch ihren überwiegenden Einsatz im Rahmen der strukturierten Finanzierungen - als strukturierte Unternehmen (*structured entities*) und nicht mehr als SPEs bezeichnet.[173] Zwar enthält IFRS 10 keine explizite Definition eines strukturierten Unternehmens, in den dazugehörigen Grundlagen für Schlussfolgerungen (*basis for conclusions*) sowie in IFRS 12 „Angaben zu Beteiligungen an anderen Unternehmen“ wird jedoch klargestellt, dass damit überwiegend Zweckgesellschaften gemeint sind.

So führen IFRS 12.B21 f. bereits aus SIC-12 bekannte Definitionsmerkmale einer SPE als typische Charakteristika eines strukturierten Unternehmens auf. Demnach zeichnen sich strukturierte Unternehmen in erster Linie dadurch aus, dass Stimm- und andere Rechte keine

---

168 Vgl. Burmester/Koring/Trinkaus, in: Deloitte, Asset Securitisation in Deutschland, 2012, 85, 90.
169 Vgl. Brune, in: Bohl/Riese/Schlüter, Beck'sches IFRS-Handbuch, 2013, § 30, Rz. 29.
170 Vgl. Lüdenbach/Freiberg, PiR 2012, 41, 42.
171 Vgl. IDW RS HFA 2, Rz. 59 ff.
172 Vgl. IFRS 10.B76 ff.
173 Vgl. Gryshchenko, PiR 2010, 42, 42.

entscheidende Bedeutung für die Beurteilung ihrer Konzernzugehörigkeit haben.[174] Weitere Merkmale können zudem eine enge und genau definierte Zwecksetzung, eine geringe Eigenkapitalausstattung sowie eine für Verbriefungen[175] übliche tranchierte Fremdfinanzierungsstruktur sein. Im Umkehrschluss stellt ein über Stimmrechte beherrschtes Unternehmen keine *structured entity* dar – auch dann nicht, wenn es beispielsweise infolge einer Restrukturierung vorwiegend fremdfinanziert wird.[176]

Ungeachtet des als einheitlich und auf alle Unternehmen anwendbar konzipierten Konsolidierungskonzepts wird in IFRS 10 dennoch zwischen normalen und strukturierten Unternehmen differenziert. Grund hierfür ist nicht überraschend: Trotz der angestrebten Anwendbarkeit des neuen Kontrollkonzepts auf alle Unternehmen bedarf es nach Auffassung der Verfasser angesichts der für *structured entities* inhärenten Besonderheiten spezieller Ausführungen zur Auslegung der allgemeinen Kontrollkriterien.[177]

4.2.4 Auslegung der Kontrollkriterien bei Verbriefungszweckgesellschaften

4.2.4.1 Entscheidungsmacht

4.2.4.1.1 Vom Autopilot zu Restaktivitäten

Entscheidungsmacht besitzt das potentielle Mutterunternehmen gemäß IFRS 10.10 dann, wenn es aufgrund bestehender Rechte gegenwärtig die Möglichkeit hat, die relevanten Aktivitäten des *investee* zu bestimmen. Als relevant gelten dabei Aktivitäten, die einen signifikanten Einfluss (*significant influence*) auf die Ergebnisse (*returns*) des potentiellen Tochterunternehmens haben. Eine aktive Bestimmung der Aktivitäten wird indes nicht vorausgesetzt. Es genügt bereits, wenn die Möglichkeit zur Bestimmung solcher Aktivitäten besteht.

Worauf bei der Auslegung der Entscheidungsmacht abzustellen ist, hängt vom Ergebnis der Analyse von Zweck und Struktur (*purpose and design*) des potentiellen Tochterunternehmens ab. Eine solche Analyse soll dem Bilanzierenden ermöglichen, Erkenntnisse über die relevanten Aktivitäten des *investee,* einschließlich der Art und Weise wie und durch welche Par-

---

174 Vgl. auch IFRS 10.BC72.
175 Verbriefungen werden hier analog zu IFRS 9 als *„contractually linked instruments"* bezeichnet.
176 Vgl. Ernst & Young, International GAAP 2013, 2013, 403.
177 Vgl. IFRS 10.BC71 ff.

tei(en) diese Aktivitäten bestimmt werden können, zu gewinnen. Je nachdem, wie die relevanten Aktivitäten des *investee* bestimmt werden, unterscheidet IFRS 10 zwischen:[178]

a) Unternehmen, die wegen ihres breiten Spektrums an operativen und finanziellen Aktivitäten entsprechender fortlaufender Entscheidungen bedürften und deswegen in der Regel über Stimmrechte o.Ä. kontrolliert werden können,

b) und solchen Unternehmen, bei denen die relevanten Aktivitäten durch vertragliche Vereinbarungen nahezu vollständig vorherbestimmt sind, sodass es kaum fortlaufender Entscheidungen bedarf und die Stimmrechte deshalb keinen Aufschluss über die Kontrolle mehr geben.

Die gesellschaftsrechtliche Entscheidungsfindung mittels Stimmrechte wurde damit auch in IFRS 10 als Unterscheidungsmerkmal zwischen Zweck- und Nichtzweckgesellschaften beibehalten und stellt bei strukturierten Unternehmen analog zur Altregelung des SIC-12 weiterhin keinen Beherrschung begründenden Tatbestand dar.

Für strukturierte Unternehmen gilt es ebenfalls, zunächst den Zweck und die Struktur der betrachteten Unternehmenseinheit zu analysieren, um sich ein Bild über die relevanten Aktivitäten zu verschaffen. Eine solche Analyse muss bei strukturierten Unternehmen zusätzlich eine Beurteilung der Risiken einbeziehen, für deren Übernahme und Weiterleitung die Zweckgesellschaft gegründet wurde.[179] Da Zweck, Struktur und Risiken i.d.R. bereits bei Gründung der Zweckgesellschaft weitgehend festgelegt werden und sich im Zeitablauf aufgrund des implementierten Autopilotmechanismus kaum verändern, stellt sich die Frage, ob die Einrichtung des Autopiloten die relevante Aktivität und der Autopilot selbst die Quelle der Entscheidungsmacht sein können.

Obwohl die Beteiligung des Berichtsunternehmens an der Gründung der Zweckgesellschaft im Rahmen der Analyse von Zweck und Struktur ausdrücklich zu berücksichtigen ist, wird dem Autopilotmechanismus in IFRS 10 im Gegensatz zu SIC-12 ein ganz anderer Stellenwert eingeräumt. So stellt SIC-12.10 (b) darauf ab, dass Entscheidungskompetenzen im Gründungszeitpunkt quasi auf den Autopiloten zugunsten des potentiellen Mutterunternehmens

---

[178] Vgl. IFRS 10.B5 ff. i.V.m. IFRS 10.B.16 f.

[179] Vgl. IFRS 10.B8.

delegiert worden sind, sodass künftig keine wesentlichen Entscheidungen zur Ausübung der Entscheidungsmacht getroffen werden müssen.[180] Somit kann die Entscheidungsmacht i.S.d. SIC-12 durch die Einrichtung des Autopilotmechanismus als ausgeübt angesehen werden: *"...the predetermination of the activities of the SPE through an 'autopilot' mechanism often provides evidence that the ability to* ***control has been exercised by the party making the predetermination*** *for its own benefit at the formation of the SPE and is being perpetuated."*[181] Der einst festgelegte Autopilot kann demnach als die eigentliche Quelle der Entscheidungsmacht angesehen werden.

Nach IFRS 10.B53 sind aber gerade solche Entscheidungsrechte und verbleibende Restaktivitäten relevant, die trotz der Implementierung des Autopilotmechanismus noch ausgeübt werden können.[182] Dagegen kommen Aktivitäten, die (fast) vollständig vorherbestimmt sind und folglich keiner substantiellen Entscheidungen mehr bedürfen, nicht als relevante Aktivitäten in Betracht.[183] Insoweit begründet selbst eine wesentliche Einbeziehung in den Gründungsakt noch keine Beherrschung i.S.d. IFRS 10[184] und kann lediglich ein Indiz dafür sein, dass das Berichtsunternehmen sich dadurch bestimmte Rechte zusichern konnte, die ihm Entscheidungsmacht geben.[185]

Solche Rechte können bei strukturierten Unternehmen u.a. in vertragliche bzw. schuldrechtliche Vereinbarungen wie etwa Call- und Put-Optionen oder Liquidationsrechte eingebettet sein.[186] Oftmals haben derartige Vereinbarungen einen bedingten Charakter und können ihre Wirkung erst bei Eintritt eines bestimmten Ereignisses wie Forderungsausfall entfalten. In solchen Fällen können nur nach dem Eintritt des definierten Ereignisses getroffene Entscheidungen einen signifikanten Einfluss auf die Rückflüsse haben und mithin als relevante Aktivitäten gelten. Ob es zum Eintritt des definierten Ereignisses kam oder nicht ist indes unerheblich.[187]

---

180 Vgl. Böckem/Stibi/Zoeger, KoR 2011, 399, 406.
181 Vgl. IFRS 10.BC76.
182 Vgl. Böckem/Stibi/Zoeger, KoR 2011, 399, 406.
183 Vgl. Reiland, Der Betrieb 2011, 2729, 2730.
184 Vgl. Ernst & Young, International GAAP 2013, 2013, 407.
185 Vgl. IFRS 10.B51 und IFRS 10.B63.
186 Vgl. IFRS 10.B52.
187 Vgl. Gryshchenko/Lotz, in: Deloitte, Asset Securitisation in Deutschland, 2012, 39, 47.

Die Identifikation von relevanten Restaktivitäten bzw. noch ausübbaren Rechten bei Verbriefungszweckgesellschaften hängt, wie oben bereits angemerkt, insbesondere von der Beurteilung der spezifischen Risiken ab, für deren Übernahme und Weiterleitung das strukturierte Unternehmen primär gegründet wurde. Den Ausgangspunkt der Beurteilung der Entscheidungsmacht stellen daher die Risiken dar.

4.2.4.1.2 Entscheidungsmacht bei klassischen ABS-Transaktionen

4.2.4.1.2.1 Explizite Entscheidungsmacht

Bei konventionellen Term-ABS kommen vor allem folgende Risiken in Frage:[188]

- Ausfall- bzw. Kreditrisiko: das Risiko des Ausfalls von Kreditnehmern im verbrieften Portfolio,
- Vorauszahlungsrisiko (*prepayment risk*): das Risiko einer vorzeitigen Rückzahlung der verbrieften Forderungen und das damit verbundene Wiederanlagerisiko,
- Zinsänderungs- sowie ggf. Währungsrisiko: das Risiko aufgrund der Zins- bzw. Währungsinkongruenz zwischen verbrieften Aktiva und emittierten ABS,
- Reputationsrisiko.

Das maßgebliche Risiko, das im Rahmen von ABS-Transaktionen regelmäßig verbrieft wird, ist dabei das Ausfall- bzw. Kreditrisiko.

Zinsänderungs- und Währungsrisiken stellen dagegen eher ein „Nebenprodukt" einer klassischen Verbriefungstransaktion dar und werden i.d.R. auch nicht an die ABS-Investoren weitergereicht. Vielmehr erfolgt deren Neutralisierung bereits auf Ebene der Zweckgesellschaft mithilfe von Zins- und Währungsswaps. Zudem werden Zahlungsansprüche aus Swapgeschäften aufgrund ihrer meist übergeordneten Stellung im Zahlungswasserfall vorrangig – vor sämtlichen Zins- und Tilgungszahlungen auf die Verbriefungstitel – bedient. Aus diesem Grund ist es höchst unwahrscheinlich, dass die Gegenpartei in einem Zins- oder Währungss-

---

188 Vgl. Goranov/Mach/Moosbrucker, in: Deloitte, Asset Securitisation in Deutschland, 2012, 77, 77 f.

wap je von dem Ausfallrisiko des verbrieften Portfolios betroffen sein kann. Somit dürfte die Übernahme von Zinsänderungs- und Währungsrisiken in den meisten ABS-Transaktionen keine relevante Aktivität i.S.d. IFRS 10 darstellen. Ferner sei im Vorgriff auf nachfolgende Ausführungen angemerkt, dass auch das Kriterium „variable Rückflüsse" mit Blick auf die oben angesprochene hohe Seniorität der Swap-Ansprüche als nicht erfüllt anzusehen wäre. Sollten die Swap-Zahlungen dagegen nachrangig zu anderen Ansprüchen insbesondere aus Zins- und Tilgungszahlungen auf die Verbriefungstitel sein, wären sie ebenfalls dem Ausfallrisiko ausgesetzt. Dann wäre zu prüfen, inwieweit die Swap-Kontrahenten dieses Risiko steuern können und so möglicherweise die Entscheidungsmacht besitzen.[189]

Neben dem Ausfallrisiko kann außerdem das Vorauszahlungsrisiko ein inhärenter Bestandteil der Verbriefung sein. Anders als Zinsänderungs- und Währungsrisiken lässt sich das Vorauszahlungsrisiko in einer auf Autopilot laufenden ABS-Transaktion in aller Regel jedoch nicht steuern, sodass daraus auch keine relevanten Aktivitäten abgeleitet werden können.[190]

Die relevanten Aktivitäten einer klassischen Verbriefungszweckgesellschaft müssen somit mit der Möglichkeit zur Beeinflussung des Ausfallrisikos bzw. der Ausfallschwere des verbrieften Bestands zusammenhängen. Dementsprechend kann die Entscheidungsmacht bei derjenigen Partei angenommen werden, die über diese Möglichkeit verfügt. Ist eine solche Möglichkeit aber ausgeschlossen, weil die Reichweite des eingerichteten Autopiloten jegliche künftige Entscheidungen der Transaktionsparteien verhindert, besäße folgerichtig keiner der Beteiligten die Entscheidungsmacht über das Verbriefungsvehikel. Trotz einer etwaigen Übernahme der Mehrheit der Chancen und Risiken wäre die Zweckgesellschaft nach IFRS 10 im Gegensatz zu SIC-12 nicht zu konsolidieren.

Eine derartige Konstellation wird vom IASB am Beispiel einer verbriefungsähnlichen Struktur erläutert,[191] die im Wesentlichen der in Kapitel 2.2.1.2 beschriebenen vollfinanzierten synthetischen Verbriefungstransaktion entspricht. Zwischen den beiden Strukturen besteht dennoch ein nicht unerheblicher Unterschied. Insbesondere ist nach der Annahme des IASB bei

---

[189] Vgl. Ernst & Young, International GAAP 2013, 2013, 412 f.

[190] Vgl. Deloitte, iGAAP 2013, 2012, 1775.

[191] Vgl. IASB, Effect Analysis, IFRS 10 Consolidated Financial Statements and IFRS 12 Disclosure of Interests in Other Entities, 2012, 25 f.

Ausfällen im Portfolio keine Einflussnahme auf die verbrieften Vermögenswerte und mithin auch keine Verwaltung der ausgefallenen bzw. ausfallgefährdeten Assets möglich.[192]

Bei klassischen Verbriefungstransaktionen zieht der (drohende) Ausfall der zugrunde liegenden Forderungen hingegen regelmäßig einen entsprechenden Handlungsbedarf nach sich. So werden beispielsweise leistungsgestörte Firmenkundenkredite im Rahmen der Risikofrüherkennung in die Intensivbetreuung bzw. Problemkreditbearbeitung des Kreditinstituts übergeben und anschließend ggf. saniert oder abgewickelt.[193] Handlungsbedarf bei Ausfall besteht aber auch bei anderen Forderungsarten. Bei besicherten Forderungen müssen i.d.R. zunächst die vorhandenen Sicherheiten (Immobilien, PKWs etc.) verwertet werden, bevor die angefallenen Verluste den Wertpapieren zugewiesen werden können. Selbst bei unbesicherten Forderungen wie Privatkrediten oder Forderungen aus LuL kann ein aktives Forderungsmanagement des Servicers zur Reduzierung der Verluste führen.

Folglich dürfte die Möglichkeit zur Beeinflussung der Ausfallschwere bei Verbriefungstransaktionen als im Allgemeinen gegeben anzusehen und dem Servicer (oft identisch mit dem Originator) zuzurechnen sein. Zur Qualifizierung des Servicing als relevante Aktivität bedarf es gemäß IFRS 10.10 i.V.m. IFRS 10B53 eines dadurch ausübbaren signifikanten Einflusses auf die Rückflüsse der Zweckgesellschaft und substantieller Entscheidungen seitens des Berichtsunternehmens. Dies verdeutlicht der Standard am Beispiel des Servicing nicht leistungsgestörter Forderungen, welches mangels eben jener substantiellen Entscheidungen und des signifikanten Einflusses nicht als relevante Aktivität in Frage kommt: *„Managing the receivables before default is not a relevant activity because it does not require* ***substantive decisions*** *to be made that could* ***significantly affect*** *the investee's returns — the activities before default are predetermined and amount only to collecting cash flows as they fall due and passing them on to investors."*[194]

Vor diesem Hintergrund stellt sich berechtigterweise die Frage, ob das Servicing leistungsgestörter Forderungen stets als relevante Aktivität i.S.d. IFRS 10 angesehen werden kann oder

192 Möglicherweise liegt dem beschriebenen Beispiel die Annahme zugrunde, dass es sich bei den Assets um bereits verbriefte Produkte handelt. Vgl. dazu Ausführungen zu Repackaging-Vehikeln in Kapitel 4.2.5.2.

193 Vgl. bspw. Bickel/Krolak/Mach, in: Hommel/Knecht/Wohlenberg, Handbuch Unternehmensrestrukturierung, 2006, 213, 214 f., Löffelholz, in: Jelinek/Hannich, Wege zur effizienten Finanzfunktion in Kreditinstituten, 2009, 289, 293 ff.

194 IFRS 10.B53, Beispiel 11.

dadurch eventuell eine genauso administrative, weitgehend vorherbestimmte Tätigkeit ohne einen signifikanten Einfluss auf die Rückflüsse der Zweckgesellschaft ausgeübt wird. Mangels einer im Standard enthaltenen Definition ist jedoch unklar, ab wann ein Einfluss als signifikant gilt. Eine Präzisierung des Begriffs *„significant(ly)“* durch den IASB könnte daher für mehr Klarheit sorgen. Undefiniert bleibt auch der Begriff *„substantive decisions“*. Aus dem Kontext heraus scheint der Standard diesen Ausdruck als Abgrenzung zu *„predetermined“* zu verwenden, was vor allem mit Blick auf Verbriefungstransaktionen und die dort dem Servicer zustehenden Entscheidungskompetenzen nicht ohne Bedeutung ist. Tendenziell dürften die Entscheidungsspielräume bei Verbriefungen umso größer sein, je komplexer die verbrieften Vermögenswerte sind. Leistungsgestörte Firmenkundenkredite erfordern zweifelsohne eine deutlich aufwendigere Betreuung und ein Vielfaches an unternehmerischen situationsabhängigen Entscheidungen als beispielsweise Forderungen aus LuL oder Autofinanzierungen.

Die Entscheidungsmacht des Servicers insbesondere bei der Verbriefung komplexerer Vermögenswerte wie Firmenkundenkredite oder Hypotheken kann zumindest teilweise durch die Einschaltung eines im Interesse der ABS-Investoren handelnden Treuhänders eingeschränkt werden, der die Einhaltung der Kreditverwaltung und -verwertung gemäß internen Kreditrichtlinien des Originators (*Credit and Collection Policies*) und Transaktionsprospekt überprüft.[195] Größere Entscheidungskompetenzen des Servicers und damit auch ein größerer Einfluss auf die Rückflüsse des Verbriefungsvehikels können insofern besonders bei Verbriefungen von komplexeren Assets wie CLO, CMBS oder RMBS ohne treuhänderische Überwachung angenommen werden.

Abgesehen von dem Servicing leistungsgestörter Forderungen finden bei statischen ABS[196] in der eigentlichen Durchführungsphase der Verbriefungstransaktion gewöhnlich keine weiteren relevanten Aktivitäten statt. Bei revolvierenden Transaktionen hat der Originator dagegen die Möglichkeit, die Rückzahlungen aus dem verbrieften Portfolio innerhalb der revolvierenden Phase in neue Forderungen zu investieren und das sinkende Poolvolumen so aufzustocken. Ob dieses Aufstockungsrecht als relevante Aktivität qualifiziert werden kann, ist allerdings fraglich. Schließlich ist die Hinzufügung neuer Forderungen meist an strenge Eignungskriterien (*replenishment criteria*) geknüpft, die in erster Linie die Erhöhung des Ausfallrisikos des

---

195 Vgl. Bresser/Delchev et al., in: Deloitte, Asset Securitisation in Deutschland, 2012, 1, 26.
196 Vgl. Kapitel 2.2.4.

Verbriefungsportfolios verhindern sollen. So können die *replenishment criteria* beispielsweise bei RMBS eine Erhöhung des Beleihungswerts (Loan to Value, LTV) des Portfolios oder des Freiberufler-Anteils bei Aufstockung untersagen.[197] Gleichwohl verbleibt meist auch unter Einhaltung der *replenishment criteria* ein gewisser Entscheidungsspielraum, den der Originator nach seinem Ermessen ausschöpfen kann. Da gemäß IFRS 10.15 neben den Risiken auch Chancen unter die Definition von Rückflüssen fallen, sind auch diese bei der Ermittlung der relevanten Aktivitäten zu berücksichtigen. Im Vorgriff auf Kapitel 4.2.4.2 sei an dieser Stelle angemerkt, dass eine besondere Bedeutung in IFRS 10 solchen Rückflüssen eingeräumt wird, denen sonst keine andere Partei ausgesetzt ist. Da die Zuführung neuer Forderungen vordringlich den Zwecken des Originators u.a. der Liquiditätsbeschaffung und Risikosteuerung dient, scheint es sachgerecht, das Aufstockungsrecht in revolvierenden Transaktionen als relevante Aktivität einzustufen.

Ferner können in der Praxis häufig anzutreffende Call-Optionen wie Regulatory Call, Tax Call oder Clean-up Call möglicherweise eine weitere Quelle der Entscheidungsmacht bilden. Bei allen drei handelt es sich um bedingte Kündigungsrechte, die den Emittenten (Zweckgesellschaft) vor aufsichtsrechtlichen (Regulatory Call) oder steuerlichen (Tax Call) Änderungen bzw. den Originator vor Kostensteigerungen (Clean-up Call) schützen sollen. Da mit der Ausübung der Call-Optionen eine vorzeitige Kündigung der Transaktion einhergeht, erfüllen sie per se die Definition eines Liquidationsrechtes i.S.d. IFRS 10.B52.

Weiter stellt sich die Frage, ob die in Call-Optionen eingebetteten Rechte substantielle oder eher Schutzrechte (*protective rights*) darstellen. Nach IFRS 10.B9 können nur substantielle Rechte die Entscheidungsmacht begründen. Allein die Tatsache, dass die Rechte bedingt sind, d.h. vom Eintritt bestimmter Ereignisse abhängen, macht diese jedoch nicht zu Schutzrechten.[198] Vielmehr dürfen reine Schutzrechte dem Inhaber[199] keine wirkliche Entscheidungsmacht über den *investee* geben, noch andere Parteien daran hindern, über die Entscheidungsmacht zu verfügen. Charakteristisch für Schutzrechte ist zudem, dass sie in Ausnahmesituationen entstehen oder mit fundamentalen Änderungen der Aktivitäten des *investee* verbunden sind. Demnach dürfen Regulatory und Tax Calls, die lediglich vor unvorhersehbaren Ände-

---

[197] Vgl. bspw. Prospekt der Pure German Lion RMBS 2008, 132, http://www.true-sale international.de/leistungen/abs-transaktionen/tsi-zertifizierte-transaktionen/transaktionen-container/pure-german-lion-rmbs-2008/, abgerufen am 15.12.2014.

[198] Vgl. IFRS 10.B26, IFRS 10B53.

[199] Bei Verbriefungstransaktionen der Issuer bzw. Corporate Administrator.

rungen der regulatorischen bzw. steuerlichen Rahmenbedingungen schützen sollen und folglich nur in solchen Ausnahmefällen ausübbar sind, als Schutzrechte zu qualifizieren sein.

Als nicht unproblematisch stellt sich dagegen die Beurteilung des Clean-up Call des Originators dar. Eine Verbriefungstransaktion wird nicht zwingend sofort unwirtschaftlich, sobald das vertraglich definierte Transaktionsvolumen unterschritten und die Ausübung des Clean-up Call möglich wird. Für die Ausübung dieser Kündigungsoption können daher neben einer unmittelbar drohenden Unwirtschaftlichkeit der Transaktion auch andere Gründe (Ausübungspreis, Refinanzierungskosten) ursächlich sein. Insofern steht dem Originator bei der Ausübung der Rückkaufoption ein gewisser Ermessensspielraum zu. Er kann eine Kündigung beispielsweise bei 10% oder erst bei 1% des ausstehenden Transaktionsvolumens erwägen. Folglich stellt ein Clean-up Call kein reines Schutzrecht dar. Gegebenfalls könnte er aber als unwesentlich angesehen werden. Nach IAS 39.AG51(j) sowie (m) (IFRS 9.B3.2.16) können wesentliche Chancen und Risiken nur dann über einen Clean-up Call an den Originator zurückübertragen werden, wenn der Rückkaufpreis nicht dem zum Zeitpunkt des Rückkaufs beizulegenden Zeitwert der Restforderungen entspricht.[200] Ein zum Fair Value ausübbarer Clean-up Call dürfte demzufolge einen eher vernachlässigbaren Einfluss auf die Rückflüsse haben und ggf. als unwesentlich im Vergleich zu anderen relevanten Aktivitäten der Zweckgesellschaft einzustufen sein.

Nach allem ist die Entscheidungsmacht bei klassischen ABS meist beim Servicer bzw. Originator anzunehmen. Die Entscheidungskompetenzen im Rahmen des Servicing können jedoch im Einzelfall zum Teil erhebliche Unterschiede aufweisen.

4.2.4.1.2.2 Latente Entscheidungsmacht

Neben den oben dargestellten vertraglichen bzw. expliziten Entscheidungsbefugnissen eröffnet das Recht auf Forderungsverwaltung dem Originator einen weiteren außervertraglichen Weg zur Einflussnahme. Gemeint ist damit die Möglichkeit, die Zweckgesellschaft aus Reputationsgründen zu unterstützen. Empirische Studien von *Vermilyea/Webb/Kish* sowie

---

200 Vgl. Lotz/Gryshchenko in: Zerey, Zweckgesellschaften: Rechtshandbuch, 2013, § 9, 142, 168.

Trinkaus[201] bestätigen nicht nur die These, dass der Originator Anreize zur Gewährung einer außervertraglichen Unterstützung hat. Sie zeigen zudem, dass eine solche de facto Unterstützung nicht zwingend publik werden muss, sondern auch auf diskretem Wege erfolgen kann. Dabei geht es um ein wesentliches Vertragsmerkmal aller Verbriefungstransaktionen. Dieses besteht unabhängig von der Art des Risikotransfers (synthetisch oder True Sale) und der Art der verbrieften Forderungen darin, dass nur Forderungen, die die vertraglich vorgegebenen Kriterien erfüllen, durch eine Verbriefungstransaktion wirksam abgesichert werden. Im Umkehrschluss werden verbriefte Forderungen, die gegen solche Kriterien verstoßen, nicht wirksam abgesichert, weshalb das Ausfallrisiko nicht von Investoren getragen wird, sondern auf den Originator zurückfällt.[202]

Trinkaus spricht bei synthetischen MBS von *„compliant"* und *„non-compliant loans"*, während *Vermilyea/Webb/Kish* bei Verbriefungen von Kreditkartenforderungen zwischen *„credit losses"* (getragen von Investoren) und *„fraud losses"* (freiwillig getragen vom Originator) unterscheiden.[203] Die Entscheidung, ob eine ausgefallene bzw. ausfallgefährdete Forderung als *compliant* und der daraus entstehende Verlust als *credit loss* einzustufen und von Investoren zu tragen ist, liegt dabei im Wesentlichen beim Originator. Für die untersuchte Stichprobe stellte *Trinkaus* fest, dass die Anzahl und Volumina von überfälligen Krediten um durchschnittlich ca. 5% pro Quartal reduziert wurde, indem solche Forderungen als vermeintlich *non-compliant* aus dem Portfolio entfernt wurden. Außerdem war in zwei untersuchten Transaktionen der Anteil ausgefallener Forderungen unter *non-compliant* Forderungen um 55 Prozentpunkte höher als der Anteil ausgefallener Forderungen im jeweiligen Portfolio.[204] Dies deutet darauf hin, dass die Originatoren nach dem Verbriefungszeitpunkt offenbar höhere Risiken im Vergleich zum verbrieften Portfolio über den „Non-compliance Mechanismus" absorbierten. Zu einer ähnlichen Erkenntnis gelangen auch *Vermilyea/Webb/Kish*, die heraus-

---

201 Vgl. Vermilyea/Webb/Kish, Journal of Banking & Finance 2007, 1198 ff., Trinkaus, Performance and regulatory effects of non-compliant loans in German synthetic mortgage-backed securities transactions, 2010.

202 Solche Kriterien können neben den eigentlichen Eligibility Criteria auch nach dem Verbriefungszeitpunkt einzuhaltende Anforderungen wie etwa Prinzipien der Forderungsverwaltung (*servicing principles*) umfassen. Dabei gilt im Allgemeinen: je komplexer der Verbriefungsgegenstand ist, desto umfangreicher können diese Kriterien sein. Entsprechend umfangreich können die Kriterien insb. bei Verbriefungen von Immobilien- und Unternehmenskrediten ausfallen.

203 Vgl. Trinkaus, Performance and regulatory effects of non-compliant loans in German synthetic mortgage-backed securities transactions, 2010, 1, Vermilyea/Webb/Kish, Journal of Banking & Finance 2007, 1198, 1198.

204 Vgl. Trinkaus, Performance and regulatory effects of non-compliant loans in German synthetic mortgage-backed securities transactions, 2010, 14.

fanden, dass die vom Originator als *fraud losses* freiwillig getragenen Verluste umso höher waren, je schlechter die Performance der Verbriefungstransaktion ausfiel.[205]

Zweifelhaft ist, ob die Einschaltung eines Treuhänders zur Eindämmung der latenten Entscheidungsmacht des Originators als Servicer beitragen kann. Schließlich hat der Treuhänder allein im Interesse der Investoren zu handeln. Einer freiwilligen Risikoübernahme durch den Originator wird der Treuhänder, sofern er überhaupt davon Kenntnis erlangt, wohl kaum widersprechen.

4.2.4.1.3 Entscheidungsmacht bei Conduits

Zum Zwecke der Beurteilung der Entscheidungsmacht über ein Conduit ist analog zu konventionellen ABS-Transaktionen die Analyse von Zweck und Struktur unter Beachtung der spezifischen Risiken heranzuziehen. Zunächst ist die Struktur des Conduits dahingehend zu prüfen, ob sie einen zellularen Aufbau aufweist. Wenn ja, stellt jeder abgrenzbare Teilbereich des Conduits eine Zelle (Silo) und mithin eine quasi unabhängige Einheit (*deemed separate entity*) i.S.d. IFRS 10 dar, die einzeln auf Beherrschung untersucht werden muss.[206] Grundvoraussetzung für das Vorliegen eines zellularen Aufbaus ist gemäß IFRS 10.77 eine klare Trennbarkeit zwischen Vermögenswerten und Schulden einzelner Silos untereinander und denen der Conduit-Gesellschaft. Dies gilt auch für Credit Enhancements, die nicht zellenübergreifend (*cross collateralization*)[207] gestellt werden dürfen. Im Wesentlichen folgt IFRS 10 damit der herrschenden Meinung zur Auslegung des SIC-12, wonach eine Vermischung von wesentlichen Chancen und Risiken für die Identifikation von Zellen schädlich ist.[208] Obwohl IFRS 10 keinen expliziten Hinweis auf die Geltung des Wesentlichkeitsgrundsatzes enthält,[209] dürfte eine unwesentliche Vermischung jedoch weiterhin als unkritisch erachtet werden, zu-

---

205 Vgl. Vermilyea/Webb/Kish, Journal of Banking & Finance 2007, 1198, 1207.

206 Vgl. IFRS 10.B76 ff.

207 Eine *cross collateralization* innerhalb eines Conduits ist eher unüblich, da diese insb. zum Trittbrettfahrerverhalten bei den beteiligten Originatoren führen kann, indem z.B. qualitativ minderwertige Forderungen übertragen werden oder das Servicing nicht mehr ordnungsgemäß betrieben wird. Vgl. Struffert, Asset Backed Securities-Transaktionen und Kreditderivate nach HGB und IFRS, 2006, 133.

208 Vgl. IDW RS HFA 9, Rz. 158.

209 Zur Geltung der Wesentlichkeit in IFRS vgl.: Schildbach, Der Konzernabschluss nach HGB, IFRS und US-GAAP, 2008, 67.

mal eine Vermischung lediglich geringfügiger Chancen und Risiken gezielt zur Vermeidung der Konsolidierung einzelner Zellen missbraucht werden könnte.[210]

Bei klassischen Multi-Seller-Conduits ohne *cross collateralization* und wesentliche programmweite Sicherungsmechanismen[211] in Verbindung mit im Vergleich zum Risikoprofil der jeweiligen Silos ausreichenden transaktionsspezifischen Credit Enhancements dürften die Voraussetzungen für einen zellularen Aufbau erfüllt sein. Eine Vermischung der Risiken infolge der Bereitstellung einer Liquiditätslinie durch die Sponsor-Bank könnte dann als geringfügig bzw. unwesentlich angesehen werden. In einem derart zellular aufgebauten Conduit wäre die Prüfung der Entscheidungsmacht für jede separate Zelle und die übergeordnete Conduit-Gesellschaft (sog. *host entity*)[212] einzeln vorzunehmen. Die Entscheidungsmacht über die Silos dürfte sich regelmäßig dem jeweiligen Servicer/Originator, der die Forderungen nach der Übertragung i.d.R. weiterhin verwaltet, zurechnen lassen.

Bei der Conduit-Gesellschaft kann ein Administrator, der mit der Sponsor-Bank identisch sein kann,[213] die wesentlichen Entscheidungskompetenzen innehaben. Übernimmt der Administrator dagegen lediglich rein administrative Aufgaben rund um die Organisation des laufenden Betriebs, so ist nach der Partei zu suchen, die wirklich für die Rückflüsse des Conduits maßgebliche Aktivitäten ausübt. Maßgeblich sind bei Conduits diejenigen Aktivitäten, die Einfluss auf operationelle,[214] Ausfall- und Liquiditätsrisiken haben, denen solche Zweckgesellschaften vielfach ausgesetzt sind.[215] Die Entscheidungsmacht besitzt demnach regelmäßig der Sponsor selbst oder eine andere meist im Auftrag des Sponsors agierende Partei wie etwa ein Advisor, der Entscheidungen über die Anlagestrategie, Kreditqualität des Assetpools, Programm- und Ratingstabilität trifft.[216] Eine etwaige vertragliche Verpflichtung, im Interesse aller Investoren handeln zu müssen, dürfte dabei in Anlehnung an die Argumentation des IASB in Bezug auf Kapitalanlagegesellschaften der Ausübung der Entscheidungsmacht nicht entgegenstehen. So stellte der IASB in seinen Beratungen zu IFRS 10 klar, dass Beherrschung

---

210 Vgl. PwC, IFRS für Banken, 2012, 1742.

211 Bspw. das Conduit Weinberg der LBBW. Vgl. Moody's, Rating Action: Moody's assigns Prime-1 rating to Weinberg Capital ABCP program, http://www.moodys.com/research/Moodys-assigns-Prime-1-rating-to Weinberg-Capital-ABCP-program--PR_193085, abgerufen am 15.12.2014.

212 Vgl. Ernst & Young, International GAAP 2013, 2013, 434.

213 Vgl. DZ Bank, ABS & Structured Credits - Asset-basierte Finanzierungen "Made In Germany" - Teil 2, 2010, 19.

214 Darunter insb. Managementrisiken.

215 Vgl. Moody's, The Fundamentals of Asset-Backed Commercial Paper, 2003, 6, 44 f.

216 Vgl. bspw. Helaba, Opusalpha Investorenpräsentation vom 13.04.2011, 21 helaba.de/de/Unternehmen/GlobalMarkets/Downloads/FremdkapitalfinOpusalpha.pdf, abgerufen am 15.12.2014.

bei Kapitalanlagegesellschaften unabhängig von der gesetzlichen Verpflichtung zur Wahrung der Anlegerinteressen bestehen kann.[217] Darüber hinaus kann das Recht zur Beendigung der Verbriefungsplattform, dass allein den wirtschaftlichen Belangen des Sponsors dient, als relevante Aktivität i.S.d. IFRS 10 qualifiziert und dem Sponsor zugerechnet werden.

Kann ein zellularer Aufbau nicht nachgewiesen werden, so stellt das gesamte Conduit-Konstrukt das Beherrschungsobjekt i.S.d. IFRS 10 dar. Die Entscheidungsmacht wäre analog zu obigen Ausführungen dem Administrator bzw. einer anderen Partei zuzurechnen, die für aus Risikogesichtspunkten wesentliche „Metaentscheidungen“ wie die Bestimmung der Anlagestrategie des Vehikels verantwortlich ist.[218]

4.2.4.2 Variable Rückflüsse

4.2.4.2.1 Chancen und Risiken als variable Rückflüsse

Das Vorliegen eines Mutter-Tochter-Verhältnisses setzt weiter voraus, dass das potentielle Mutterunternehmen variablen Rückflüssen (*returns*) aus seiner Verbindung zum *investee* ausgesetzt sein muss. Dabei wird der Begriff „*returns*“ bewusst weit ausgelegt, um sowohl positive (Chancen) als auch negative (Risiken) Ausprägungen zu erfassen.

Neben Credit Enhancements (einschließlich der Verbriefungstitel) gelten auch fixe Vergütungen wie Steuern, Verwaltungs-, Hedge- oder Treuhandgebühren als variable Rückflüsse i.S.d. IFRS 10, da sie mit der Performance der Zweckgesellschaft schwanken können. Da solche Positionen in aller Regel von einer hohen Seniorität im Zahlungswasserfall profitieren und gemessen am Transaktionsvolumen betragsmäßig eher gering sind, können derartige Rückflüsse als „quasi fix“ angesehen werden.[219] Variable Rückflüsse sind analog zur bisherigen Erfassung von Chancen und Risiken nach SIC-12 auch dann dem Berichtsunternehmen zuzurechnen, wenn es diese bei einem Dritten versichert bzw. durch ein Gegengeschäft (z.B. einen Zinsswap) kompensiert.[220]

---

217 Vgl. Dietrich/Malsch, Recht der Finanzinstrumente 2012, 191, 194 sowie IFRS 10.BC130. Eine ähnliche Konkretisierung wurde auch vom deutschen Gesetzgeber hinsichtlich des Vorliegens eines vermeintlichen Interessenausgleichs bei Zweckgesellschaften vorgenommen. Vgl. DRS 19.39 sowie Lotz/Gryshchenko in: Zerey, Zweckgesellschaften: Rechtshandbuch, 2013, § 9, 142, 151.

218 Vgl. Böckem/Stibi/Zoeger, KoR 2011, 399, 402.

219 Vgl. IFRS 10.B56 f.

220 Vgl. Blaschke/Schildbach, in: Löw, Rechnungslegung für Banken nach IFRS, 2005, 309, 400.

Eine besondere Bedeutung wird in IFRS 10 solchen Rückflüssen eingeräumt, denen sonst keine andere Partei ausgesetzt ist. Beispielhaft wird hierbei auf Synergie- und Skaleneffekte sowie Kostensenkungspotentiale verwiesen.[221] Die Berücksichtigung solcher indirekten Faktoren, die nicht auf Ebene der Zweckgesellschaft, sondern bei einem anderen Unternehmen entstehen können, soll mit IFRS 10 Eingang in die Gesamtwürdigung des Beherrschungsverhältnisses finden. Dies stellt in der Tat eine Neuerung im Vergleich zum bisherigen Regelwerk des IAS 27/SIC-12 dar. Während die Problematik der indirekten Vor- und Nachteile in den IFRS bislang nicht explizit geregelt wurde, waren beispielsweise nach Auffassung des IDW derart indirekte Vorteile und Risiken nicht in die Betrachtung einzubeziehen.[222] Ob und inwieweit nach IFRS 10 auch bilanzpolitischen und aufsichtsrechtlichen Motiven in einer ABS-Transaktion Rechnung getragen werden soll und wie diese subjektiven Motive ggf. zu operationalisieren sind, bleibt indes unklar.[223] Fest steht jedenfalls, dass die Entstehung solcher indirekten Rückflüsse in erster Linie beim Originator anzunehmen ist.

Erstmalig adressiert IFRS 10 auch das Thema Reputationsrisiken, was sicherlich nicht zuletzt der jüngsten Finanzkrise geschuldet sein dürfte. Reputationsrisiken bejahen isoliert betrachtet keine Kontrolle, können jedoch in Verbindung mit anderen Indikatoren zur Erhärtung der Beherrschungsvermutung beitragen. Besonders bei revolvierenden Verbriefungstransaktionen darf die Bedeutung der Reputationsrisiken nicht unterschätzt werden.[224] So stellen z.B. Ratingagenturen bei der Ermittlung des Ratings der ABCP-Programme maßgeblich auf den Sponsor ab.[225] Selbst in Ermangelung einer rechtlichen Verpflichtung ist in vielen Fällen zu erwarten, dass die angeschlagenen Conduits im Worst-Case-Szenario von ihren Sponsor-Banken aus Reputationsgründen gerettet werden, um die in Commercial Paper investierten Kunden und den Zugang zum Geldmarkt nicht zu verlieren.[226]

4.2.4.2.2 Variable Rückflüsse und der regulatorische Selbstbehalt

Weitere Erkenntnisse hinsichtlich der variablen Rückflüsse in einer Verbriefungstransaktion ermöglicht ein Blick auf die infolge der globalen Finanzmarktkrise verschärften regulatori-

---

221 Vgl. IFRS 10.B57(c).
222 Vgl. IDW RS HFA 2, Rz. 66.
223 Vgl. Lotz/Gryshchenko in: Zerey, Zweckgesellschaften: Rechtshandbuch, 2013, § 9, 142, 162.
224 Vgl. zu Reputationsrisiken Kapitel 5.2.4.2.
225 Vgl. Moody's, The Fundamentals of Asset-Backed Commercial Paper, 2003, 9.
226 Vgl. Thiemann, Regulating the off-balance sheet exposure of banks, 2011, 4, 38, Deloitte, iGAAP 2013, 2012, 1787. Ausführlicher zum Reputationsrisiko vgl. Kapitel 5.2.4.2.

schen Rahmenbedingungen. Als Reaktion auf die sog. *„originate to distribute"*-Kreditvergabepraxis der US-Banken wurden auf beiden Seiten des Atlantiks Selbstbehaltspflichten für Originatoren bzw. Sponsoren der Verbriefungstransaktionen eingeführt. In Europa wurde diese Neuregelung mit dem Art. 122a der Richtlinie 2009/111/EG verabschiedet[227] und mit der Einführung der §§ 18a und 18b Kreditwesengesetz (KWG) und dem Inkrafttreten zum 31.12.2010 in deutsches Recht umgesetzt. Seit 2013 werden Selbstbehaltspflichten im Rahmen einer von der Europäischen Kommission erlassenen und EU-weit unmittelbar verbindlich anzuwendenden Kapitaladäquanzverordnung (Capital Requirements Regulation, CRR) geregelt.[228] Demnach ist Finanzinstituten untersagt, in eine Verbriefungsposition zu investieren, wenn der Emittent (Originator oder Sponsor) selbst nicht einen mindestens 5%-igen materiellen Nettoanteil an der Verbriefung einbehält.[229] Der Originator kann sich dabei für eine der vier Selbstbehaltsmöglichkeiten entscheiden, ohne diese miteinander zu kombinieren:[230]

(1) **Vertical slice retention**: Einbehalt von 5% jeder Verbriefungstranche, die an Investoren verkauft oder übertragen wird.

(2) **Originator interest retention**: Einbehalt von 5 % des Nominalwerts an jeder verbrieften Forderung bei revolvierenden Verbriefungen.

(3) **On-balance sheet retention:** Einbehalt von 5 % des Nominalwerts der für die Verbriefung vorgesehenen Forderungen nach dem Zufallsprinzip.

(4) **First loss retention:** Einbehalt von 5% in Form der Erstverlustposition sowie erforderlichenfalls[231] weiterer Tranchen mit gleichem oder höherem Risikoprofil.

---

227 Vgl. Richtlinie 2009/111/EG des Europäischen Parlaments und des Rates vom 16. September 2009. In den USA wurde die Selbstbehaltsklausel im Rahmen des sog. Dodd-Frank Act eingeführt. Vgl. De Sear/Hwang, The Journal of Structured Finance 2011, 31, 31 ff., Mahadkar, Fordham Journal of Corporate & Financial Law 2013, 405 ff.

228 Vgl. Verordnung (EU) Nr. 575/2013 des Europäischen Parlaments und des Rates vom 26. Juni 2013.

229 Vgl. Verordnung (EU) Nr. 575/2013 des Europäischen Parlaments und des Rates vom 26. Juni 2013, Artikel 405 Abs. (1) sowie in Bezug auf die Vorgängerregelung Lotz/Burmester/von Slupetzki, Recht der Finanzinstrumente 2012, 17, 21.

230 Vgl. Prüm/Dartsch, CORPORATE FINANCE law 2010, 475, 482.

231 Falls die Erstverlustposition weniger als 5% des Transaktionsvolumens ausmacht.

Für den Originator ergibt sich hieraus eine Verpflichtung zum Einbehalt eines proportionalen (Möglichkeiten 1 bis 3) oder überdurchschnittlich hohen Risikoanteils (Möglichkeit 4) an jeder Verbriefungstransaktion. Da die Höhe des Selbstbehalts kontinuierlich aufrechtzuerhalten ist, bleibt der Originator über die Laufzeit der Transaktion hinweg variablen Rückflüssen ausgesetzt. Der obligatorische Risikoeinbehalt des Originators dürfte in vielen Fällen sogar über das eigentliche Mindestausmaß von 5% hinausgehen. So darf der Excess Spread, der regelmäßig dem Originator zusteht, nicht bei der Erfüllung des Selbstbehalts berücksichtigt werden, da es sich dabei um eine nicht eingezahlte Reserve handelt.[232] Dies hätte beispielsweise zur Folge, dass unter Anwendung der Möglichkeit 4 ein Einbehalt in Form der Zweitverlustposition (z.B. ein Nachrangdarlehen, Cash Account o.ä.) notwendig wäre, um der Verpflichtung zum Selbstbehalt nachzukommen. Im Ergebnis kann die Forderung des IFRS 10 nach variablen Rückflüssen beim Originator vielfach bereits aufgrund des regulatorischen Selbstbehaltserfordernisses als erfüllt angesehen werden. Bei ABCP-Programmen ist allerdings denkbar, dass der Selbstbehalt nicht durch die einzelnen Originatoren, sondern durch den Sponsor im Rahmen der Stellung von programmweiten Credit Enhancements beispielsweise in Form eines Akkreditivs oder einer Garantie erfüllt wird.[233]

Nach derzeitigem Kenntnisstand sollen neben Kreditinstituten auch weitere bedeutende ABS-Anlegergruppen, darunter insbesondere Versicherungen, Pensionskassen und Fonds, ähnlichen Investitionsrestriktionen unterzogen werden,[234] sodass eine erfolgreiche Platzierung der ABS bei europäischen Investoren regelmäßig einen entsprechenden Selbstbehalt des Originators/Sponsors voraussetzen wird.

4.2.4.3 Zusammenhang zwischen Entscheidungsmacht und Rückflüssen

4.2.4.3.1 Beherrschung bei delegierter Entscheidungsmacht

Neben einer überarbeiteten Definition der Entscheidungsmacht besteht eine weitere Innovation des IFRS 10 darin, zwei bis dato in IAS 27 und SIC-12 nebeneinander existierende Begriffe „*power*“ und „*risks and rewards*“ (bzw. „*returns*“) konzeptionell miteinander zu vereinen, indem ein kausaler Zusammenhang zwischen den beiden Kriterien für die Begründung

---

232 Vgl. Lotz/Burmester/von Slupetzki, Recht der Finanzinstrumente 2012, 17, 21.

233 Vgl. Committee of European Banking Supervisors, Guidelines to Article 122a of the Capital Requirements Directive, 2010, Rz. 57.

234 Vgl. Prüm/Dartsch, CORPORATE FINANCE law 2010, 475, 484 f.

der Beherrschung gefordert wird.[235] Ein Beherrschungsverhältnis liegt folglich nur dann vor, wenn das Berichtsunternehmen in der Lage ist, die Höhe bzw. die Variabilität der eigenen Rückflüsse durch die Ausübung seiner Entscheidungsmacht zu beeinflussen. Zwar setzt IFRS 10 keine perfekte Korrelation zwischen dem Umfang der Entscheidungsmacht und der Höhe der variablen Rückflüssen voraus.[236] Das Vorliegen einer wesentlichen Diskrepanz zwischen den beiden Kriterien kann jedoch auf die Ausübung der Entscheidungsmacht durch einen Agenten hindeuten. Das Prüfungsschema des dritten *Control*-Kriteriums sieht daher eine Identifizierung von möglichen Prinzipal-Agenten-Beziehungen vor.[237]

Dadurch soll die Kontrolle trotz einer etwaigen Zwischenschaltung eines Agenten dem eigentlichen Inhaber der Entscheidungsmacht (Prinzipal) zugeordnet werden können. Aus Sicht des berichtenden Unternehmens ist somit zu untersuchen, ob (a) das Unternehmen selbst als Prinzipal oder Agent agiert und (b) ob es ggf. andere Parteien gibt, die in seinem Auftrag als Agenten handeln. Für die Abgrenzung zwischen Prinzipal und Agent sind folgende Kriterien des IFRS 10.B60 je nach Einzelfall zu betrachten und ggf. zu gewichten:[238]

- substantielle Rechte Dritter,
- Reichweite der Entscheidungsmacht,
- Variabilität der vereinbarten Vergütung sowie
- Beteiligung an weiteren Rückflüssen des *investee.*

4.2.4.3.2 Prüfung auf substanzielle Abberufungsrechte

Im ersten Schritt ist zu prüfen, ob eine einzelne Partei substantielle – d.h. durchsetzbare und jederzeit ausübbare – Rechte besitzt, die den Entscheidungsträger bei der Ausübung der Entscheidungsmacht dermaßen einschränken, dass bereits dadurch eine abschließende Einstufung als Agent möglich ist. Eine solche Einschränkung liegt dann vor, wenn eine einzelne Partei den Entscheidungsträger ohne Grund von seiner Tätigkeit abberufen kann (*single-party remo-*

---

235 Vgl. Lotz/Gryshchenko in: Zerey, Zweckgesellschaften: Rechtshandbuch, 2013, § 9, 142, 162.
236 Vgl. IFRS 10.BC68.
237 Vgl. IFRS 10.18 i.V.m. IFRS 10.B58 ff.
238 Vgl. PwC, IFRS für Banken, 2012, 1981.

val rights).[239] Kann der Administrator oder Advisor eines ABCP-Conduits von dem Sponsor allein jederzeit abberufen werden, so kommt dem Administrator/Sponsor ungeachtet aller anderen Faktoren, darunter insbesondere seiner Vergütung, lediglich die Rolle eines Agenten zu. Das Vorliegen substantieller *removal rights* gilt nach IFRS 10 damit als eine hinreichende, wenn auch nicht notwendige Bedingung für die Qualifikation als Agent.[240] Damit wird aber zugleich ein möglicher Weg zur Sachverhaltsgestaltung eröffnet, wodurch zwar nicht zwingend die Konsolidierungspflicht als solche vermieden, gleichwohl aber gezielt Einfluss auf die Zuordnung der Zweckgesellschaft zum gewünschten Konsolidierungskreis ausgeübt werden kann. Beispiel 1 verdeutlicht das damit einhergehende bilanzpolitische Potential.

Beispiel 1: Bilanzpolitik mittels substantieller Abberufungsrechte

Es sei angenommen, dass der Originator Forderungen aus LuL über ein Multi-Seller-Conduit verbrieft. Die Forderungsverwaltung verbleibt weiterhin beim Originator und gilt als relevante Aktivität i.S.v. IFRS 10.10. Der sponsernden Bank des Conduits wird ein unbedingtes Recht auf Kündigung des Originators als Servicer eingeräumt. Die erwartete Ausfallrate der Forderungen liegt bei 1,5%. Die portfolioinhärente Korrelation beträgt 24%. Der Originator übernimmt die Erstverlustposition i.H.v. 3%.

Beurteilung nach IFRS 10

Ungeachtet seiner eigentümerähnlichen Risikobelastung sieht sich der Originator mit Blick auf das substantielle Abberufungsrecht des Sponsors i.S.v. IFRS 10.B65 formal als Agent. Ob der Sponsor die Zweckgesellschaft konsolidieren muss, hängt indes davon ab, ob seine Vergütung für die Einstufung als Prinzipal ausreicht.

Beurteilung nach IAS 39/IFRS 9

Nach IAS 39/IFRS 9 wäre unter Rückgriff auf die in Kapitel 4.6.5 vorgenommene Quantifizierung eine Reduktion der Standardabweichung und mithin eine Übertragung der Risiken und Chancen i.H.v. 57,07% festzuhalten.[241] Damit kann der Originator – vorbehaltlich der

239 Neben Abberufungsrechten können sich auch generelle Zustimmungsvorbehalte einschränkend auf die Entscheidungsausübung des Entscheidungsträgers auswirken. Vgl. KPMG, IFRS visuell, 2012, 65, PwC, Practical guide to IFRSs 10 and 12 – Questions and answers, 27, https://inform.pwc.com/inform2/show?action=informContent&id=1238152810173849, abgerufen am 15.12.2014.

240 Vgl. Deloitte, iGAAP 2013, 2012, 1785 sowie IFRS 10.B65 sowie B72, Beispiel 14C.

241 Vgl. Tabelle 2 in Kapitel 4.6.5.

Erfüllung der Voraussetzungen für eine Durchleitungsvereinbarung i.S.v. IAS 39.19 (IFRS 9.3.2.5)[242] – die Forderungen bis auf den Umfang seines anhaltenden Engagements[243] ausbuchen.

Ergebnis

Die Zweckgesellschaft wird vom Originator nicht konsolidiert mit der Folge, dass die Forderungen aus der Konzernbilanz (teilweise) ausgebucht werden.

Ist die Ausübung der Abberufungsrechte dagegen nur bedingt möglich, so kann dies ein Hinweis darauf sein, dass es sich dabei nicht um substantielle, sondern um reine Schutzrechte handelt, die nicht zur Einschränkung der Entscheidungsmacht und mithin nicht zur Verneinung der Prinzipalstellung des Entscheidungsträgers führen. In klassischen ABS-Transaktionen weisen beispielsweise vertragliche Klauseln zum Austausch des Servicers regelmäßig Schutzrechtcharakter auf.[244] Im Gegensatz zum Factoring, wo dem Faktor oftmals ein jederzeitiges Recht zum Austausch des Forderungsverkäufers als Servicer eingeräumt wird,[245] ist ein jederzeitiger Austausch des Servicers bei Verbriefungen eher unüblich. Vielmehr ist dies nur vorbehaltlich des Eintretens bestimmter vertraglicher Ereignisse, wie die Pflichtverletzung oder Überschuldung des Servicers, möglich.

4.2.4.3.3 Prüfung der Vergütungsmerkmale

Liegen keine substantiellen Abberufungsrechte vor, so ist im nächsten Schritt eine Gesamtwürdigung der restlichen Kriterien gemäß IFRS 10.B60 vorzunehmen.[246] Eine notwendige – wenn auch nicht hinreichende – Bedingung für die Einordnung als Agent stellt eine marktgerechte Vergütung des Entscheidungsträgers dar. In der Praxis dürfte die Analyse der Marktüblichkeit von beispielsweise Servicing-Gebühren zumindest bei gängigen Asset-Klassen keine besondere Herausforderung darstellen. So hat sich bei vielen dem Verwaltungsaufwand nach ähnlichen Forderungsarten wie Konsumentenkredite oder Forderungen aus LuL eine fixe Gebühr von etwa 1% des ausstehenden Transaktionsvolumens als marktgerecht etabliert.

242 Vgl. Kapitel 4.8.2.

243 Vgl. IAS 39.20(c)(ii) i.V.m. IAS 39.30 (IFRS 9.3.2.6(c)(ii) i.V.m. IFRS 9.3.2.16).

244 Vgl. Ernst & Young, International GAAP 2013, 2013, 430 ff.

245 Die Gewährung eines solchen Austauschrechts kann u.a. dazu beitragen, den Übergang der Verfügungsmacht über die Forderungen und damit deren Ausbuchung beim Forderungsverkäufer zu erreichen. Vgl. Kapitel 4.7.2.

246 Vgl. KPMG, Insights into IFRS 2012/2013, 2012, Rn. 2.5A.340.40.

Schwierigkeiten bei der Feststellung der Marktüblichkeit sind nur in seltenen Fällen denkbar, wenn z.B. keine vergleichbaren Leistungen und Vergütungen am Markt beobachtbar sind.[247]

Oftmals beschränkt sich das Engagement des Entscheidungsträgers nicht nur auf die Ausübung einer bestimmten Tätigkeit. Sofern eine Partizipation des Entscheidungsträgers an weiteren Rückflüssen vorliegt, muss stets seine Gesamtvergütung (*aggregate economic interest*) berücksichtigt werden.[248] Eine besondere Bedeutung ist zugleich der Variabilität der Vergütung beizumessen. Als Faustregel gilt: je höher die Vergütung und je abhängiger sie von der Variabilität der Rückflüsse aus dem strukturierten Unternehmen ist, umso eher handelt es sich beim Entscheidungsträger nicht um einen Agenten, sondern um einen Prinzipal. Sind nachrangige oder gar residuale Ansprüche Teil der Gesamtvergütung des Entscheidungsträgers, so kann dies ein Indiz dafür sein, dass der Entscheidungsträger vorwiegend eigene Interessen verfolgt und dadurch ggf. als Prinzipal einzuordnen ist. Ob die Variabilität der Gesamtvergütung des Entscheidungsträgers mit der Agenteneigenschaft noch vereinbar ist oder vielmehr auf einen Prinzipal schließen lässt, hängt indes von der Gesamtvariabilität der Rückflüsse der Zweckgesellschaft ab. Bei der Ermittlung der Variabilität muss gemäß IFRS 10.B72 primär auf erwartete Rückflüsse (*returns expected*) abgestellt werden, ohne dabei das maximale Verlustrisiko (*maximum exposure*) des Entscheidungsträgers zu vernachlässigen. Angesichts der vom IASB ausdrücklich gewünschten qualitativen Betrachtung ist jedoch zu bezweifeln, dass damit die Anwendung von quantitativen Methoden wie etwa die Messung der Standardabweichung im Rahmen der jetzigen Ausbuchungskonzeption von IAS 39/IFRS 9 gewollt war. Nachstehendes Beispiel soll mit Vorgriff auf die Ausführungen in Kapitel 4.6.5 den Unterschied zwischen einer quantitativ und qualitativ geprägten Betrachtung verdeutlichen.

Beispiel 2: Quantitative vs. qualitative Betrachtung

Es sei angenommen, dass der Originator Forderungen aus LuL über eine Zweckgesellschaft verbrieft und weiterhin die Forderungsverwaltung betreibt. Die erwartete Ausfallrate liegt bei 1,5%. Die portfolioinhärente Korrelation beträgt 24%. Der Originator übernimmt die Erstverlustposition i.H.v. 3%. Der Rest der emittierten ABS wird zwischen zwei unabhängigen Investoren je zur Hälfte aufgeteilt.

---

[247] Vgl. KPMG, IFRS visuell, 2012, 65.
[248] Vgl. KPMG, Insights into IFRS 2012/2013, 2012, Rn. 2.5A.340.70 und 2.5A.410.

Beurteilung nach SIC-12

Nach SIC-12 wäre unter Rückgriff auf die in Kapitel 4.6.5 vorgenommene Quantifizierung eine Reduktion der Standardabweichung und mithin eine Übertragung der Risiken und Chancen i.H.v. 57,07% festzuhalten.[249] Trotz der Übernahme der Erstverlustposition könnte der Originator mangels der mehrheitlichen Risikotragung die Konsolidierungspflicht vermeiden. Die Forderungen wären allerdings mangels der Übertragung so gut wie aller Risiken und Chancen (>90%) nur teilweise nach Maßgabe des anhaltenden Engagements auszubuchen.[250] Da auch keinem der beiden Investoren die Mehrheit der Risiken und Chancen zugeordnet werden kann, wäre die Zweckgesellschaft von keinem der Beteiligten zu konsolidieren.

Beurteilung nach IFRS 10

Als Servicer besitzt der Originator die Entscheidungsmacht. Mit der Übernahme der Erstverlustposition ist er variablen Rückflüssen ausgesetzt, die untypisch für einen Agenten sind. Damit qualifiziert sich der Originator als Prinzipal und muss die Zweckgesellschaft konsolidieren.

Ergebnis

Nach IFRS 10 wird es kaum noch möglich sein, eine Nichtkonsolidierung der Zweckgesellschaft durch den Originator allein im Wege der Ausplatzierung der Zweitverlustposition zu erreichen. Für eine Nichtkonsolidierung wird es stets einer wesentlichen Beteiligung Dritter an der Erstverlustposition bedürfen. Dadurch wird es für den Originator erheblich schwieriger, die Konsolidierungspflicht zu vermeiden. Die Konsolidierungsentscheidung wird zudem unabhängig von der subjektiven Risikokalkulation des Bilanzierenden.

Für das Gebot einer qualitativen Würdigung sprechen neben dem generellen Verzicht auf die Vorgabe von Grenzwerten (*bright lines*) zahlreiche im Standard sowie in der dazugehörigen Analyse der Auswirkungen (*effect analysis*) aufgeführte Beispiele, die die Anwendung des IFRS 10 ohne jegliche Quantifizierungsansätze verdeutlichen. Nachfolgend sind einige ausgewählte Beispiele zusammengefasst, die bereits erste allgemeine Rückschlüsse auf die Bilanzierung von Verbriefungszweckgesellschaften zulassen.

---

249 Vgl. Tabelle 2 in Kapitel 4.6.5.

250 Vgl. IAS 39.20(c)(ii) i.V.m. IAS 39.30 (IFRS 9.3.2.6(c)(ii) i.V.m. IFRS 9.3.2.16).

Beispiel	Vergütung	Abberufungsrechte	Agent/Prinzipal
13	1% fix + 10% Beteiligung	Keine	Agent
14B	1% fix + 20% variabel + 20% Beteiligung	nur Schutzrechte	Prinzipal
15	1% Fee + 35% am 10%-igen FLP	weit gestreut	Prinzipal
Effect Analysis[251]	45% Beteiligung	Keine	Prinzipal

Tabelle 1: Vergütung und Abberufungsrechte bei Prüfung auf Prinzipal-Agenten-Beziehungen

Wie aus Beispiel 13 ersichtlich ist, muss eine Beteiligung an wirtschaftlichen Erfolgen eines strukturierten Unternehmens nicht per se zur Verneinung der Agenteneigenschaft führen, solange sie verhältnismäßig gering ist. Hier erachtet der IASB eine 10%-ige Pro rata-Beteiligung an einem Fonds für vertretbar, um den Entscheidungsträger als Agenten zu behandeln. Demnach dürfte auch die Erfüllung des regulatorischen Selbstbehalts nach den Alternativen 1 bis 3[252] für die Einstufung des Originators als Agent unkritisch sein. Für eine Qualifikation als Agent ebenso unbedenklich dürfte ferner das Halten einer Senior-Tranche sein.

Weitere Beispiele bestätigen, dass bereits eine Beteiligung von weniger als 50% für die Bejahung einer Prinzipalstellung ausreicht. So kommt dem Entscheidungsträger im Beispiel 15 ungeachtet einer mehrheitlichen Ausplatzierung der Erstverlustrisiken die Rolle eines Prinzipals und mithin des Mutterunternehmens zu. In Ermangelung einer konkreten *bright line* sind Ermessensentscheidungen in weniger eindeutigen Fällen zwar nicht auszuschließen. Das Potential dafür dürfte bei Verbriefungstransaktionen jedoch relativ begrenzt sein. Selbst eine teilweise Ausplatzierung der Erstverlustposition an Dritte erweist sich in der Praxis als äu-

---

251 Vgl. IASB, Effect Analysis, IFRS 10 Consolidated Financial Statements and IFRS 12 Disclosure of Interests in Other Entities, 2012, 27.

252 Vgl. Kapitel 4.2.4.2.2.

ßerst problematisch, sodass meistens der Originator/Servicer die Stellung eines Prinzipals einnehmen dürfte. Ferner lässt die Gewährung von Garantien bzw. Liquiditätslinien wie etwa bei ABCP-Programmen unabhängig von der Wahrscheinlichkeit ihrer Inanspruchnahme (Stichwort *„maximum exposure“*) erhebliche Zweifel daran aufkommen, dass der Entscheidungsträger lediglich eine Agentenrolle innehat.

4.2.4.3.4 De-facto-Agenten

Neben vertraglichen Vereinbarungen können auch faktische Verhältnisse wie z.B. die Qualifikation der Parteien als nahestehende Personen auf das Vorliegen einer Prinzipal-Agenten-Beziehung hindeuten. Ein faktisches Delegieren der Entscheidungsmacht kann ferner bei Abhängigkeit des mutmaßlichen De-facto-Agenten von der (nachrangigen) Finanzierung des Berichtsunternehmens oder im Falle des Bestehens einer engen Geschäftsbeziehung zum Letzteren vermutet werden. So wäre beispielsweise die Gewährung eines (Nachrang-) Darlehens durch den Originator an eine vermeintlich unabhängige Stiftung, die eine Verbriefungszweckgesellschaft gründet und mit dem Mindesteigenkapital i.H.d. erhaltenen Darlehensbetrags ausstattet, dahingehend zu prüfen, ob die Stiftung vor dem Hintergrund der Gesamtverhältnisse nicht dadurch als De-facto-Agent des Originators qualifiziert werden kann.

4.2.4.3.5 Beherrschung bei mehreren Prinzipalen

So wie die Handlungen eines Agenten dem Auftraggeber zuzuordnen sind, müssen auch seine Entscheidungsrechte dem Prinzipal zugerechnet werden mit der Folge, dass die Konsolidierungspflicht ausschließlich beim Prinzipal entstehen kann. Wird ein dritter Servicer mit der Verwaltung der verbrieften Forderungen beauftragt, so ist zunächst zu prüfen, ob das Servicing eine bzw. die einzige relevante Aktivität i.S.d. IFRS 10 darstellt. Wird der Servicer nach Abwägung der Kriterien des IFRS 10.B60 als Agent eingestuft, so muss anschließend untersucht werden, im Interesse welcher Partei(en) er handelt.

Behält der Originator wie im Beispiel 15 35% der Erstverlustposition ein, während die restlichen 65% an einen einzigen unabhängigen Investor ausplatziert werden, so stellt sich die Frage, in wessen Interesse der Servicer primär agiert. Schließlich kann gemäß IFRS 10.13 nur eine Partei Entscheidungsmacht über den *investee* besitzen. In Situationen mit mehr als nur einem Prinzipal muss daher unter Berücksichtigung sämtlicher Kriterien des IFRS 10.B5-B54 bestimmt werden, welcher Prinzipal im Besitz der Entscheidungsmacht ist.[253] Sind die Entscheidungsrechte beider Prinzipale vollkommen identisch, so muss ggf. auf die Variabilität der Rückflüsse abgestellt werden. Hiernach wäre der Halter des 65%-igen Anteils am FLP als beherrschende Partei anzusehen, vor allem wenn man schwer quantifizierbare indirekte Vorteile des Originators wie etwa die Bilanz- oder Eigenkapitalentlastung außer Acht lässt. Durch die Zwischenschaltung eines Agenten wie etwa im Falle einer Auslagerung des Servicing an einen Dritten, kann der Originator eventuell größere Anteile bis hin zu 50% der Erstverlustposition je nach Gewichtung seiner indirekten Vorteile zurückbehalten, ohne dabei die Verbriefungszweckgesellschaft konsolidieren zu müssen – ein Ergebnis, das wohl auch unter SIC-12 zustande gekommen wäre. Befindet sich die Erstverlustposition jedoch im Besitz mehrerer Einzelinvestoren, entsteht die Konsolidierungspflicht bei demjenigen mit dem größten relativen Anteil. Einer absoluten mehrheitlichen Risikotragung wie nach SIC-12 bedarf es dann nicht mehr.

Da eine Auslagerung der Forderungsverwaltung mit der Offenlegung der Kundenbeziehung sowie erhöhten Kosten verbunden ist, wird sie zu Beginn der Transaktion kaum in Anspruch genommen. Gleichwohl kann es im Laufe der Verbriefungstransaktion z.B. im Falle der (drohenden) Insolvenz des Originators oder Aufhebung seiner Banklizenz zu einem Austausch durch einen Ersatz-Servicer kommen.[254] Insofern ist zumindest theoretisch nicht auszuschließen, dass es zu einer nachträglichen Entstehung der Konsolidierungspflicht beim Investor mit der im Vergleich zum Originator sowie ggf. zu weiteren Investoren größeren Beteiligung an der Erstverlustposition kommen kann.

4.2.5 Verbriefungszweckgesellschaften nach IFRS 10: quo vadis?

4.2.5.1 Konzeptionelle Würdigung und abschließende Beurteilung

Mit IFRS 10 führte der IASB einen einheitlichen Beherrschungsbegriff ein, der künftig gleichermaßen sowohl auf Unternehmen aus dem Anwendungsbereich des IAS 27 a.F. als auch auf strukturierte Unternehmen – vormals SPEs i.S.v. SIC-12 – Anwendung finden soll. Zweifelsfragen hinsichtlich der definitorischen Abgrenzung von Zweckgesellschaften und der

---

253 Vgl. IFRS 10.B59.

254 Vgl. Definition „*Servicer Replacement Event*" in: VCL 17, Prospekt, 99 sowie Driver Ten, Prospekt, 194, http://www.true-sale-international.de/leistungen/abs-transaktionen/tsi-zertifiziertetransaktionen/aktive transaktionen/, abgerufen am 15.12.2014.

im Einzelfall anzuwendenden Konsolidierungsnorm werden dadurch ausgeräumt. Aus methodischer Sicht stellt IFRS 10 insofern eine Verbesserung gegenüber dem zweigleisigen Konzept der Vorgängerregelung dar. Das „One size fits all"-Modell[255] des IFRS 10 erfordert aber auch konzeptionelle Zugeständnisse, die besonders bei Zweckgesellschaften deutlich werden. Schließlich wird die Beherrschung bei Zweckgesellschaften genauso wie bei allen Unternehmen an das Vorliegen einer gegenwärtigen Möglichkeit zur Bestimmung relevanter Aktivitäten geknüpft. Dies scheint zunächst insofern fragwürdig, als man doch bei Zweckgesellschaften i.d.R. von einer Vorherbestimmung so gut wie aller wesentlichen Aktivitäten und mithin von der Ausübung der Kontrolle bereits zum Gründungszeitpunkt ausgeht. Dieser Annahme unterlag auch der Beherrschungsbegriff von SIC-12, dessen alleiniger Beurteilungsmaßstab die Verhältnisse zum Zeitpunkt des Aufsetzens des Autopilot-Mechanismus waren. In konzeptioneller Hinsicht folgte SIC-12 damit der Grundidee umfassender Unternehmensverträge wie sie ursprünglich von *Grossman/Hart*[256] in Abgrenzung zu unvollständigen Verträgen definiert wurden. Auf den Theorieansatz von *Grossman/Hart* wird im Schrifttum für Zwecke der Abgrenzung des Konsolidierungskreises u.a. von *Streckenbach*[257] sowie speziell in Bezug auf IFRS 10 von *Christ*[258] zurückgegriffen.

Umfassende Unternehmensverträge (*comprehensive contracts*) nach *Grossman/Hart* zeichnen sich dadurch aus, dass Rechte und Pflichten aller Beteiligten für alle denkbaren Umweltzustände mit dem Abschluss des Vertrags festgelegt sind und zu keinem Zeitpunkt einer Revision oder Ergänzung bedürfen.[259] Der Abschluss eines umfassenden Unternehmensvertrags ist laut *Hart* jedoch nur unter der unrealistischen Annahme nicht vorhandener Transaktionskosten möglich. In der Praxis sind die Kosten hingegen prohibitiv hoch, sodass es weitestgehend zum Abschluss unvollständiger Unternehmensverträge kommt.[260] Unvollständige Unternehmensverträge sind indessen von Unsicherheit geprägt und bieten Platz für Entscheidungsspielräume während der laufenden Geschäftstätigkeit des Unternehmens. Bei der Partei, die das

---

255 Vgl. Christ, Verbriefungsplattformen nach IFRS, 2014, 153.

256 Vgl. Grossman/Hart, Journal of Political Economy 1986, 691 ff. sowie Hart, Journal of Law, Economics, and Organization 1988, 119 ff.

257 Vgl. Streckenbach, Bilanzierung von Zweckgesellschaften im Konzern, 2006, 169 ff.

258 Vgl. Christ, Verbriefungsplattformen nach IFRS, 2014, 202 ff.

259 Vgl. Hart, Journal of Law, Economics, and Organization 1988, 121, Streckenbach, Bilanzierung von Zweckgesellschaften im Konzern, 2006, 172.

260 Vgl. Hart, Journal of Law, Economics, and Organization 1988, 123.

residuale Risiko trägt, entstehen sodann residuale Kontrollrechte (*residual rights of control)* wie etwa das Stimmrecht bei Aktiengesellschaften.[261]

Mit seiner Definition der Entscheidungsmacht als gegenwärtige Möglichkeit zur Bestimmung relevanter Aktivitäten unterstellt IFRS 10 im Gegensatz zu SIC-12 das Vorliegen unvollständiger Unternehmensverträge und mithin die Existenz residualer Kontrollrechte bei allen Unternehmen einschließlich Zweckgesellschaften. Nach den Ausführungen in Kapitel 4.2.4.1 sind auch bei Verbriefungszweckgesellschaften bestimmte residuale Aktivitäten wie das Servicing und damit auch Entscheidungsspielräume vorhanden. Die mit IFRS 10 vollzogene Abkehr von der Annahme umfassender Unternehmensverträge bei Zweckgesellschaften erscheint insofern berechtigt. Auch *Streckenbach*, die bei Zweckgesellschaften von umfassenden Unternehmensverträgen und mithin von der Ausübung der Kontrolle im Zeitpunkt des Vertragsabschlusses ausgeht, fügt relativierend hinzu, dass „die Aufgabe nur eines Bereichs, wie z.B. ... die Möglichkeit des Managements einer Verbriefungszweckgesellschaft zur aktiven Verhandlung mit den Forderungsschuldnern bei Forderungsverzug oder -ausfall," i.d.R. genügt, „um das Vorliegen einer Zweckgesellschaft im Sinne der Theorie der umfassenden Verträge nach *Grossman/Hart* zu verneinen."[262]

Fraglich ist indes, ob bei Zweckgesellschaften bestehende residuale Kontrollrechte stets als relevante Aktivitäten mit einem signifikanten Einfluss auf die Rückflüsse qualifiziert werden können wie dies die Definition in IFRS 10 verlangt. Besonders bei statischen Verbriefungen weniger komplexer Forderungsarten wie etwa Konsumentenkredite oder Forderungen aus LuL kann die Entscheidungsmacht des Forderungsverwalters nahezu vollumfänglich durch das Vertragswerk vorherbestimmt sein, sodass dem Servicing sowohl vor als auch nach dem Forderungsausfall vielmehr der Charakter einer administrativen Tätigkeit ohne beachtenswerte Entscheidungsspielräume zukommt. Es ist jedoch zu bezweifeln, ob mit dem Begriff *„significantly affect"* die Vorgabe eines Mindestmaßes an Signifikanz der Residualaktivitäten für die Bejahung der Entscheidungsmacht erfolgen soll, zumal sich die volle Reichweite solcher Residualaktivitäten aufgrund der bestehenden Informationsasymmetrie bis auf den Entscheidungsträger selbst kaum von Dritten verlässlich begutachten lässt. Auch die Einschaltung eines Treuhänders schafft angesichts der stets vorhandenen Möglichkeit zur Ausübung der

---

261 Vgl. Hart, Journal of Law, Economics, and Organization 1988, 123, Streckenbach, Bilanzierung von Zweckgesellschaften im Konzern, 2006, 169.

262 Vgl. Streckenbach, Bilanzierung von Zweckgesellschaften im Konzern, 2006, 183.

latenten Entscheidungsmacht[263] durch den Originator-Servicer nur bedingt Abhilfe. Vielmehr wird daher das Kriterium der Entscheidungsmacht bereits bei bloßem Bestehen irgendeiner noch ausübbaren und mit dem spezifischen Risiko der Transaktion in Verbindung stehenden Aktivität – sei es die Forderungsverwaltung, die Auswahl oder die Zuführung neuer Vermögenswerte – als erfüllt angesehen. Das Kriterium der Entscheidungsmacht wird daher zum Ja-Kriterium. Dadurch entsteht in den meisten Fällen eine **widerlegbare Beherrschungsvermutung** bei mindestens einer Transaktionspartei (s. Abbildung 1). Konzeptionell dreht IFRS 10 damit den Spieß um: Es geht nicht mehr um die Frage, OB die Zweckgesellschaft zu konsolidieren ist, sondern WER diese zu konsolidieren hat. Das unter SIC-12 bestandene Problem von keinem konsolidierter *„stand-alone"*-Zweckgesellschaften wird damit zwar nicht ganz ausgeräumt, zumindest aber weitgehend entschärft.

Die abschließende Zuordnung der Zweckgesellschaft zur beherrschenden Partei erfolgt dagegen nach Maßgabe der Variabilität der Rückflüsse in Verbindung mit der nachgelagerten Prinzipal-Agenten-Prüfung. Besitzt die vermeintlich beherrschende Partei zwar Entscheidungsmacht, ist aber keinen für die Einnahme der Prinzipalstellung ausreichenden variablen Rückflüssen ausgesetzt, muss die Beherrschung verneint und bei einem anderen vermutet werden. Da das Ausmaß der variablen Rückflüsse meist zum Transaktionsbeginn festgelegt wird, greift IFRS 10 ebenso wie SIC-12 auf bereits ausgeübte bzw. **vorherbestimmte Kontrollrechte** der Beteiligten zurück und schlägt damit eine Brücke zum Konzept umfassender Unternehmensverträge.

Mit IFRS 10 werden Risiken und Chancen als Beherrschungskriterium folglich nicht abgeschafft, sondern eher zurückgedrängt.[264] Für die Bejahung der Beherrschungsvermutung müssen variable Rückflüsse des Berichtsunternehmens gerade noch hoch genug sein, um es als einen in eigenem Interesse handelnden Prinzipal einstufen zu können. Dadurch gelingt dem IASB zum einen die Abschaffung der bislang zur Begründung der Kontrolle bei Zweckgesellschaften erforderlichen 50%-Schwelle für die Chancen- und Risikotragung. Zum anderen dürfte eine quantitative Berechnung der Risiken und Chancen kaum noch eine praktische Rolle spielen (s. Beispiel 2).

---

263 Vgl. Kapitel 4.2.4.1.2.2.

264 Vgl. Christ, Verbriefungsplattformen nach IFRS, 2014, 200 f.

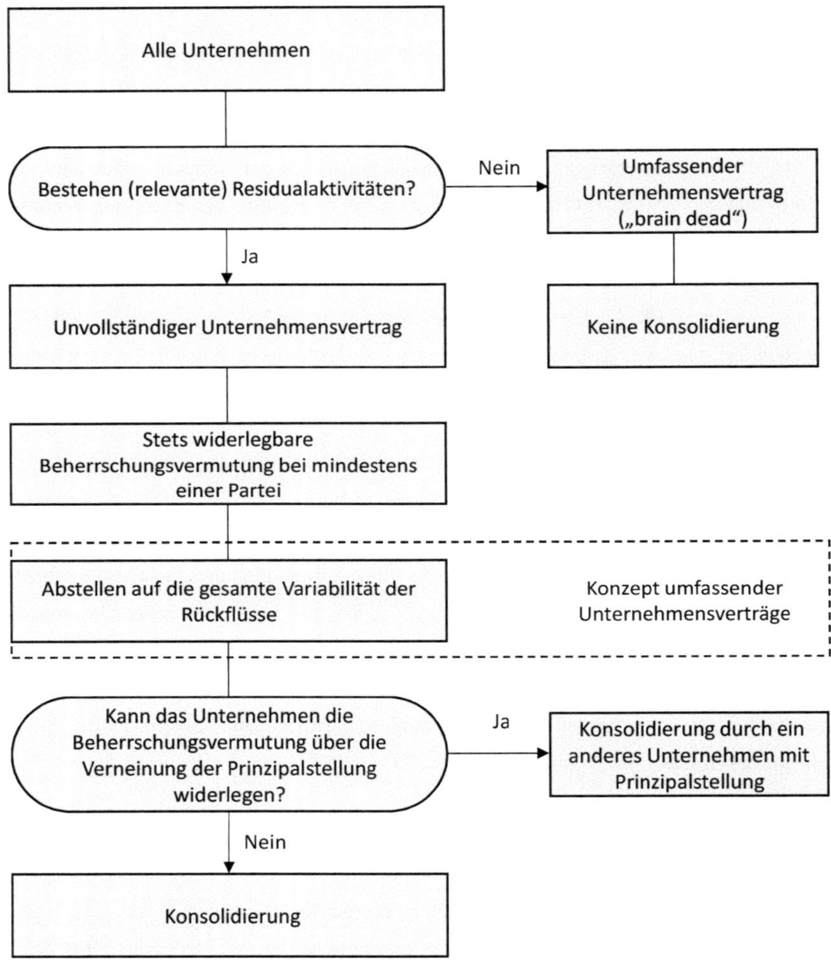

Abbildung 3: Prüfungsschema des IFRS 10 aus Sicht der Vertragstheorie

Im Ergebnis erfolgt die Zurechnung der Zweckgesellschaft im Gegensatz zu SIC-12 nicht mehr zwingend zum Meistbegünstigten im Sinne der getragenen Risiken und Chancen. Die Abschaffung des Mehrheitserfordernisses für die Chancen- und Risikotragung ist insbesondere vor dem Hintergrund der kaum quantifizierbaren, jedoch regelmäßig bestehenden Reputationsrisiken[265] des Originators zu begrüßen. Eine neue Schwelle zur Abgrenzung zwischen Agent und Prinzipal gibt der Standard bewusst nicht vor. Diese dürfte in Anlehnung an die im Standard vorhandenen Anwendungsbeispiele jedoch deutlich unter 50% anzunehmen sein. Bei klassischen Verbriefungen erscheint es sachgerecht, eine Prinzipalstellung bereits bei einer nicht nur unwesentlich über die regulatorische Selbstbehaltsverpflichtung des Originators hinausgehenden Beteiligung an der Erstverlustposition anzunehmen. Bei ABCP-Conduits dürfte mit der Stellung von Garantien bzw. Liquiditätsfazilitäten durch den Sponsor die Prinzipaleigenschaft regelmäßig zu bejahen sein.

Insgesamt lassen die vorangegangen Ausführung darauf schließen, dass mit IFRS 10 eine durchaus sachgerechte Abgrenzung des Konsolidierungskreises mit Blick auf die Konsolidierung von Verbriefungszweckgesellschaften gelungen ist. Der vorwiegend qualitativ ausgerichtete Beherrschungsbegriff des IFRS 10 und der damit einhergehende Verzicht auf eine *bright line* wird sicherlich höhere Anforderungen besonders in punkto Transaktionsverständnis an die Anwender und Wirtschaftsprüfer stellen und sie dazu zwingen, die bereits in SIC-12 vorgesehene Gesamtwürdigung tatsächlich vorzunehmen.[266] Die im Schrifttum teilweise zu vernehmende Kritik an der gestiegenen Komplexität und Interpretationsanfälligkeit des neuen Beherrschungsbegriffs[267] muss stets mit Blick auf die heutzutage ebenso komplexer gewordenen wirtschaftlichen Sachverhalte – wie etwa bei Verbriefungen – relativiert werden.

4.2.5.2 Verbleibende bilanzpolitische Bedenken

Ob das Phänomen nicht konsolidierter Zweckgesellschaften mit IFRS 10 gänzlich der Vergangenheit angehört, ist jedoch zu bezweifeln. Denkbar sind vor allem Gestaltungen der Kategorie *„brain dead"*, die keinerlei Residualaktivitäten aufweisen. Solche Konstrukte sind aber weniger im Bereich der klassischen True-Sale-Verbriefungen, sondern vielmehr im Wiederverbriefungs- und Investmentbereich zu erwarten, wo es keine Kundenbeziehung wie bei originären Forderungen und mithin auch keine mit dem Servicing vergleichbare Residualaktivität geben muss. Nicht auszuschließen sind derartige *„brain dead"*-Strukturen etwa im Be-

---

265 Vgl. Kapitel 5.2.4.2.

266 Vgl. Lüdenbach/Hoffmann/Freiberg, Haufe IFRS Kommentar, 2014, § 32 Tochterunternehmen im Konzern- und Einzelabschluss, Rz. 55.

267 Vgl. Zülch/Erdmann/Popp, KoR 2011, 585, 593, Küting/Mojadadr, KoR 2011, 273, 285, Reiland, Der Betrieb 2011, 2729, 2733.

reich Repackaging.[268] Das Repackaging ist konzeptionell mit der Verbriefung vergleichbar, unterscheidet sich jedoch dadurch, dass „die zugrunde liegenden Produkte keine unverbrieften finanziellen Vermögenswerte, sondern Wertpapiere und Derivate sind, die in anderer Form neu zusammengesetzt werden, um bestimmte Anlegerbedürfnisse zu erfüllen“.[269] Der Verbindung des Berichtsunternehmens zu solchen selbstgesteuerten Zweckgesellschaften soll anstelle der Einbeziehung als Tochterunternehmen in den Konzernabschluss durch die Bewertung der eingegangen Risikopositionen Rechnung getragen werden.[270] So berichtet etwa die Deutsche Bank für das Geschäftsjahr 2013 einen Gesamtbuchwert von 6,9 Mrd. EUR an Vermögenswerten, die an gesponserte aber nicht konsolidierte Verbriefungs-, Repackaging- und Investmentgesellschaften übertragen wurden.[271] Wenn der Originator/Sponsor keinen Einfluss auf die Zweckgesellschaft ausüben kann, ist seine Stellung nach Auffassung des IASB mit der anderer Investoren vergleichbar, die ebenfalls Risiken eingehen, ohne dabei Einfluss auf die Geschäftsentwicklung der Zweckgesellschaft ausüben zu können.[272] Der Vorrang der Bewertung vor der Konsolidierung setzt allerdings entsprechend hohe Anforderungen an die Zuverlässigkeit der angewandten Bewertungsmethoden, die besonders bei Wiederverbriefungen in der jüngsten Finanzkrise schon einmal massiv versagt haben.[273]

Eine besondere Bedeutung bei der Einschränkung von außerbilanziellen Gestaltungen kommt dabei dem Regelwerk des IAS 39/IFRS 9 zur Ausbuchung von finanziellen Vermögenswerten zu, welches nach Auffassung des IASB eine komplementäre Wirkung gegenüber den Konsolidierungsvorschriften entfalten soll. Die Ausbuchungsregeln sollen folglich einen Bilanzabgang trotz der Nichtkonsolidierung der Zweckgesellschaft verhindern, sodass die auf die Zweckgesellschaft übertragenen Vermögenswerte letztendlich weiterhin in der Bilanz des Übertragenden verbleiben.[274] Der vom IASB angesprochene komplementäre Effekt der Ausbuchungsvorschriften darf ferner bei der Entwicklung der bereits seit einiger Zeit diskutierten

---

268 Vgl. EFRAG, Supplementary study – Consolidation of Special Purpose Entities (SPEs) under IFRS 10, 2012, 11, http://www.efrag.org/files/EFRAG%20Output/SPE_Supplementary_study_-_EFRAG_secretariat_report.pdf, abgerufen am 15.12.2014. Vgl. auch das Beispiel einer "brain- dead"-Struktur in Gryshchenko, PiR 2010, 42, 44.

269 Vgl. Deutsche Bank, Finanzbericht 2012, 41.

270 Wird z.B. ein CDS mit der Zweckgesellschaft eingegangen, so erfasst der Garantiegeber diesen in seiner Bilanz. Vgl. IASB, Effect Analysis, IFRS 10 Consolidated Financial Statements and IFRS 12 Disclosure of Interests in Other Entities, 2012, 25 f.

271 Vgl. Deutsche Bank, Finanzbericht 2013, 460.

272 Vgl. Lotz/Gryshchenko in: Zerey, Zweckgesellschaften: Rechtshandbuch, 2013, § 9, 142, 169.

273 Vgl. Young, Journal of Accountancy 2008, 34 ff., Ryan, The Accounting Review 2008, 1605 ff., Kothari/Lester, Accounting Horizons 2012, 335 ff.

274 Vgl. Gryshchenko/Lotz, in: Deloitte, Asset Securitisation in Deutschland, 2012, 39, 49.

Nachfolgerregelung der aktuellen Ausbuchungskonzeption des IAS 39/IFRS 9 nicht vernachlässigt werden. Der im Rahmen der vorliegenden Arbeit in Kapitel 6 erarbeitete Ausbuchungsansatz trägt daher diesem Erfordernis Rechnung.

4.2.6 Erstanwendung von IFRS 10

4.2.6.1 IFRS-Konzernabschluss in Deutschland

Während sich die Abgrenzung des Konsolidierungskreises für deutsche IFRS-Anwender künftig nach IFRS 10 bestimmen wird, bleibt für die Beurteilung, ob eine Pflicht zur Aufstellung eines Konzernabschlusses besteht, weiterhin allein deutsches Recht maßgeblich. Nur wenn eine Kapitalgesellschaft oder dieser nach § 264a HGB gleichgesellte Personenhandelsgesellschaft einen Konzernabschluss nach Maßgabe der §§ 290 ff. HGB zu erstellen hat und darauf IFRS anwenden muss (§ 315a Abs. 2 HGB) oder will (§ 315a Abs. 3 HGB), unterliegt sie auch den Vorschriften von IFRS 10.[275]

Da die verpflichtende Aufstellung eines IFRS-Konzernabschlusses in Deutschland ausschließlich kapitalmarktorientierte Unternehmen betrifft (§ 315a Abs. 2 HGB), stellt sich die Frage, ob die Pflicht hierzu durch die Durchführung einer Verbriefungstransaktion als auslösendes Ereignis entstehen kann. Als kapitalmarktorientiert i.S.d. § 264d HGB gelten Gesellschaften, deren Wertpapiere (Eigen- und Fremdkapitaltitel) an einem organisierten Markt i.S.d. § 2 Abs. 5 WpHG gehandelt werden oder für die die Zulassung zum Handel an einem solchen Markt beantragt wurde.[276] Der organisierte Markt umfasst dabei insbesondere den regulierten Markt (nicht jedoch den Freiverkehr) an allen Börsenplätzen Europas.[277] Bei den in der EU öffentlich platzierten ABS handelt es sich demnach regelmäßig um Wertpapiere des organisierten Marktes i.S.d. 2 Abs. 5 WpHG.

Des Weiteren ist für die Bejahung des Kriteriums der Kapitalmarktorientierung entscheidend, dass die Emission bzw. Zulassung der Wertpapiere von dem Mutterunternehmen **selbst** vor-

---

275 Vgl. Lüdenbach/Hoffmann/Freiberg, Haufe IFRS Kommentar, 2014, § 32 Tochterunternehmen im Konzern- und Einzelabschluss, Rz. 5. Unternehmen anderer Rechtsformen müssen indes § 11 PublG beachten. Vgl. Kagermann/Küting/Wirth, IFRS-Konzernabschlüsse mit SAP, 2008, 11.

276 Damit erweitert § 315a HGB die IFRS-Pflicht der IAS-Verordnung, wonach ein IFRS-pflichtiges Mutternunternehmen nur bei einer europäischen Notierung von Fremd- oder Eigenkapitaltiteln und nicht bereits bei einem entsprechenden Zulassungsantrag vorliegt. Vgl. Haaker, IRZ 2014, 181, 182 f.

277 Eine Übersicht über die geregelten Märkte der EU wird regelmäßig im Amtsblatt der Europäischen Union veröffentlicht. Vgl. PwC, IFRS für Banken, 2012, 194 ff.

genommen wird. Der Handel von entsprechenden Wertpapieren der Tochtergesellschaften qualifiziert die Mutter dagegen nicht als kapitalmarktorientiert.[278] Deshalb kann die Durchführung einer synthetischen Verbriefungstransaktion ohne Einschaltung eines SPV neben der Pflicht zur Konzernrechnungslegung auch die IFRS-Anwendungspflicht nach sich ziehen, falls für die ABS die Zulassung an einer europäischen Börse beantragt wird. Von der bis dato ggf. in Anspruch genommenen Möglichkeit, auf die Erstellung eines Teilkonzernabschlusses aufgrund eines befreienden EU/EWR-Konzernabschlusses i.S.d. § 291 HGB zu verzichten, kann der Originator ferner keinen Gebrauch mehr machen. Bei einer indirekten, d.h. über eine ggf. konsolidierungspflichtige Zweckgesellschaft abgewickelten Verbriefungstransaktion, besteht diese Gefahr hingegen nicht. Für den Zugang zum Kapitalmarkt suchende aber die Anwendung der IFRS scheuende Unternehmen bieten Verbriefungstransaktionen mit Einschaltung einer Zweckgesellschaft insoweit eine Alternative beispielsweise zu einer direkten Emission von Covered Bonds oder Pfandbriefen.[279]

Eine weitere Problemstellung in Zusammenhang mit der Anwendung von IFRS 10 auf Verbriefungen in Deutschland ergibt sich ferner aus dem Umstand, dass sich die Konzernrechnungslegungspflicht u.a. nach § 290 Abs. 2 Nr. 4 HGB (Konsolidierung von Zweckgesellschaften) bestimmt und dabei dem in IFRS 10 nicht mehr zur Anwendung kommenden Risk and Reward-Ansatz folgt. Mangels Deckungsgleichheit zwischen dem handelsrechtlichen und internationalen Beherrschungsbegriff ist denkbar, dass ein kapitalmarktorientiertes Unternehmen, das nach §§ 290 ff. HGB nicht konzernrechnungslegungspflichtig ist, keinen IFRS-Abschluss erstellen müsste, obwohl es nach IFRS 10 konzernrechnungslegungspflichtig wäre.[280] Dies gilt auch für den umgekehrten Fall: Trotz einer nach §§ 290 ff. bestehenden Pflicht zur Aufstellung eines Konzernabschlusses könnte keine Konzernrechnungslegungspflicht nach IFRS 10 gegeben sein, da die Verbriefungszweckgesellschaft nicht als Tochterunternehmen i.S.v. IFRS 10 qualifiziert wird. Da der IFRS-Konzernrechnungslegungspflicht ein „zweistufiges Prüfverfahren“ vorausgeht (zunächst nach nationalen Vorschriften und anschließend nach übernommenen IFRS), wird in beiden Konstellationen kein Konzernabschluss nach IFRS erstellt.[281] So entsteht auch für die aus der Anwendung von § 290 Abs. 2

---

278 Vgl. Schildbach, Der Konzernabschluss nach HGB, IFRS und US-GAAP, 2008, 95 f.

279 Vgl. z.B. die Transaktionsstruktur des SME Structured Covered Bonds der Commerzbank AG: DZ Bank, ABS & Structured Credits, Ausgabe 2, 2013, 2 ff.

280 Vgl. Pellens/Fülbier/Gassen/Sellhorn, Internationale Rechnungslegung, 2011, 149, Senger/Rulfs, in: Beck'sches IFRS-Handbuch, 2013, § 31 Aufstellungspflichten, Rz. 5.

281 Vgl. Kagermann/Küting/Wirth, IFRS-Konzernabschlüsse mit SAP, 2008, 13.

Nr. 4 HGB ausgeschlossenen Spezialfonds in Deutschland keine Pflicht zur IFRS-Anwendung nach § 315a Abs. 1 HGB.[282] Für kapitalmarktorientierte Originatoren in Deutschland, die bis dato eine IFRS-Anwendung durch eine Ausplatzierung von Risiken z.B. an verbundene nicht beherrschte Unternehmen vermeiden konnten, droht mit der Verabschiedung von IFRS 10 damit weiterhin keine Pflicht zur IFRS-Anwendung.

Angesichts der sich im Zuge der BilMoG-Reform bereits angedeuteten Bestrebungen um eine Annäherung der handelsrechtlichen Konsolidierungsnorm an das Beherrschungskonzept der IFRS kann der deutsche Gesetzgeber u. U. den mittlerweile nicht mehr IFRS-konformen Beherrschungsbegriff des § 290 HGB an den Regelungsinhalt des IFRS 10 anpassen.

4.2.6.2 Konsolidierung im mehrstufigen Konzern

Neben dem größten IFRS-Konsolidierungskreis ist die Frage der Anwendung des IFRS 10 auf Verbriefungsstrukturen ferner auf Ebene etwaiger nach IFRS erstellter Teilkonzernabschlüsse relevant. Die Problematik einer gezielten Risikostreuung zur Umgehung der Konsolidierungspflicht nach SIC-12 wurde in Kapitel 4.2.4.3.3 bereits thematisiert. Die zwischen dem Originator und den übrigen Transaktionsbeteiligten bestehenden Informationsasymmetrien stehen jedoch häufig einer derart risikoorientierten Strukturierung unter unabhängigen Dritten entgegen. Unter verbundenen Unternehmen ist dies hingegen weniger problematisch und gilt im Übrigen aufgrund einer starken Angleichung des § 290 Abs. 2 Nr. 4 HGB an SIC-12 gleichermaßen für den handelsrechtlichen Teilkonzernabschluss.[283]

Die Pflicht zur Konsolidierung einer Verbriefungszweckgesellschaft oder gar Teilkonzernabschlusserstellung konnte der Originator vor allem im Rahmen von privat platzierten ABS-Transaktionen bislang durch eine mehrheitliche Ausplatzierung der Erstverlustrisiken an ein oder mehrere Tochterunternehmen des übergeordneten Konzerns vermeiden. Ein solches „Konsolidierungskreis-Management" wird zwar auch unter IFRS 10 weiterhin denkbar sein. Da sich die Entscheidungsmacht jedoch nicht streuen lässt bzw. die Auslagerung des Servicing sich als wenig praktikabel darstellt, wird es einer deutlich wesentlicheren Auslagerung von Risiken bedürfen als bisher unter SIC-12 erforderlich war, um eine Einstufung des Origi-

---

282 Vgl. Haaker, PiR 2010, 294, 294, Lotz/Gryshchenko in: Zerey, Zweckgesellschaften: Rechtshandbuch, 2013, § 9, 142, 156.

283 Zur IFRS-Orientierung des § 290 HGB vgl. BT-Drs. 16/12407, S. 89 sowie Lotz/Gryshchenko in: Zerey, Zweckgesellschaften: Rechtshandbuch, 2013, § 9, 142, 154 f.

nators als Agent und mithin eine Nichtkonsolidierung des Verbriefungsvehikels zu begründen.

4.2.6.3 Erstanwendungszeitpunkt und Übergangsvorschriften

Mit der am 29.12.2012 erfolgten Übernahme der vom IASB verabschiedeten Konsolidierungsstandards IFRS 10, IFRS 11 und IFRS 12 in Europäisches Recht (*Endorsement*) müssen Unternehmen in Europa ihre IFRS-Konzernabschlüsse erstmalig nach Maßgabe des IFRS 10 aufstellen.[284] Die Pflicht zur Erstanwendung besteht für Geschäftsjahre, die nach dem 31. Dezember 2013 beginnen. Ursprünglich enthielt IFRS 10 keine spezifischen Übergangsleitlinien hinsichtlich der erstmaligen Anwendung des neuen Konsolidierungswerks, sodass zunächst von einer bei *changes in accounting policies* üblichen retrospektiven und erfolgsneutralen Anwendung auszugehen war. Am 28. Juni 2012 veröffentlichte der IASB jedoch Änderungen an den Übergangsvorschriften (*Transition Guidance*) von IFRS 10, die im April 2013 in das EU-Recht übernommen wurden.[285] Die geänderten Übergangsvorschriften sollen u.a. zusätzliche Erleichterungen beim Übergang auf IFRS 10 ermöglichen, indem angepasste Vergleichsinformationen lediglich für die unmittelbar vorausgehende Vergleichsperiode (*immediately preceding period*) verlangt werden. Die nach IAS 8.28(f) erforderliche Angabe des Korrekturbetrags für die laufende Berichtsperiode sowie für jede frühere dargestellte Periode wurde ebenfalls auf die vorausgehende Periode beschränkt.

Eine rückwirkende Informationsbeschaffung kann bei Verbriefungstransaktionen mit einem erheblichen Arbeitsaufwand verbunden sein, wenn beispielsweise auf eine Konsolidierung der Zweckgesellschaft beim bisherigen Mutterunternehmen aus Wesentlichkeitsgründen verzichtet wurde. Bei Zweckgesellschaften, die zum Erstanwendungszeitpunkt des IFRS 10 (z.B. 01.01.2014) entkonsolidiert werden, weil sie nach IFRS 10 keine Tochtergesellschaften mehr darstellen, erscheint die Angabe der Korrekturbeträge für das laufende Geschäftsjahr (zum 31.12.2014) aus Praktikabilitätsgründen entbehrlich.[286] Die Auflockerung der Übergangsvorschriften ist daher positiv zu bewerten. Ergeben sich keine Veränderungen des Konsolidie-

---

[284] Vgl. Verordnung (EU) Nr. 1254/2012 der Kommission vom 11. Dezember 2012, veröffentlicht im Amtsblatt der EU am 29.12.2012.

[285] Verordnung (EU) Nr. 313/2013 der Kommission vom 4. April 2013, veröffentlicht im Amtsblatt der EU am 05.04.2013.

[286] Vgl. Lüdenbach/Hoffmann/Freiberg, Haufe IFRS Kommentar, 2014, § 32 Tochterunternehmen im Konzern- und Einzelabschluss, Rz. 203.

rungskreises infolge der erstmaligen Anwendung von IFRS 10, braucht das berichtende Unternehmen die vorherige Bilanzierung für seine Engagements mit Zweckgesellschaften nicht anzupassen.[287]

4.2.6.4 Erstkonsolidierung einer Verbriefungszweckgesellschaft

Liegt Beherrschung i.S.v. IFRS 10 vor, ist die Verbriefungszweckgesellschaft per Vollkonsolidierung in den Konzernabschluss des Mutterunternehmens einzubeziehen. Zweckgesellschaften unterliegen dabei im Allgemeinen denselben Regeln wie andere Tochterunternehmen.[288] Die Erstkonsolidierung richtet sich danach aus, ob ein Unternehmenszusammenschluss (*business combination*) i.S.v. IFRS 3 vorliegt, d.h. ob die Beherrschung über ein Unternehmen bzw. einen Geschäftsbetrieb (*business*) oder lediglich eine Gruppe von Vermögenswerten erlangt wurde.[289] Es stellt sich somit die Frage, ob es sich bei Verbriefungszweckgesellschaften um Unternehmen gemäß Definition in IFRS 3 handelt. Die Frage der Unternehmenseigenschaft von Zweckgesellschaften wird in der Literatur kaum bzw. nur sehr rudimentär behandelt. Beispielsweise vertritt *Buschhüter* die Auffassung, dass Zweckgesellschaften normalerweise nicht die Definition eines Geschäftsbetriebs i.S.v. IFRS 3 erfüllen, wobei dies aus seiner Sicht nicht zwingend der Fall sein muss.[290] Eine ähnliche nicht abschließende Einschätzung geben auch *Epstein/Nach/Bragg* in Bezug auf die US GAAP:[291] *„In practice, it was generally observed that SPE were designated as any entity that does not qualify as a „business"... However, this was not universally agreed, and an entity that qualified as a business... could also have been an SPE, at least in the opinion of some of those involved in standard setting."*

Bei ABS-Transaktionen dürfte es für die Bejahung der Unternehmensqualität vor allem an den in IFRS 3.B7(b) erforderlichen Prozessen fehlen. Insbesondere beschäftigen Verbriefungszweckgesellschaften keine qualifizierten Mitarbeiter, die mit ihrem Know-how die Prozesse verkörpern könnten.[292] Ferner kann die Vermutung der Unternehmensqualität bei Ver-

---

287 Vgl. IFRS 10.C3.
288 Vgl. Busch/Zwirner, IRZ 2012, 373, 375.
289 Vgl. IFRS 3.3 i.V.m. IFRS 3.7.
290 Vgl. Buschhüter, in: Buschhüter/Striegel, Kommentar Internationale Rechnungslegung IFRS, 2011, IFRS 3 – Business Combinations, Rz. 56.
291 Vgl. Epstein/Nach/Bragg, Wiley GAAP 2008, 2007, 631.
292 Vgl. Lüdenbach/Hoffmann/Freiberg, Haufe IFRS Kommentar, 2014, § 31 Unternehmenszusammenschlüsse, Rz. 18 und 21.

briefungszweckgesellschaften nach IFRS 3.B12 insofern widerlegt werden, als der potentielle Kaufpreis für solche Unternehmen wohl kaum über den Fair Value der erworbenen finanziellen Vermögenswerte und Schulden hinausgehen und so einen Goodwill enthalten würde. Eine Verbriefungszweckgesellschaft repräsentiert insofern kein *business* i.S.v. IFRS 3, sondern eine Gruppe von Vermögenswerten. Folglich sind Unternehmenszusammenschlüsse mit Verbriefungszweckgesellschaften aus dem Anwendungsbereich von IFRS 3 ausgenommen.[293]

In Ermangelung der Unternehmenseigenschaft ist die Erstkonsolidierung gemäß IFRS 10.C4(b) ohne Ausweis eines Goodwills und latenter Steuern durchzuführen.[294] Die Vermögenswerte und Schulden der Zweckgesellschaft sowie etwaige nicht beherrschende Anteile sind im Erstkonsolidierungszeitpunkt mit ihrem beizulegenden Zeitwert zu bewerten. Als Erstkonsolidierungszeitpunkt gilt der Tag, an dem die Beherrschung über die Zweckgesellschaft erlangt wurde. Bei ABS-Transaktionen kann dies der Tag des Transaktionsabschlusses (oft *Closing Date* bzw. *Issue Date*) sein oder ein späterer Zeitpunkt, zu dem die Beherrschungskriterien nach IFRS 10 aus Sicht des berichtenden Unternehmens erstmalig kumulativ erfüllt werden.

Zum Zwecke der Konsolidierung muss nach dem Leitsatz der Einheitstheorie auf Grundlage des Einzelabschlusses der einzubeziehenden Verbriefungszweckgesellschaft zunächst ein nach konzerneinheitlichen Bilanzierungsregeln orientierter IFRS-Abschluss aufgestellt werden, der aus Konzernsicht währungs- und stichtagkongruent ist.[295] Im Zuge der darauf folgenden Kapital-, Schulden- sowie Aufwands- und Ertragskonsolidierung sind sämtliche konzerninterne Sachverhalte zu eliminieren.

Im Rahmen der Kapitalkonsolidierung ist zu beachten, dass weder der Originator noch die ABS-Investoren in aller Regel am Eigenkapital des Verbriefungsvehikels beteiligt sind, sodass keine Aufrechnung von Beteiligungsbuchwert und anteiligem Eigenkapital vorgenommen werden kann. Das Eigenkapital stammt oftmals von einem auf die Gründung und das Management von SPVs spezialisierten Dienstleister bzw. aus gegründeten Stiftungen oder

---

293 Vgl. IFRS 3.2(b).

294 Vgl. Ernst & Young, International GAAP 2013, 2013, 581.

295 Vgl. Schildbach, Der Konzernabschluss nach HGB, IFRS und US-GAAP, 2008, 137. Weicht der Stichtag der Zweckgesellschaft um mehr als drei Monate vom Konzernabschlussstichtag ist gemäß IFRS 10.46 ein Zwischenabschluss aufzustellen.

Trusts.[296] Zur Vermeidung von zusätzlichen Transaktionskosten ist das Eigenkapital zudem im Wesentlichen auf eine gesetzlich vorgeschriebene Mindesteinlage beschränkt. Deutsche Verbriefungszweckgesellschaften in Form einer GmbH verfügen daher regelmäßig über ein kaum das Stammkapital von 25.000 EUR übersteigendes Eigenkapital, wobei durch die Einführung der Unternehmereigenschaft (sog. Mini- bzw. 1-Euro-GmbH), von der auch im Verbriefungsbereich aktiv Gebrauch gemacht wird, auch dieses Mindesterfordernis praktisch abgeschafft wurde.[297] Mangels Eigenkapitalbeteiligung wird das Eigenkapital einer Verbriefungszweckgesellschaft als nicht beherrschende Anteile innerhalb des Konzerneigenkapitals getrennt vom Eigenkapital der Anteilseigner des Mutterunternehmens ausgewiesen.[298]

Da Verbriefungszweckgesellschaften überwiegend durch den Originator konsolidiert werden, der wesentliche Credit Enhancements stellt und u.U. sogar sämtliche Verbriefungstitel in den eigenen Bestand übernimmt, ist der Schulden- sowie der Aufwands- und Ertragskonsolidierung die Frage der Erfassung der gestellten Credit Enhancements bzw. selbstbehaltenen ABS bei gleichzeitiger Nichtausbuchung der verbrieften Forderungen im Einzelabschluss des Originators vorgelagert, die ausführlich in Kapitel 5.2.2.2 behandelt wird. An dieser Stelle nur soviel: Beim Ansatz selbst erworbener ABS bzw. gewährter Credit Enahncements im IFRS-Einzelabschluss des Originators wäre eine entsprechende Schuldenkonsolidierung im Konzernabschluss durchzuführen wäre, um die beim Originator aktivierten Verbriefungstitel mit der Verbindlichkeit der Zweckgesellschaft aus der Emission der Verbriefungstitel zu verrechnen.

Fraglich erscheint indes, ob analog zum HGB eine Verrechnung auch bei fehlender Halteabsicht geboten wäre.[299] Besteht die Intention, die erworbenen ABS wieder (kurzfristig) zu veräußern, wäre möglicherweise auf eine Eliminierung der aktivierten ABS und der Emissionsverbindlichkeit in der Konzernbilanz zu verzichten, was eine „Aufblähung" der Konzernbilanz zur Folge hätte. Gegen eine solche Doppelerfassung könnte jedoch die Norm des IAS 39.AG58 (IFRS 9.B3.3.2) sprechen, wonach bei einem Rückkauf eines Schuldinstruments durch den Emittenten (hier aus einheitstheoretischer Sicht der Konzern) die Verbind-

---

[296] Vgl. TSI-Verbriefungsplattform, http://www.true-sale-international.de/unternehmen/wissenschaftsfoerderung/stiftungen sowie SFM, http://www.sfmeurope.com/services/, abgerufen am 15.12.2014.

[297] Vgl. Dittrich, in: Zerey, Zweckgesellschaften: Rechtshandbuch, 2013, § 2, 35, 39.

[298] Vgl. IFRS 10.22 sowie Epstein/Nach/Bragg, Wiley GAAP 2008, 2007, 633 ff. zur Konsolidierung einer Zweckgesellschaft bzw. einer Variable Interest Entity.

[299] Vgl. Schildbach, Der Konzernabschluss nach HGB, IFRS und US-GAAP, 2008, 252.

lichkeit auch dann als getilgt gilt, wenn der Emittent ein *Market Maker* für dieses Instrument ist oder es wieder kurzfristig zu veräußern beabsichtigt.

Weist der Originator die Credit Enhancements sowie ABS in seinem Einzelabschluss aus, so kann sich ferner im Rahmen der Schuldenkonsolidierung die Frage der Aufrechnungsdifferenzen stellen. Aufrechnungsdifferenzen entstehen dann, wenn konzerninterne Passivposten trotz Verwendung konzerneinheitlicher Bilanzierungsgrundsätze betragsmäßig nicht den jeweiligen Aktivposten entsprechen.[300] Neben sog. unechten Aufrechnungsdifferenzen, die stichtags- oder buchungstechnisch bedingt sind, kann es mitunter zur Entstehung echter (i.d.R. passiver) Aufrechnungsdifferenzen kommen, welche sich oftmals aus der „Imparität" der Ansatz- und Bewertungsvorschriften der IFRS ergeben.[301] So muss der beim Originator passivierten Rückstellung aus einer Ausfallgarantie für das verkaufte Forderungsportfolio nicht notwendigerweise ein bei der Zweckgesellschaft angesetzter Aktivposten gegenüberstehen. Bei der Zweckgesellschaft als Garantienehmer werden i.d.R. Eventualforderungen nach IAS 37 vorliegen, die nicht aktivierungsfähig sind.[302] Solche Verpflichtungen, denen kein aktivierter Anspruch in der Summenbilanz des Konzerns gegenübersteht, müssen bei der Schuldenkonsolidierung ebenfalls neutralisiert werden.[303] Die einseitige Aufwandsbuchung wäre im Entstehungsjahr erfolgswirksam zu korrigieren. Dadurch wäre das Konzernergebnis höher als die Summe einzelner Jahreserfolge.[304]

Weiterhin sind Aufrechnungsdifferenzen dann möglich, wenn der Originator Verbriefungstitel einer konsolidierungspflichtigen Zweckgesellschaft von einem Investor zurückkauft. Sind Marktzinsänderungen seit der Emission der ABS eingetreten, erfolgt der Kauf nicht zu pari, sodass hieraus eine Aufrechnungsdifferenz entsteht. Derartige Aufrechnungsdifferenzen stellen aus Konzernsicht analog zur Behandlung im Einzelabschluss insofern einen Erfolg dar, als der Rückkauf eigener Schulden zu einem von dem Bilanzansatz abweichenden Preis erfolgt. Es kommt somit zu einer GuV-wirksamen Erfassung als *gain/loss on extinguishment of debt*

300 Vgl. Schmotz, in: Buschhüter/Striegel, Kommentar Internationale Rechnungslegung IFRS, 2011, IAS 27 – Consolidated and Separate Financial Statements, Rz. 35, Pellens/Fülbier/Gassen/Sellhorn, Internationale Rechnungslegung, 2011, 776.

301 Vgl. Struffert/Wolfgarten, WPg 2010, 371, 379, Lüdenbach/Hoffmann/Freiberg, Haufe IFRS Kommentar, 2014, § 32 Tochterunternehmen im Konzern- und Einzelabschluss, Rz. 125.

302 Vgl. Grünberger, KoR 2006, 81, 85, Lotz/Gryshchenko in: Zerey, Zweckgesellschaften: Rechtshandbuch, 2013, § 9, 142, 182.

303 Vgl. IDW, WP Handbuch 2006, Band I, N Rz. 706.

304 Vgl. Schildbach, Der Konzernabschluss nach HGB, IFRS und US-GAAP, 2008, 259, Lüdenbach/Hoffmann, Haufe IFRS-Kommentar, 2012, § 32 Tochterunternehmen im Konzern- und Einzelabschluss, Rz. 126.

bereits zum Zeitpunkt der Verrechnung von Verbriefungstiteln und Emissionsverbindlichkeit.[305]

Des Weiteren sind im Rahmen der Schuldenkonsolidierung die Kaufpreisforderung des SPV sowie die verbundene Verbindlichkeit beim Originator zu eliminieren. Die daraus entstandenen Aufwendungen und Erträge werden im Zuge der Aufwands- und Ertragskonsolidierung verrechnet. Ebenso zu verrechnen sind die beim Originator gebuchten Zinserträge aus den Verbriefungstiteln und die Zinsaufwendungen der Zweckgesellschaft für die Begebung von ABS.[306] Etwaige weitere Verbindungen zwischen dem Originator und der Zweckgesellschaft wie z.B. die vereinbarte Verwaltungsgebühr, müssen ebenfalls einer Neutralisierung der dazugehörigen Bilanz- und GuV-Posten unterzogen werden.

Wird eine Verbriefungszweckgesellschaft nicht durch den Originator, sondern durch einen Dritten wie etwa einen ABS-Investor konsolidiert, so dürfte dies bei True-Sale-Verbriefungen i.d.R. mit einer Ausbuchung der Forderungen beim Originator einhergehen. Ein solcher Fall wäre z.B. gegeben, wenn der Investor die Erstverlusttranche erwirbt und so dem Originator *„substantially all"* Risiken und Chancen i.S.v. IAS 39.20(a) (IFRS 9.3.2.6(a)) abnimmt. Zugleich wäre der Originator im Falle der Übernahme der Forderungsverwaltung lediglich als Agent des Investors nach IFRS 10 zu qualifizieren. Der Investor müsste demnach die Zweckgesellschaft konsolidieren und die bislang beim Originator bilanzierten Forderungen in seiner Konzernbilanz ausweisen. Die vorstehenden Überlegungen gelten daher neben dem Originator gleichermaßen für die ABS-Investoren, die zur Konsolidierung einer Verbriefungszweckgesellschaft verpflichtet sind.

Da sich bei synthetischen Verbriefungstransaktionen die Frage der Ausbuchung der Forderungen beim Originator nicht stellt, erübrigt sich auch die angesprochene Problematik der Erfassung der erworbenen ABS bzw. gestellten Credit Enhancements im IFRS-Einzelabschluss des Investors. Der Letztere hat diese stets in seinem Einzelabschluss anzusetzen und im Rahmen der Konsolidierungsmaßnahmen entsprechende Korrekturen, darunter insbesondere die Eliminierung der erworbenen CLN und der gegenüberstehenden Emissionsverbindlichkeit, vorzunehmen.

---

[305] Vgl. Schildbach, Der Konzernabschluss nach HGB, IFRS und US-GAAP, 2008, 266 f., Epstein/Jermakowicz, WILEY IFRS 2008, 2008, 514.

[306] Vgl. Struffert/Wolfgarten, WPg 2010, 371, 379.

Wegen der äußerst geringen Eigenkapitalausstattung führt die Konsolidierung eines Verbriefungsvehikels regelmäßig zum Absinken der Konzerneigenkapitalquote.[307] Eine Ausnahme können allein zellular aufgebaute ABCP-Conduits bilden. Bei diesen erfolgt die Konsolidierung einzelner Zellen entweder durch den jeweiligen Originator oder einen Dritten (z.B. eine Versicherungsgesellschaft), während der Sponsor i.d.R. lediglich die übergeordnete Conduit-Gesellschaft konsolidieren muss. Mangels bedeutsamen Vermögens stellt diese häufig eine leere Hülle dar, die trotz der bestehenden Konsolidierungspflicht des Sponsors vielfach wegen Unwesentlichkeit nicht in seinen Konzernabschluss einbezogen wird.[308]

4.3 Identifikation des Ausbuchungsgegenstands

4.3.1 Bilanzierungseinheit im Normsystem der IFRS

Fester Bestandteil oder gar der Ausgangspunkt sämtlicher Überlegungen bilanziellen Charakters ist die Frage nach der relevanten Bilanzierungseinheit (*unit of account*). Gemäß dem Grundsatz der Einzelbewertung, der sich bereits aus den im Rahmenkonzept bezüglich der Definitions- und Ansatzkriterien von Vermögenswerten und Schulden durchgehend verwendeten Formulierungen im Singular ableiten lässt,[309] gilt im Allgemeinen der einzelne Vermögenswert bzw. die einzelne Schuld als Bilanzierungseinheit. Die Ausnahmen bestätigen jedoch bekanntlich die Regel, und Ausnahmen von diesem Grundsatz enthält das IFRS-Regelwerk zur Genüge.

So folgt beispielsweise IAS 16 einem Komponentenansatz, der sowohl eine Disaggregation von Sachanlagen in wesentliche, einzeln bewertbare Komponenten als auch eine Aggregation unwesentlicher Bestandteile in ein *unit of acount* ermöglicht. Die Bilanzierungseinheit muss sich allerdings nicht zwingend an den Kriterien der Einzelbewertbarkeit und Wesentlichkeit orientieren. Die Aggregationsebene und mithin die Bilanzierungseinheit bei einem bislang nach IFRS 11 anteilig konsolidierten Gemeinschaftsunternehmen ändert sich etwa mit der Veräußerungsabsicht: An die Stelle der anteiligen Vermögenswerte und Schulden tritt nun die neue Bilanzierungseinheit Beteiligung.[310] Grund für die Aggregation im vorliegenden Fall ist

---

307 Vgl. Busch/Zwirner, IRZ 2012, 373, 375.

308 Vgl. bspw. LBBW, Financial Stability Forum Bericht zum 31.12.2011, 28, http://www.lbbw.de/imperia/md/content/lbbwde/ueberuns/geschaeftsbericht/2012/FSB_Bericht_12_2011.pdf, abgerufen am 15.12.2014.

309 Vgl. Zülch/Hendler, Bilanzierung nach IFRS, 2009, 95.

310 Vgl. Lüdenbach/Hoffmann/Freiberg, Haufe IFRS Kommentar, 2014, §34, Rz. 49 f.

weder die mangelnde Einzelbewertbarkeit noch die Unwesentlichkeit. Vielmehr steckt dahinter das Bestreben nach einer glaubwürdigen Darstellung des Abschlusses: Zur Veräußerung stehen schließlich nicht die anteiligen Vermögenswerte und Schulden des Gemeinschaftsunternehmens, sondern die Beteiligung als Ganzes. Als zur Veräußerung gehalten umzuqualifizieren und umzubewerten ist damit die Beteiligung und nicht das dahinter liegende Vermögen.[311] Um die Wahl der richtigen Bilanzierungseinheit geht es auch bei dem aktuellen IASB-Projekt „Fair Value Measurement: Unit of Account" zur Bemessung des beizulegenden Zeitwerts von Beteiligungen an Tochterunternehmen, Joint Ventures und assoziierten Unternehmen.[312] Diskutiert wird dabei die Frage, ob das richtige *unit of account* bzw. *unit of valuation* die Beteiligung als Ganzes einschließlich eines etwaigen Paketzuschlags oder die Summe der Börsenkurse einzelner Aktien (Stufe 1 der Fair Value-Hierarchie) darstellt. Hinter der vom IASB erwogenen Disaggregation steckt die Überlegung, dass Börsenkurse „ein more objective and transparent measurement" sichern und damit die ökonomische Substanz zutreffender widerspiegeln.[313]

Trotz einiger in den einzelnen IFRS enthaltenen divergierenden Regelungen bezüglich der Bilanzierungseinheit fehlt es dem Rahmenkonzept an einem Leitprinzip zu deren Bestimmung.[314] Dabei ist die Beantwortung der Frage nach der Bilanzierungseinheit, wie die obigen Beispiele bereits belegen, dem Ansatz und der Bewertung eines Vermögenswerts bzw. einer Schuld logisch vorangestellt. Weichen beispielsweise der nach IFRS-Kriterien einst definierte Vermögenswert und die eigentliche Bilanzierungseinheit in ihrer Aggregationsebene voneinander ab, muss der Bilanzansatz entsprechend der Aggregationsebene der Bilanzierungseinheit (zumindest formal) neu geprüft und die Bewertung ggf. angepasst werden. Angesichts der Vielzahl der eine Aggregation bzw. Disaggregation potenziell begründenden Umstände ist die Überlassung der Definition der Bilanzierungseinheit den jeweils zuständigen Standards durchaus verständlich. Mangels eines im Rahmenkonzept verankerten Leitprinzips bewahrt diese standardspezifische Lösung jedoch nicht immer vor konzeptionellen Defiziten. Keinen

---

311 Zur equity- oder quotalen Konsolidierung kommt es dagegen nur dann, wenn die Weiterveräußerung wider Erwarten nicht innerhalb der 12-Monats-Frist erfolgt. Vgl. Lüdenbach/Hoffmann/Freiberg, Haufe IFRS Kommentar, 2014, §34, Rz. 50.

312 Vgl. zur Projektübersicht IASB, http://www.ifrs.org/Current-Projects/IASB-Projects/FVM-unit-of-account/Pages/FVM-unit-of-account.aspx, abgerufen am 15.12.2014.

313 Vgl. Kühnberger, zfbf 2014, 428, 445.

314 Vgl. Stellungnahmen zum Exposure Draft ED/2009/3: Derecognition – Proposed amendments to IAS 39 and IFRS 7 von IDW, Seite 2, EFRAG, Seite 9, Grant Thornton, Seite 2, http://www.ifrs.org/Current-Projects/IASB-Projects/Derecognition/Exposure-Draft-and-Comment-Letters/Comment-Letters/Pages/Comment-letters.aspx, abgerufen am 15.12.2014.

konzeptionellen Ansatz zur Bestimmung der Bilanzierungseinheit enthält im Übrigen auch das aktuelle Diskussionspapier des IASB zur Überarbeitung des IFRS-Rahmenkonzepts.[315]

Bei Finanzinstrumenten gilt gemäß der Ansatzvorschrift des IAS 39.14 (IFRS 9.3.1.1) im Allgemeinen der einzelne Vertrag und damit der einzelne Anspruch bzw. die einzelne Verpflichtung, eine Zahlung zu empfangen bzw. zu leisten, als Bilanzierungseinheit.[316] Zu den prominenten Ausnahmen von diesem Grundsatz gehören neben der Trennungspflicht für eingebettete Derivate nach IAS 39.10 ff. (IFRS 9.4.3) und der Portfolioausnahme gemäß IFRS 13.48 auch die Regelung des IAS 39.16 (IFRS 9.3.2.2) zur Identifikation des Ausbuchungsgegenstands.

4.3.2 Ausbuchungsgegenstand i.S.v. IAS 39.16/IFRS 9.3.2.2

4.3.2.1 Teilforderung als Bilanzierungseinheit

4.3.2.1.1 Anforderungen an Teilausbuchung – auf der Suche nach dem Leitprinzip

Bevor über die Ausbuchungsfähigkeit eines finanziellen Vermögenswerts entschieden werden kann, ist gemäß IAS 39.16 (IFRS 9.3.2.2) diejenige Bilanzierungseinheit festzulegen, die zum Objekt der Ausbuchungsprüfung wird. Dabei folgt der Standard einem Components Approach, der die Anwendung der Ausbuchungsregeln nicht nur auf finanzielle Vermögenswerte bzw. Gruppen ähnlicher finanzieller Vermögenswerte in ihrer Gesamtheit, sondern auch auf bestimmte Komponenten finanzieller Vermögenswerte bzw. Gruppen ähnlicher Vermögenswerte vorsieht.[317] Dadurch wird dem Übertragenden neben einer Vollübertragung die Möglichkeit zur Teilübertragung eingeräumt, wenn der zu übertragende Teil bestimmte Anforderungen erfüllt. Ein Teil eines Vermögenswerts oder einer Gruppe ähnlicher finanzieller Vermögenswerte kommt nur dann als Ausbuchungsgegenstand in Betracht, wenn:

i. Der Teil nur eindeutig identifizierbare Cashflows eines finanziellen Vermögenswerts (oder einer Gruppe ähnlicher finanzieller Vermögenswerte) wie etwa Zins- und Tilgungsansprüche darstellt; oder

---

315 Vgl. Kirsch/Schoo/Kraft, WPg 2014, 301, 309.

316 Vgl. Lüdenbach/Hoffmann/Freiberg, Haufe IFRS Kommentar, 2014, §8a, Rz. 78, IDW ERS HFA 47, Rz. 6.

317 Vgl. Reiland, Derecognition – Ausbuchung finanzieller Vermögenswerte, 2006, 96 ff., Hartenberger, in: Beck'sches IFRS-Handbuch, 2013, § 3, Rz. 103.

ii. Der Teil lediglich einen exakt proportionalen (pro rata) Teil (z.B. 90%) an sämtlichen Cashflows eines finanziellen Vermögenswerts (oder einer Gruppe ähnlicher finanzieller Vermögenswerte) umfasst; oder

iii. Der Teil lediglich einen pro rata Teil an eindeutig identifizierbaren Cashflows eines finanziellen Vermögenswerts (oder einer Gruppe ähnlicher finanzieller Vermögenswerte) enthält. Somit muss es sich um eine Kombination aus (i) und (ii), wie z.B. die Übertragung eines Anrechts auf 80% der Zinszahlungen, handeln.

In allen anderen Fällen müssen die Ausbuchungsvorschriften auf den finanziellen Vermögenswert oder eine Gruppe ähnlicher finanzieller Vermögenswerte als Ganzes angewendet werden.

Für eine Qualifikation als Ausbuchungsgegenstand ist ferner unerheblich, ob die Übertragung auf eine oder mehrere Empfänger erfolgt und ob die Cashflows des transferierten Vermögenswerts unter den Erwerbern disproportional aufzuteilen sind. Entscheidend ist somit, ob der beim übertragenden Unternehmen verbleibende Anteil die oben genannten Kriterien erfüllt. Werden beispielsweise 80% des Zins- oder Tilgungsanspruchs einer gestrippten Forderung auf mehrere Vertragsparteien veräußert, die unterschiedlich hohe und untereinander nicht gleichrangige Anteile erwerben, sind die Ausbuchungsvorschriften auf den 80%-igen Anteil anzuwenden, solange der Übertragende exakt 20% der eindeutig identifizierbaren Cashflows (Zins- bzw. Tilgungszahlungen) zurückbehält.[318] Maßgebend ist folglich allein die Sicht des Übertragenden.

Die in IAS 39.16(a) (IFRS 9.3.2.2(a)) vorgesehenen Disaggregationsmöglichkeiten genügen im Allgemeinen den Anforderungen der Verbriefungspraxis, was sicherlich nicht zuletzt damit zusammenhängt, dass die Ausbuchungskonzeption des IAS 39/IFRS 9 generell stark auf Verbriefungstransaktionen ausgerichtet ist. Die Möglichkeit einer pro rata Aufteilung der Forderungen i.S.v. IAS 39.16(a)(ii) (IFRS 9.3.2.2(a)(ii)) kann beispielsweise für Zwecke der Erfüllung der regulatorischen Selbstbehaltsanforderungen[319] oder etwa dann von Bedeutung sein, wenn der Originator sämtliche oder anteilige Tilgungsansprüche unter Einbehalt eines Teils der Zinsansprüche veräußert.

---

318 Vgl. KPMG, Insights into IFRS 2012/2013, 2012, 7.5.80.40.

319 Vgl. dazu Kapitel 4.2.4.2.2.

Besonders hervorzuheben ist aber das Einräumen der Option zur Zerlegung von finanziellen Vermögenswerten in eindeutig identifizierbare Cashflows wie Zins- und Tilgungsanteile in IAS 39.16(a)(i) (IFRS 9.3.2.2(a)(i)), die beispielsweise dem US-amerikanischen Pendant des IAS 39/IFRS 9 – der ASC 860 – fremd ist.[320] Eine solche Zerlegung kann beispielsweise bei Leasingforderungen mit offenen Restwerten in Frage kommen, die vor allem bei Teilamortisationsverträgen üblich sind.[321] Hier lassen sich die Cashflows der Mietforderung von denen der künftigen Verwertung des gebrauchten Leasinggegenstands regelmäßig abgrenzen. Die Qualifikation der Restwertforderung als Ausbuchungsgegenstand kann daher, die Erfüllung aller anderen Ausbuchungsanforderungen des IAS 39/IFRS 9 vorausgesetzt, bei einem *finance lease* eine Ausbuchung des Restwertanteils beim Übertragenden bzw. eine Minderung der Leasingforderung um den Barwert des kalkulierten Restwerts ermöglichen.[322] Die Mietforderung kann wiederum an einen anderen Käufer wie etwa eine andere Zweckgesellschaft veräußert und dabei unabhängig von dem Restwertanteil einer Abgangsprüfung unterzogen werden.

Im Schrifttum finden sich kaum Ansätze zur Begründung der in IAS 39.16 (IFRS 9.3.2.2) vorgesehenen Disaggregationsmöglichkeiten insbesondere zum Ausschluss ungleichrangiger Übertragungen. Im Standardentwurf *„Derecognition - Proposed amendments to IAS 39 and IFRS 7"*, der die gleichen Anforderungen an die Qualifikation des Ausbuchungsgegenstands wie IAS 39.16(a) (IFRS 9.3.2.2(a)) stellte, führte der IASB Folgendes zur Begründung aus: *„the performance of the part retained does not depend on the performance of the part transferred, and vice versa"*.[323] Alle drei Disaggregationsmöglichkeiten sollen also gemein haben, dass die Wertentwicklung des zurückbehaltenen Teils unabhängig von der Wertentwicklung des übertragenen Teils ist, und umgekehrt. Diese Begründung ist zum einen wenig überzeugend, hängt doch die Wertentwicklung des Zinsanteils etwa bei Schuldnerausfall oder Prepayments regelmäßig von der Wertentwicklung des Tilgungsanteils ab.[324] Zum anderen wür-

---

320 Vgl. ASC 860-10-55-17G.

321 Vgl. Nemet/Khrebtishchev, IRZ 2011, 91, 91, DZ Bank, ABS and Structured Credits – Asset-basierte Finanzierungen "Made in Germany" – Teil 2, 8 ff., http://www.true-sale-international.de/fileadmin/tsi_downloads/ABS_Aktuelles/Verbriefungsmarkt/ABF_Made_in_Germany_Teil_2.pdf, abgerufen am 15.12.2014.

322 Vgl. Nemet/Khrebtishchev, IRZ 2011, 91, 93.

323 Vgl. ED/2009/3 Derecognition - Proposed amendments to IAS 39 and IFRS 7, Paragraph 16A, http://www.ifrs.org/News/Press-Releases/Documents/EDDerecognition.pdf, abgerufen am 15.12.2014.

324 Vgl. Bieg/Hossfeld/Kußmaul/Waschbusch, Handbuch der Rechnungslegung nach IFRS, 2009, 161 mit Verweis auf IAS 39.BC29 sowie Stellungnahmen zum Exposure Draft ED/2009/3: Derecognition – Proposed amendments to IAS 39 and IFRS 7 von KPMG, Seite 5 und BDO, Seite 3.

de damit ein impliziter Risk and Reward-Ansatz bereits in die Abgrenzung des Ausbuchungsgegenstands Eingang finden.[325]

Der gemeinsame konzeptionelle Nenner aller drei Kriterien scheint m.E. vielmehr darin zu bestehen, dass ein als Ausbuchungsgegenstand qualifizierender Teil ausschließlich werttreibende Ausstattungsmerkmale des ursprünglichen bzw. des gesamten finanziellen Vermögenswerts enthalten darf.[326] Dazu zählen beispielsweise die variable oder feste Verzinsung, Währungseigenschaften, Kündigungs- und Vorauszahlungsmodalitäten, aber sicherlich auch Nachrangabreden als nicht unwesentlicher Werttreiber. Ähnlich, wenngleich auch etwas vage, argumentiert auch *Reiland*, nach dessen Ansicht der zu übertragende Teil nur dann als Ausbuchungsgegenstand gilt, wenn weder sein rechtlicher noch sein wirtschaftlicher Gehalt durch die Übertragung verändert wird.[327]

Aufbauend auf werttreibenden Ausstattungsmerkmalen des gesamten finanziellen Vermögenswerts als konzeptionelle Grundlage für eine Teilausbuchung entstehen jedoch Zweifel an der Angemessenheit des in IAS 39.16(b)(ii) (IFRS 9.3.2.2(b)(ii)) angeführten Beispiels. Nach Ansicht des IASB führt die Übertragung eines 90%-igen Anteils eines Forderungsportfolios mit gleichzeitiger Gewährung einer Ausfallgarantie für den übertragenen Teil zu einer Verletzung der Proportionalitätsbedingung. Dabei entspricht der übertragene Teil exakt 90% der vertraglichen Zins- und Tilgungsansprüche des gesamten Portfolios. Die Ausfallgarantie stellt hingegen kein neues werttreibendes Ausstattungsmerkmal der auszubuchenden Forderungen, sondern vielmehr eine gesamtschuldnerische Garantieverpflichtung des Übertragenden dar. Sie ändert nichts am stets paritätischen Zugang sämtlicher Zins- und Tilgungszahlungen beim Käufer und Verkäufer. Dies gilt auch für den Fall eines Forderungsausfalls, der die Proportionalität der Verteilung der unvollständig eingegangenen Zahlungen aus dem Forderungsportfolio ebenso wenig verletzt.[328] Als nachrangig und damit nicht als Ausbuchungsgegenstand geeignet wäre der übertragene Teil ggf. dann anzusehen, wenn der Übertragende als Garantie-

---

325 Vgl. Berger/Kaczmarska, KoR 2009, 316, 321 mit Verweis auf ED/2009/3.BC35 und ED/2009/3.AV3 sowie Deutsche Bank, Stellungnahme zum Exposure Draft ED/2009/3: Derecognition – Proposed amendments to IAS 39 and IFRS 7, 3.

326 Vgl. Friedhoff/Berger, in: Buschhüter/Striegel, Kommentar Internationale Rechnungslegung IFRS, 2011, 1041, 1066, die von ähnlichen werttreibenden Ausstattungsmerkmalen als Grundlange für die Portfoliobildung sprechen.

327 Vgl. Reiland, Derecognition – Ausbuchung finanzieller Vermögenswerte, 2006, 93ff.

328 So auch Reiland, Derecognition – Ausbuchung finanzieller Vermögenswerte, 2006, 101.

geber über keine weiteren werthaltigen Vermögenswerte mit Ausnahme des Forderungsportfolios verfügen würde bzw. selbst eine Zweckgesellschaft wäre.

Die Garantiezahlungen stellen ebenfalls keinen Verstoß gegen das Proportionalitätserfordernis dar. Sie sind kein Teil und damit auch kein Werttreiber des anteiligen finanziellen Vermögenswerts – nämlich des Forderungsportfolios – sondern lediglich Teil des Übertragungsvorgangs bzw. -sachverhalts. Obwohl die Anforderungen des 39.16(a)(i)-(iii) (IFRS 9.3.2.2(a)) einen ausdrücklichen vermögenswertbezogenen Charakter haben, liegt dem IAS 39.16(b)(ii) (IFRS 9.3.2.2(b)(ii)) eine eher sachverhaltsbezogene Betrachtungsweise zugrunde. Diese verhindert eine Anwendung der Ausbuchungsvorschriften auf den garantierten Anteil, was nicht sachgerecht erscheint. So können beispielsweise Forderungen von einer anteiligen Übertragung ausgeschlossen werden, wenn der Originator zum Zwecke der Erfüllung des regulatorischen Selbstbehalts in einer revolvierenden Verbriefungstransaktion einen 5%-igen Anteil an jeder Forderung zurückbehält (*originator interest retention*)[329] und dabei der ankaufenden Zweckgesellschaft eine ggf. unwesentliche Ausfallgarantie gewährt. Eine mit einem unabhängigen Dritten abgeschlossene Ausfallgarantie oder Forderungsversicherung auf den übertragenen oder zurückbehaltenen Anteil dürfte dagegen nicht gegen das Proportionalitätserfordernis i.S.v. IAS 39/IFRS 9 verstoßen, da sie außerhalb des eigentlichen Übertragungsvorgangs gewährt wird.[330]

Anders wäre nach IAS 39.16(b)(i) (IFRS 9.3.2.2(b)(i)) jedoch zu urteilen, wenn anstelle einer Ausfallgarantie ein vorrangig zu bedienender Zahlungsanspruch an einer Forderung bzw. einem Forderungsportfolio übertragen würde.[331] Dadurch wiese der übertragene Portfolioanteil ein von dem gesamten Portfolio abweichendes werttreibendes Ausstattungsmerkmal, nämlich die Vorrangigkeit der Zahlungsansprüche, auf. Die eingehenden Zahlungen würden infolgedessen nur im Ausnahmefall paritätisch verteilt, nämlich, wenn gar keine Ausfälle im Forderungsportfolio auftreten.[332]

---

329 Vgl. Kapitel 4.2.4.2.2.

330 Ähnlich sieht das auch der FASB, der in ASC 860-10-55-17M Garantien Dritter von der Prüfung auf Vorliegen eines „*participating interest*" explizit ausschließt.

331 Gleiches gilt auch für die Übertragung einer nachrangigen Komponente.

332 Vgl. Reiland, Derecognition – Ausbuchung finanzieller Vermögenswerte, 2006, 102.

4.3.2.1.2 Ausschluss ungleichrangiger Teilübertragungen vor dem Hintergrund der Bewertungsvorschriften des IAS 39/IFRS 9

Weder allgemeine noch spezielle Ansatzkriterien für Finanzinstrumente sprechen gegen den Ansatz eines ungleichrangigen finanziellen Vermögenswerts. Denkbar wäre daher eine Teilausbuchung unter Anpassung der bisherigen Bewertung des verbleibenden Teils, wie dies beispielsweise *Reiland* vorschlägt[333] und das deutsche Handelsrecht unter bestimmten Voraussetzungen ermöglicht.[334] Da die meisten Forderungsklassen feste bzw. bestimmbare Zahlungen generieren und nicht an einem aktiven Markt gehandelt werden, sind sie nach IAS 39 regelmäßig der Kategorie *„loans and receivables"* zuzuordnen und zu fortgeführten Anschaffungskosten zu bewerten. Dies gilt jedoch nicht für Forderungen, bei denen der Bilanzierende sein ursprünglich investiertes Kapital aus anderen Gründen als einer Bonitätsverschlechterung verlieren könnte. Solche Forderungen sind gemäß IAS 39.D9 als zur Veräußerung verfügbar einzustufen. Die Rückzahlung einer nachrangigen Teilforderung hängt nicht nur von der Bonität des Schuldners, sondern nicht zuletzt auch von der getroffenen Nachrangabrede ab. Im Übertragungszeitpunkt müsste sie daher in die Kategorie zur Veräußerung verfügbar eingestellt und zum Fair Value bewertet werden.

Kein anderer Bewertungsmaßstab als der Fair Value dürfte sich auch nach IFRS 9 ergeben. Die allgemeine Nachrangigkeit von Forderungen schließt nach IFRS 9 eine Bewertung zu fortgeführten Anschaffungskosten nicht aus. Sofern der Schuldner etwa gleichzeitig einen durch spezielle Sicherheiten wie eine Grundschuld besicherten Kredit eingegangen ist, gilt die Forderung im Verhältnis zum Kredit zwar als nachrangig. Das Zahlungsstromkriterium des IFRS 9,[335] wonach die Zahlungsströme eines zu fortgeführten Anschaffungskosten bewerteten finanziellen Vermögenswerts nur aus ungehebelten Zins- und Tilgungszahlungen bestehen dürfen, sieht der Standard in diesem Fall als erfüllt an.[336] Im Gegensatz zur allgemeinen Nachrangigkeit nimmt der Inhaber einer nachrangigen Teilforderung vertraglich bzw. explizit in Kauf, dass ihm nur dann ein Recht auf eine Zahlung zusteht, sofern der vorrangige Forde-

---

333 Vgl. Reiland, Derecognition – Ausbuchung finanzieller Vermögenswerte, 2006, 105 ff.
334 Vgl. Kapitel 4.4.
335 Vgl. dazu Kapitel 5.1.4.2.3.
336 Vgl. Berentzen, Die Bilanzierung von finanziellen Vermögenswerten im IFRS-Abschluss nach IAS 39 und nach IFRS 9, 2010, 88 sowie IFRS 9.B4.1.19.

rungsanteil vollständig bedient wird.[337] Eine solche spezielle Nachrangigkeit ist als Hebel zu interpretieren, der das Ausfallrisiko der nachrangigen Teilforderung über das eigentliche Ausfallrisiko des Schuldners hinaus zugunsten des vorrangigen Anteils erhöht und über einen entsprechend höheren Kaufpreis für den übertragenen vorrangigen Forderungsanteil entlohnt wird. Im Vorgriff auf Kapitel 5.1.4.2.3.4 ist ferner anzumerken, dass IFRS 9 das Konzept der hier beschriebenen speziellen Nachrangigkeit nicht nur bei originären, sondern auch bei verbrieften Forderungen konsequent umsetzt. Verbriefungstitel, die einem im Vergleich zum zugrunde liegenden Forderungsbestand höheren Kreditrisiko und mithin einer Hebelwirkung ausgesetzt sind, müssen nach IFRS 9 zum Fair Value bilanziert werden.

Anknüpfend an die Ausführungen im vorstehenden Kapitel ist an dieser Stelle zu betonen, dass keine Umklassifizierung bzw. keine Fair Value-Bewertung der zurückbehaltenen Teilforderung in dem von IAS 39.16(b)(ii) (IFRS 9.3.2.2(b)(ii)) dargestellten Beispiel erforderlich wäre. Die gesamtschuldnerische Ausfallgarantie des Übertragenden hat keinen Einfluss auf die Bewertung, da Bewertungsvorschriften einer vermögenswertbezogenen Betrachtungsweise folgen.

Möglicherweise nicht zuletzt wegen seiner vorstehend bereits angesprochenen Orientierung an Verbriefungstransaktionen und damit an Forderungen als Ausbuchungsgegenstand entschied sich der IASB ursprünglich für den Ausschluss ungleichrangiger Teilübertragungen als Ausbuchungsgegenstand, um eine Ausweitung der Fair Value-Bewertung und die damit einhergehende Komplexitätszunahme bei Forderungen zu vermeiden. Da auch mit IFRS 9 kein *„full fair value accounting“* eingeführt werden soll,[338] bleibt diese Überlegung auch künftig ein mögliches Argument gegen eine Qualifikation ungleichrangiger Teilübertragungen als Ausbuchungsgegenstand.

4.3.2.2 Portfolio als Ausbuchungsgegenstand

4.3.2.2.1 Anforderungen an Portfoliobildung

Die Abgangsvorschriften des IAS 39/IFRS 9 können nicht nur auf die einzelnen finanziellen Vermögenswerte, sondern u.U. auf eine Gruppe oder einen Teil einer Gruppe ähnlicher (*simi-*

---

337 Vgl. Berentzen, Die Bilanzierung von finanziellen Vermögenswerten im IFRS-Abschluss nach IAS 39 und nach IFRS 9, 2010, 88.

338 Vgl. Lüdenbach/Hoffmann/Freiberg, Haufe IFRS Kommentar, 2014, §28, Rz. 3.

lar) finanzieller Vermögenswerte, d.h. auf ein Portfolio oder ein Teilportfolio, angewendet werden. In welchen Fällen eine Portfoliobetrachtung geboten ist, wird im Standard allerdings nicht näher erläutert. Vom IFRIC wurde lediglich klargestellt, dass derivative und nichtderivative Finanzinstrumente für Zwecke der Ausbuchungsprüfung nicht als ähnlich zu qualifizieren und damit gesondert auf Ausbuchung zu prüfen sind, selbst wenn sie gleichzeitig übertragen werden.[339]

Wie im vorhergehenden Kapitel erscheint es auch hier sinnvoll, von einer Ähnlichkeit der zu übertragenden Finanzinstrumente auszugehen, wenn sie hinsichtlich ihrer werttreibenden Ausstattungsmerkmale – darunter nicht zuletzt ihrer Chancen und Risiken, deren Übertragung es in einem nachgelagerten Schritt zu prüfen gilt – vergleichbar sind.[340] Von der Portfoliobetrachtung ausgeschlossen sind aus diesem Grund Eigenkapitalinstrumente wie etwa Beteiligungen, da sie aufgrund ihrer einzigartigen Ausstattungsmerkmale wie das Geschäftsmodell oder die Reputation und folglich auch hinsichtlich ihrer Chancen und Risiken zu verschieden sind.[341]

Eine gesonderte Ausbuchungsprüfung der einzelnen darunter insbesondere derivativen Komponenten kann jedoch mit Schwierigkeiten verbunden sein. Werden z.B. festverzinsliche Hypothekenforderungen zusammen mit einem vom Originator eingegangenen Payer-Zinsswap verbrieft, so wäre die Ausbuchung des Zinsswaps in Abhängigkeit davon, ob dieser gegenwärtig einen finanziellen Vermögenswert oder eine finanzielle Verbindlichkeit darstellt, separat zu beurteilen.[342] Die Ausbuchung einer derivativen Verbindlichkeit könnte hier jedoch bereits an den Anforderungen des IAS 39.39 (IFRS 9.3.3.1) scheitern, der die Ausbuchung von Verbindlichkeiten an den Legal Approach knüpft.[343] Eine Verbindlichkeit ist demnach auszubuchen, wenn sie getilgt, aufgehoben oder ausgelaufen ist. Im Ergebnis könnte der Originator den Swap weiter bilanzieren müssen, obwohl er keine daraus resultierenden Risiken und Chancen mehr trägt.[344]

---

339 Vgl. Deloitte, iGAAP 2010, 2010, 495 f., Kuhn/Scharpf, Rechnungslegung von Financial Instruments nach IFRS, 2006, 197.

340 Vgl. Friedhoff/Berger, in: Buschhüter/Striegel, Kommentar Internationale Rechnungslegung IFRS, 2011, 1041, 1066, KPMG, Insights into IFRS, 2012/2013, 2012, 7.5.80.70.

341 Vgl. Deloitte, iGAAP 2010, 2010, 495.

342 Vgl. IASB, Update September 2006, 6.

343 Vgl. Kropp/Klotzbach, WPg 2002, 1010, 1015.

344 Vgl. Ernst & Young, International GAAP 2013, 2013, 3326, 3328.

Fraglich ist ferner, ob auch nicht derivative Sicherungsgeschäfte wie Ausfallgarantien Dritter oder in der Praxis weit verbreitete Kreditversicherungen[345] ebenfalls gesondert auf Ausbuchung zu prüfen sind. Da der zu verbriefende Forderungsbestand und derartige Sicherungsgeschäfte hinsichtlich ihrer werttreibenden Ausstattungsmerkmale von Grund auf verschiedene Finanzinstrumente darstellen, erscheint es m.E. nicht sachgerecht, sie für Ausbuchungszwecke als Portfolio zu behandeln. Wie entscheidend die „Loskoppelung“ der Sicherungsgeschäfte von den ursprünglichen Forderungen ist, zeigt sich bei der Prüfung des Übergangs der Risiken und Chancen gemäß IAS 39.20 (IFRS 9.3.2.6). An dieser Stelle sei daher auf die Ausführungen in Kapitel 4.6.3 verwiesen.

4.3.2.2.2 Ausschluss ungleichrangiger Teilübertragungen vor dem Hintergrund des Einzelbewertungsgrundsatzes

Die in IAS 39.16 (IFRS 9.3.2.2) vorgesehene Möglichkeit einer Portfolio- bzw. Teilportfoliobildung gilt ausschließlich für Zwecke der Ausbuchungsprüfung. Die Folgebewertung des in der Bilanz des Übertragenden verbleibenden Portfolioteils bleibt aufgrund der Geltung des allgemeinen Einzelbewertungsgrundsatzes davon unberührt. Werden ein pro rata-Teil an einem Forderungsportfolio oder nur (anteilige) Zins- oder Tilgungsansprüche übertragen, kann jede einzelne nicht ausgebuchte Teilforderung weiterhin einzeln bewertet werden. Bei Übertragung von exakt 90% eines Forderungsportfolios wird jede einzelne in der Bilanz des Übertragenden verbleibende Forderung als 1/10 der bisherigen Forderung fortgeführt.

Problematisch wird die Einzelbewertung allerdings dann, wenn ein ungleichrangiger Anteil am Gesamtportfolio (und nicht etwa an jeder einzelnen Forderung) übertragen wird, wie dies in IAS 39.BC62 (IFRS 9BCZ3.15) dargestellt wurde. Hier geht der IASB von einer Übertragung der ersten 90% der eingehenden Cashflows eines Forderungsportfolios aus. Dabei bleibt offen, wie der nicht übertragene Portfolioteil im Ausbuchungsfall zu bilanzieren wäre. Schließlich ist unklar, inwieweit welche Forderung von Zahlungsausfällen im Portfolio betroffen wäre. Eine Portfoliowertberichtigung bzw. eine pauschalierte Einzelwertberichtigung

---

[345] Im Gegensatz zu handelsüblichen Kreditderivaten wie Credit Default Swaps, die nicht an tatsächliche Forderungsausfälle sondern an einen abstrakt definierten Faktor wie die Bonität eines Unternehmens abstellen, ist der Gegenstand einer Kreditversicherung regelmäßig ein tatsächlich eingetretener Forderungsausfall. Damit ist eine Kreditversicherung kein Derivat, sondern eine Finanzgarantie i.S.v. IAS 39.9 (IFRS 9, Anhang A), selbst wenn die Charakteristika eines Derivats erfüllt sind. Vgl. Grünberger, KoR 2006, 81, 84., Barckow, Die Bilanzierung von derivativen Finanzinstrumenten und Sicherungsbeziehungen, 2004, 127 f.

ist nach IFRS zwar eingeschränkt möglich, etwa im sog. Massengeschäft (Retailgeschäft) der Kreditinstitute.[346] Jedoch stellt auch sie lediglich eine Vorstufe einer Einzelbewertung dar: Sobald einzelne Forderungen innerhalb eines Portfolios als wertgemindert identifiziert werden können, müssen sie einer Einzelbewertung unterzogen werden.[347]

Da IAS 39/IFRS 9 im Gegensatz etwa zum deutschen Zivilrecht keine Unterscheidung zwischen der Übertragung eines Anteils an jeder einzelnen Forderung und eines Anteils an Cashflows eines Forderungsportfolios kennt, bewahrt der Ausschluss ungleichrangiger Übertragungen die Norm des IAS 39.16 (IFRS 9.3.2.2) vor dem Konflikt mit dem Grundsatz der Einzelbewertung.

4.3.3 Zwischenfazit

Die prima facie kasuistisch formulierten Kriterien des IAS 39/IFRS 9 an eine Teilausbuchung lassen auf einen gemeinsamen konzeptionellen Nenner schließen mit folgender Definition: Ein als Ausbuchungsgegenstand qualifizierender Teil darf ausschließlich werttreibende Ausstattungsmerkmale des gesamten finanziellen Vermögenswerts enthalten. Das Prinzip gemeinsamer werttreibender Ausstattungsmerkmale gilt auch für die Portfoliobildung. Gegen dieses Prinzip verstößt dagegen die Regelung in IAS 39.16(b)(ii) (IFRS 9.3.2.2(b)(ii)), in der es zu einer Vermischung der für IAS 39.16 (IFRS 9.3.2.2) sonst üblichen vermögenswertbezogenen und einer sachverhaltsbezogenen Betrachtungsweise kommt. Obwohl der Ausschluss ungleichrangiger Teilübertragungen keineswegs ein Muss ist, kann dieser nicht zuletzt mit Blick auf die damit einhergehende Pflicht zur Fair Value-Bewertung bei Forderungen nach IAS 39/IFRS 9 und eine in bestimmten Fällen drohende Kollision mit dem Einzelbewertungsgrundsatz begründet werden.

Im Verhältnis zum deutschen Handelsrecht und US GAAP, die im Rahmen dieser Arbeit hin und wieder als Vergleichsmaßstab dienen, lässt sich die Norm des IAS 39.16 (IFRS 9.3.2.2) zur Identifikation des Ausbuchungsgegenstands durchaus eindeutig einordnen. Das HGB kennt keine vergleichbare Regelung, sodass die Qualifikation als Ausbuchungsgegenstand letzten Endes ausschließlich davon abhängt, ob eine Übertragung bzw. Teilübertragung zivil-

---

346 Vgl. Best/Plüchner, in: Jelinek/Hannich, Wege zur effizienten Finanzfunktion in Kreditinstituten, 2009, 303, 311 f.

347 Vgl. Kuhn/Scharpf, Rechnungslegung von Financial Instruments nach IFRS, 2006, 311.

rechtlich wirksam ist. Mit Vorgriff auf die nachfolgenden Ausführungen in Kapitel 4.4 sei lediglich angemerkt, dass das deutsche Zivilrecht mitunter auch ungleichrangige Teilübertragungen, wenngleich auch nur unter bestimmten Voraussetzungen, anerkennt. Insgesamt zeigt sich das HGB hier weniger restriktiv als IAS 39/IFRS 9. Als etwas restriktiver gelten hingegen US GAAP mit ihrer Regelung zum sog. *participating interest* in ASC 860-10-40-6A, wonach nur exakt proportionale Anteile am gesamten Vermögenswert und nicht etwa eindeutig identifizierbare Cashflows wie Zins- oder Tilgungsansprüche als Ausbuchungsgegenstand behandelt werden. Abgesehen von der in Kapitel 4.3.2.1 angesprochenen Verbriefung von Restwertforderungen dürfte der Unterschied zu IAS 39/IFRS 9 jedoch kaum praxisrelevante Folgen haben.

4.4 Übertragung der vertraglichen Rechte auf die Cashflows am Beispiel des deutschen Zivilrechts

Per Definition des IAS 32.11 i.V.m. IAS 32.13 umfasst ein finanzieller Vermögenswert, abgesehen von den eigentlichen Zahlungsmitteln und Eigenkapitalinstrumenten, vertragliche – d.h. rechtlich durchsetzbare – Rechte auf den Erhalt von Zahlungsmitteln oder den potenziell vorteilhaften Tausch von Vermögenswerten oder Verbindlichkeiten. Dabei hat die Aktivierung des finanziellen Vermögenswerts gemäß IAS 39.14 (IFRS 9.3.1.1) zu erfolgen, sobald das Unternehmen Vertragspartei wird. Im Umkehrschluss bedarf es für die Ausbuchung eines finanziellen Vermögenswerts gewöhnlich einer ebenfalls rechtlich durchsetzbaren Übertragung der vertraglichen Ansprüche auf den Bezug von Cashflows auf ein anderes Unternehmen. Dieser Regelfall wird in IAS 39.18(a) (IFRS 9.3.2.4(a)) kodifiziert. Eine Übertragung der Forderungsrechte i.S.v. IAS 39.18(a) (IFRS 9.3.2.4(a)) ist folglich nur zwischen dem Originator und einer nicht konsolidierungspflichtigen Zweckgesellschaft möglich.[348] Aufgrund der internationalen Gültigkeit der IFRS hängen die Voraussetzungen für eine Übertragung von Rechten i.S.v. IAS 39.18(a) (IFRS 9.3.2.4(a)) von dem jeweiligen Rechtsraum ab. Unabhängig von dem anzuwendenden Recht muss die Übertragung nach Ansicht des HFA des IDW jedoch auch bei Insolvenz des Übertragenden rechtlichen Bestand haben, d.h. insolvenzfest sein.[349]

---

348 Vgl. IDW RS HFA 9, Rz. 118.
349 Vgl. IDW RS HFA 9, Rz. 119.

In IAS 39/IFRS 9 selbst wird die Insolvenzfestigkeit im Gegensatz zur Parallelvorschrift der US GAAP[350] allerdings an keiner Stelle explizit gefordert.[351] Im Zuge einer vom IFRIC angeregten Diskussion zur Behandlung von Übertragungen, bei denen das rechtliche Eigentum am finanziellen Vermögenswert nicht an den Erwerber übergeht, stellte der IASB klar, dass es für Transaktionen, bei denen sämtliche vertraglichen Rechte auf Erhalt von Cashflows übertragen werden, keiner Prüfung auf das Vorliegen einer Durchleitungsvereinbarung bedarf. Solche Übertragungen fallen nach Ansicht des IASB selbst in Ermangelung des Übergangs des rechtlichen Eigentums unter Anwendung des IAS 39.18(a) (IFRS 9.3.2.4(a)).[352] Damit konkretisiert der IASB das Kriterium des IAS 39.18(a) (IFRS 9.3.2.4(a)) dahingehend, dass es für dessen Erfüllung nicht zwingend einer Übertragung aller vertraglichen Rechte, sondern nur der vertraglichen Rechte auf die Cashflows bedarf.[353] Eine solche Konstellation wäre mit Blick auf das deutsche Zivilrecht z.B. denkbar, wenn ungeachtet einer rechtswirksamen Veräußerung der Forderungen keine gesonderte Übertragung der dazugehörigen nichtakzessorischen Sicherheiten etwa in Form von Sicherungsgrundschulden vorgenommen wird.[354] Im Ergebnis wäre der Erwerber zwar Inhaber der vertraglichen Rechte auf Erhalt von Cashflows, nicht jedoch Eigentümer der Sicherheiten, die nach einschlägiger Rechtsprechung im Falle der Insolvenz des Übertragenden uneingeschränkt in seine Insolvenzmasse fielen.[355]

Das vom IDW sowie FASB ausgesprochene verschärfte Erfordernis einer insolvenzsicheren Übertragung ist m.E. dennoch zu befürworten. Für die Eigentümerstellung des Erwerbers sollte die für die Definition eines finanziellen Vermögenswerts maßgebliche Durchsetzbarkeit der zugrunde liegenden Rechte auch im Insolvenzfall des Übertragenden gegeben sein. Nur dadurch steht das einem finanziellen Vermögenswert innewohnende Nutzenpotenzial nicht dem Übertragenden, sondern vollumfänglich dem Erwerber zu. Die rein rechtliche Betrachtungsweise stellt somit keineswegs einen Verstoß gegen das *substance over form*-Prinzip dar. Vielmehr bestimmen die rechtlichen Gegebenheiten den wirtschaftlichen Gehalt der Transak-

---

350 Vgl. ASC 860-10-40-5(a).

351 Vgl. Hoffmann, Anmerkungen zum Entwurf der Fortsetzung IDW RS HFA 9: Abgang von finanziellen Vermögenswerten nach IAS 39, 2006, 2 f., http://www.idw.de/idw/download/IDWERSHFA9_Fortsetzung_Hoffmann.pdf?id=414784&property=Datei, abgerufen am 15.12.2014.

352 Hervorhebung entspricht der des IASB. Vgl. IASB, Update September 2006, 6, Deloitte, iGAAP 2010, 2010, 501.

353 Vgl. Käufer, Übertragung finanzieller vermögenswerte nach HGB und IFRS, 2009, 240.

354 Im Gegensatz zu akzessorischen Sicherheiten wie Pfandrechten, Bürgschaften und Hypotheken, die mit der Forderung auf den Erwerber übergehen, müssen nichtakzessorische Sicherheiten gesondert übertragen werden. Vgl. Kammel, in: Zerey, Zweckgesellschaften: Rechtshandbuch, 2013, § 5, 81, 94.

355 Vgl. z.B. BGH, Urteil v. 24.06.2003, IX ZR 75/01, DB 2003, 2328.

tion. Schließlich besteht das Kennzeichen einer Übertragung von Vermögenswerten als Sicherheit gerade darin, dass diese im Insolvenzfall der Insolvenzmasse des Übertragenden zuzurechnen sind, während dies bei einer insolvenzrechtlich als Verkauf zu qualifizierenden Transaktion nicht der Fall ist.[356]

Das Erfordernis der Insolvenzfestigkeit erscheint ferner mit Blick auf die vom IASB zuletzt geänderten Vorschriften zur Saldierung von Finanzinstrumenten nach IAS 32 gerechtfertigt, die ab dem 1.1.2014 verpflichtend anzuwenden sind.[357] Demnach sollten nach Auffassung des Boards die in der Bilanz dargestellten Nettobeträge finanzieller Vermögenswerte und finanzieller Verbindlichkeiten nicht nur das Risiko wiedergeben, dem ein Unternehmen im Rahmen seiner gewöhnlichen Geschäftstätigkeit ausgesetzt ist, sondern auch das Risiko bei Nichterfüllung der Vertragsbedingungen durch eine der Parteien. Eine Saldierung ist abweichend von dem Grundsatz der Unternehmensfortführung (Going Concern) folglich nur dann möglich, wenn sie unter allen Umständen, einschließlich einer etwaigen Insolvenz einer der Vertragsparteien, durchsetzbar ist.[358] Nichts anderes sollte m.E. auch für die Ausbuchung gelten, die abgesehen von der Erfolgswirkung, die eine Aufrechnung nicht hat,[359] letztendlich ebenso eine bilanzverkürzende Saldierung darstellt, die zu einer Netto-Nullposition führt.[360] Abzulehnen sind daher m.E. Ansätze, die eine Ausbuchung bei nicht insolvenzfesten Übertragungen aus Going Concern-Gesichtspunkten befürworten[361] oder diese dahingehend rechtfertigen, dass die fehlende Insolvenzfestigkeit im entsprechend geringeren Kaufpreis der nicht insolvenzfest übertragenen Vermögenswerte Berücksichtigung findet.[362]

Grundlage für eine zivilrechtlich wirksame Veräußerung der Forderungen stellt in Deutschland ein Kaufvertrag (*receivables purchase agreemet*) dar, dessen Vereinbarungen i.d.R. sowohl die Verpflichtung zur Abtretung (Zession) als auch die Verfügung über die Forderungen umfassen (§§ 433, 398 BGB).[363] Obwohl erst die Verfügung der Zweckgesellschaft als Forde-

---

356 Vgl. Brakensiek, Bilanzneutrale Finanzierungsinstrumente in der internationalen und nationalen Rechnungslegung, 2001, 96.
357 Vgl. IAS 32.42(a) i.V.m. IAS 32.AG38B(b)(iii).
358 Vgl. IAS 32.42(a) i.V.m. IAS 32.AG38 und IAS 32.BC80.
359 Vgl. IAS 32.44.
360 Vgl. Geisel/Berger, WPg 2011, 1120, 1123.
361 Vgl. bspw. Käufer, Übertragung finanzieller Vermögenswerte nach HGB und IFRS, 2009, 238.
362 Vgl. Schipper/Yohn, Accounting Horizons 2007, 59, 63 mit Verweis auf JWG.
363 Im Falle der Abtretung hypothekarisch gesicherter Forderungen sind die Anforderungen nach § 1154 BGB zu beachten.

rungskäufer die Inhaberschaft über die Forderungen verschafft,[364] kann in manchen Verbriefungsstrukturen auf die Abtretung zunächst verzichtet und stattdessen ein bloß schuldrechtlicher Übertragungsanspruch vereinbart werden, wonach die Übertragung der Forderungen erst bei (drohender) Insolvenz des Originators erfolgt.[365] Diese Möglichkeit besteht seit 2005 für Kreditinstitute in Form des zur Förderung deutscher Verbriefungstransaktionen und Pfandbriefemissionen geschaffenen Refinanzierungsregisters. Die Eintragung in das Refinanzierungsregister sichert der Zweckgesellschaft gemäß § 22j Abs. 1 KWG i.V.m. § 47 InsO ein Aussonderungsrecht auf sämtliche ordnungsgemäß eingetragenen Forderungen und Sicherheiten wie etwa auf die oben bereits angesprochenen Grundschulden zu, ohne dass die volle Rechtsinhaberschaft über diese Vermögenswerte vorher erlangt werden muss.[366]

Ob der Zweckgesellschaft letztendlich ein stärkeres Aussonderungsrecht oder ein schwächeres Absonderungsrecht zusteht, hält das IDW für die Frage, ob eine Übertragung der vertraglichen Rechte auf die Cashflows i.S.v. IAS 39.18(a) (IFRS 9.3.2.4(a)) gegeben ist, zurecht für unerheblich.[367] Das Vermögen wird schließlich in beiden Fällen der Insolvenzmasse des Originators entzogen. Durch die übliche Strukturierung der Verbriefungstransaktionen unterliegt das auf die Zweckgesellschaft übertragene Vermögen den Grundsätzen der Aussonderung.[368] Da bei True-Sale-Verbriefungen die Übertragung der Forderungen auf die Zweckgesellschaft in aller Regel im Rahmen eines Bargeschäfts i.S.v. § 142 InsO erfolgt, gilt sie zudem, abgesehen von Fällen der vorsätzlichen Gläubigerbenachteiligung (133 Abs. 1 InsO) und der inkongruenten Deckung (§ 131 InsO), als nicht anfechtbar.[369] Somit qualifizieren sich True-Sale-Transaktionen regelmäßig als Übertragungen i.S.v. IAS 39.18(a) (IFRS 9.3.2.4(a)) und genügen überdies dem vom IDW ausgesprochenen Erfordernis der Insolvenzfestigkeit. Auf die Erörterung weiterer insolvenzrechtlicher Problematiken wird an dieser Stelle mangels unmittelbarer bilanzrechtlicher Relevanz verzichtet. Von geringerem Interesse für die vorliegende Arbeit ist ferner die Analyse weiterer Rechtsrisiken wie der Abtretungshindernisse, der Abtre-

---

364 Vgl. Roth, in: Rixecker/Säcker/Oetker, Münchener Kommentar zum Bürgerlichen Gesetzbuch: BGB, 2012, § 398, Rz. 2.

365 Vgl. Kühn/von Websky, in: Deloitte, Asset Securitisation in Deutschland, 2012, 121, 133, Struffert/Wolfgarten, WPg 2010, 371, 372.

366 Vgl. Ngo, Rechtsfolgen des Refinanzierungsregisters, 2013, 3, Vollborth, Forderungsabtretung durch Banken im Lichte von Bankgeheimnis und Datenschutz, 2007, 243 f.

367 Vgl. IDW RS HFA 9, Rz. 119.

368 Vgl. Kühn/von Websky, in: Deloitte, Asset Securitisation in Deutschland, 2012, 121, 130 f., Kammel, in: Zerey, Zweckgesellschaften: Rechtshandbuch, 2013, § 5, 81, 90.

369 Vgl. Kammel, in: Zerey, Zweckgesellschaften: Rechtshandbuch, 2013, § 5, 81, 94 f.

tung nicht bestehender Forderungen oder Datenschutzbestimmungen,[370] zumal solchen Risiken vielfach bereits durch die genaue Vorgabe der Eligibility Criteria im Forderungskaufvertrag Rechnung getragen wird.

Viel wichtiger erscheint dagegen die Frage, inwiefern die im vorstehenden Kapitel thematisierten Anforderungen an die Identifikation des Ausbuchungsgegenstands bei Teilübertragungen mit denen des Zivilrechts korrespondieren. Von praktischer Bedeutung ist insbesondere, ob die von IAS 39/IFRS 9 ausgeschlossenen Teilübertragungen auch zivilrechtlich keine Wirkung entfalten. Ein Ausschluss bestimmter zivilrechtlich wirksamer Teilübertragungen durch den Standard würde nämlich regelmäßig zur Verneinung der Ausbuchung solcher Forderungsteile führen.

Sofern keine Abtretungsverbote bestehen, ist eine Forderung zivilrechtlich übertragbar, wenn sie zum Zeitpunkt der Abtretung nach Gegenstand und Umfang bestimmt oder bestimmbar ist.[371] Das Erfordernis der Bestimmtheit bzw. Bestimmbarkeit gilt auch für Teilübertragungen: Wird eine Forderung durch Teilzession aufgespalten, so müssen die Anteile von Alt- und Neugläubiger bestimmt oder bestimmbar sein.[372] Zumindest eindeutig bestimmbar müssen auch die in das Refinanzierungsregister einzutragenden (Teil-)Gegenstände sein.[373] Neben der Übertragung einzelner Teilforderungen ist nach der Auslegung der Norm des § 398 BGB die Teilübertragung einer Forderungsmehrheit möglich.[374] Die Abtretung einer Mehrheit von Forderungen, z.B. eines nachrangigen Anteils eines Forderungsportfolios (z.B. der letzten 30% der Zahlungseingänge), scheitert insofern am Erfordernis der Bestimmtheit/Bestimmbarkeit, als dabei unklar ist, welche Einzelforderungen und zu welchem Teil in

370 Vgl. hierzu z.B. Schlösser, Problemkreditmanagement im deutschen Kreditgeschäft, 2011, 185 ff, Kühn/von Websky, in: Deloitte, Asset Securitisation in Deutschland, 2012, 121, 133 ff.

371 Bei künftigen Forderungen muss das Bestimmtheits- bzw. Bestimmbarkeitserfordernis zum Zeitpunkt ihrer späteren Entstehung erfüllt sein. Vgl. Roth, in: Rixecker/Säcker/Oetker, Münchener Kommentar zum Bürgerlichen Gesetzbuch: BGB, 2012, § 398, Rz. 67.

372 Vgl. Roth, in: Rixecker/Säcker/Oetker, Münchener Kommentar zum Bürgerlichen Gesetzbuch: BGB, 2012, § 398, Rz. 72.

373 Vgl. BT-Drs. 15/5852, S. 20 zu § 22d.

374 Vgl. Roth, in: Rixecker/Säcker/Oetker, Münchener Kommentar zum Bürgerlichen Gesetzbuch: BGB, 2012, § 398, Rz. 72 ff.

die Abtretung einbezogen werden.[375] Dieses Ergebnis deckt sich somit mit der Auffassung des IAS 39.16(b)(i) (IFRS 9.3.2.2(b)(i)).[376]

Fraglich ist allerdings, ob dem Erfordernis der Bestimmtheit/Bestimmbarkeit dadurch genüge getan wird, dass der nachrangige Anteil (z.B. die letzten 30% der Zahlungseingänge) an jeder einzelnen Forderung aus dem Portfolio übertragen wird. Die Teilforderungen haben den gleichen Rang, es sei denn der Zedent und Zessionar legen ein Rangverhältnis fest, wonach die Teilforderungen des Einen Vorrang vor denen des Anderen haben sollen.[377] Gemäß der einschlägigen BGH-Rechtsprechung dürfen die vorrangigen Abtretungen im Rahmen der Auslegung der nachrangigen berücksichtigt werden, wodurch eine hinreichende Bestimmbarkeit und mithin die Rechtswirksamkeit derart nachrangiger Teilabtretungen festgestellt werden kann.[378]

Unabhängig davon bleibt die Anwendung der Ausbuchungsvorschriften auf solche Teilübertragungen durch IAS 39.16(b)(i) (IFRS 9.3.2.2(b)(i)) verwehrt, denn dieser sieht im Gegensatz zum deutschen Zivilrecht keine Differenzierung zwischen der Übertragung einzelner (identifizierbarer) nachrangiger Teilforderungen eines Portfolios und der Übertragung eines zum Übertragungszeitpunkt noch nicht identifizierbaren nachrangigen Portfolioanteils vor. Für die Verbriefungspraxis kann eine Aufteilung einzelner Forderungen in vor- und nachrangig zu bedienende Anteile durchaus von Bedeutung sein. Denkbar sind beispielsweise Spaltungen in Pfandbrief- und MBS-Anteile. Da Immobilienfinanzierungen nach § 14 PfandBG nur bis zur Höhe von 60% des Beleihungswertes in Deckung genommen werden dürfen, kann der darüber hinausgehende Teil in Form von mit nachrangigen Hypothekarkreditforderungen besicherten MBS verbrieft werden.[379]

Eine weitere Frage, die sich im Rahmen der Beurteilung der Übertragung der vertraglichen Rechte i.S.v. IAS 39.18(a) (IFRS 9.3.2.4(a)) stellt, ist die Form der Forderungsabtretung. Bei

---

375 Vgl. Roth, in: Rixecker/Säcker/Oetker, Münchener Kommentar zum Bürgerlichen Gesetzbuch: BGB, 2012, § 398, Rz. 75.

376 So auch Reiland, Derecognition – Ausbuchung finanzieller Vermögenswerte, 2006, 106.

377 Vgl. Derleder, AcP 1969, 97, 99, Roth, in: Rixecker/Säcker/Oetker, Münchener Kommentar zum Bürgerlichen Gesetzbuch: BGB, 2012, § 398, Rz. 63.

378 Vgl. BGH, Urteil v. 12.10.1999, XI ZR 24/99, ZIP 1999, 2058.

379 Vgl. Pfau, Hypothekenpfandbriefe und Mortgage-Backed Securities im Vergleich unter Berücksichtigung des Bedarfs an selbst bewohntem Eigentum, 2002, 249, Verband Deutscher Pfandbriefbanken, Der Pfandbrief 2012/2013, 10, http://www.pfandbrief.de/cms/_internet.nsf/0/47F1D8B2BAFF8EEC21257B5900513AE4/$FILE/DE_PBFB_2012.pdf, abgerufen am 15.12.2014.

Forderungsverkäufen kann diese entweder als offene oder stille Abtretung gestaltet werden. Eine offene Abtretung mit Anweisung an die Schuldner, künftige Zahlungen nur noch an den Käufer zu leisten, ist für Verbriefungstransaktionen unüblich. Im Regelfall wird zwischen dem Originator und der Zweckgesellschaft eine stille Zession ohne Offenlegung gegenüber dem Schuldner vereinbart.[380] Das Servicing verbleibt somit im Gegensatz zum Full-Factoring[381] weiterhin beim Originator, der dadurch eine Weitergabe der Schuldnerdaten verhindern kann.[382] Da die Übertragung der vertraglichen Rechte, wie oben bereits erwähnt, einen insolvenzfesten Charakter haben muss, dürfte dies i.d.R. lediglich bei Verkauf mit offener Abtretung ohne Weiteres gegeben sein.[383] Im Falle der stillen Zession kann die Insolvenzfestigkeit der Übertragung hingegen nur unter bestimmten Voraussetzungen bejaht werden. Nach Auffassung des IDW stellt eine stille Zession eine Übertragung von Rechten i.S.v. IAS 39.18(a) (IFRS 9.3.2.4(a)) dar, wenn der Erwerber eine Umwandlung in eine offene Zession verlangen kann. Dabei muss es sich nicht zwingend um ein jederzeitiges Recht auf Umwandlung handeln. Es genügt bereits, wenn dem Erwerber ein bedingtes Recht zusteht, d.h. wenn er nur unter bestimmten Voraussetzungen, wie etwa bei Pflichtverletzung des zedierenden Unternehmens oder bei dessen Insolvenz, eine Umwandlung fordern kann. In Verbriefungstransaktionen, dessen Vertragswerk die Möglichkeit zum Austausch des Servicers durch einen Ersatz-Servicer (oft auch Back-up Servicer) zum Schutz der Investoren vorsieht, dürfte das Recht auf Umwandlung in eine offene Zession somit als gegeben anzusehen sein. Ist die Umwandlung in eine offene Zession dagegen nicht möglich, muss eine Übertragung der vertraglichen Rechte nach IAS 39.18(a) (IFRS 9.3.2.4(a)) verneint werden.[384]

Abweichend hierzu wird in der einschlägigen Kommentierung teilweise die Meinung vertreten, dass es für eine Übertragung der vertraglichen Rechte eines unbedingten (*unconditional*) Rechts auf Umwandlung in eine offene Zession bedarf.[385] Ein derart verschärftes Erfordernis ist m.E. nicht gerechtfertigt. Schließlich müssen nach IAS 39.18(a) (IFRS 9.3.2.4(a)), wie zu Anfang dieses Kapitels bereits ausgeführt, nicht zwingend alle vertraglichen Rechte, sondern

---

380 Vgl. Kühn/von Websky, in: Deloitte, Asset Securitisation in Deutschland, 2012, 121, 125.

381 Das Full- bzw. Standard-Factoring umfasst die Finanzierungs-, Delkredere- und Servicefunktion. Vgl. Terstege/Ewert, Betriebliche Finanzierung schnell erfasst, 2011, 153, Harms, in: Varnholt/Hoberg, Bilanzoptimierung für das Rating, 2014, 65, 74 ff.

382 Vgl. Vollborth, Forderungsabtretung durch Banken im Lichte von Bankgeheimnis und Datenschutz, 2007, 202, Scharenberg, Die Bilanzierung von wirtschaftlichem Eigentum in der IFRS-Rechnungslegung, 2009, 170.

383 Vgl. Gryshchenko/Lotz, in: Deloitte, Asset Securitisation in Deutschland, 2012, 37, 52.

384 Vgl. IDW RS HFA 9, Rz. 120.

385 Vgl. z.B. KPMG, Insights into IFRS, 2012/2013, 2012, 7.5.110.10.

nur die vertraglichen Rechte auf Zahlungsströme übertragen werden. Dies ist auch im Falle einer stillen Zession gewährleistet. Auch die für die Definition eines finanziellen Vermögenswerts wesentliche Voraussetzung der rechtlichen Durchsetzbarkeit der von der Zweckgesellschaft erworbenen Forderungsansprüche wird, wie vom IDW richtig aufgefasst, vollkommen ausreichend durch ein bedingt ausübbares Recht auf Umwandlung einer stillen in eine offene Zession sichergestellt. Solange also keine Pflichtverletzung, Insolvenz des Zedenten o.Ä. vorliegt, besteht keine Notwendigkeit, den Forderungstransfer offen zu legen. Das Fehlen eines jederzeitigen Rechts auf Umwandlung in eine offene Zession steht also einer Übertragung der vertraglichen Rechte auf Erhalt von Cashflows nicht entgegen. Vielmehr betrifft diese Einschränkung die Möglichkeit des Erwerbers auf Verwertung der Forderungen, was jedoch nicht bereits bei der Prüfung der Übertragung der vertraglichen Rechte nach IAS 39.18(a) (IFRS 9.3.2.4(a)), sondern erst im Rahmen der Prüfung des Übergangs der Verfügungsmacht nach IAS 39.23 (IFRS 9.3.2.9) untersucht wird. Mit der Forderung nach einem unbedingten Recht auf Umwandlung einer stillen in eine offene Zession in IAS 39.18(a) (IFRS 9.3.2.4(a)) würde man folglich der Prüfung des Übergangs der Verfügungsmacht vorgreifen.

4.5 Durchleitungsvereinbarung zwischen Originator und Zweckgesellschaft

Für den Fall, dass die vertraglichen Rechte auf den Erhalt von Zahlungen nicht übertragen wurden, ist nach IAS 39.18(b) (IFRS 9.3.2.4(b)) alternativ zu prüfen, ob der Übertragende vertraglich verpflichtet ist, diese Zahlungen an einen oder mehrere Endempfänger im Rahmen einer sog. Durchleitungsvereinbarung (*pass-through arrangement*) weiterzuleiten. Dahinter steckt gemäß IAS 39.BC61 (IFRS 9.BCZ3.21) die Überlegung, dass eine stetige Anwendung des Ausbuchungsmodells nur dann gewährleistet sein kann, wenn Geschäftsvorfälle unabhängig von ihrer Gestaltung als Übertragung der vertraglichen Rechte auf den Bezug von Cashflows aus einem finanziellen Vermögenswert oder als Vereinbarung zur Weiterleitung der Cashflows behandelt werden. Entscheidend soll sein, dass der wirtschaftliche Nutzen in Form von eingehenden Zahlungen nicht mehr dem Übertragenden zukommt. Mit Blick auf Verbriefungstransaktionen ist zunächst die Frage zu beantworten, ob und wann eine Durchleitungsvereinbarung zwischen Originator und Zweckgesellschaft überhaupt vorliegen kann.

4.5.1 True-Sale-Transaktionen

Da im Rahmen der True-Sale-Transaktionen regelmäßig ein rechtswirksamer Forderungsverkauf stattfindet und nicht lediglich eine vertragliche Verpflichtung zur Weiterleitung der Cashflows eingegangen wird, kann sich die Frage nach dem Vorliegen einer Durchleitungsvereinbarung nur dann stellen, wenn eine Übertragung der Forderungsrechte nach IAS 39.18(a) (IFRS 9.3.2.4(a)) verneint wird. Dies könnte neben dem in Kapitel 4.4 bereits erörterten Fall einer Forderungsabtretung ohne Recht auf Umwandlung in eine offene Zession besonders die Übertragungen von ungleichrangigen Forderungsanteilen i.S.v. IAS 39.16(b) (IFRS 9.3.2.2(b)) betreffen. Da eine stille Forderungsabtretung bei Verbriefungstransaktionen vielfach wegen der Möglichkeit zum Austausch des Servicers einer offene Zession und mithin einer Übertragung der Forderungsrechte nach IAS 39.18(a) (IFRS 9.3.2.4(a)) gleichgestellt werden kann,[386] können i.d.R. nur ungleichrangige Übertragungen Gegenstand einer Durchleitungsvereinbarung zwischen Originator und Zweckgesellschaft sein. Im Übrigen stellt sich die Frage nach dem Vorliegen einer Durchleitungsvereinbarung ausschließlich im Verhältnis des Konzerns (einschließlich Zweckgesellschaft) zu ABS-Investoren. Aus diesem Grund erfolgt eine abschließende Beurteilung der Vorschriften zur Durchleitungsvereinbarung in Kapitel 4.8.

Unter ungleichrangige Übertragungen i.S.v. IAS 39.16(b) (IFRS 9.3.2.2(b)) sind zwei vorstehend bereits diskutierte Sachverhalte zu subsumieren:

(1) Übertragung eines vor- oder nachrangigen Forderungsanteils sowie

(2) Übertragung eines gleichrangigen Forderungsanteils bei gleichzeitiger Gewährung einer Ausfallgarantie auf den übertragenen Teil.

In beiden Fällen scheidet die Qualifikation der übertragenen Forderungsanteile als Ausbuchungsgegenstand i.S.d. Standards aus,[387] weshalb die Ausbuchungsvorschriften auf die Forderung in ihrer Gesamtheit anzuwenden sind.[388] Folglich ist der Begriff „finanzieller Vermögenswert“ in den Paragraphen 17-23 (IFRS 9.3.2.3-3.2.9) auf die gesamte Forderung und

---

386 Ist der Austausch des Servicers nicht möglich, müssen die Voraussetzungen für das Vorliegen einer Durchleitungsvereinbarung nach IAS 39.19 (IFRS 9.3.2.5) geprüft werden.

387 Vgl. Kapitel 4.3.2.1.1.

388 Gleiches gilt natürlich auch für die Übertragung eines Teils eines Forderungsportfolios.

nicht nur auf den übertragenen Teil zu beziehen.[389] Im Ergebnis muss die Übertragung der vertraglichen Rechte auf den Bezug von Cashflows aus der gesamten Forderung nach IAS 39.18(a) (IFRS 9.3.2.4(a)) sowohl in (1) als auch in (2) verneint werden. Mangels einer Übertragung sämtlicher vertraglichen Rechte auf den Erhalt von Cashflows ist anschließend das Vorliegen einer Durchleitungsvereinbarung – wiederum in Bezug auf die gesamte Forderung bzw. das gesamte ungeteilte Forderungsportfolio – zu prüfen. Die Angemessenheit einer solchen Prüfung bei ungleichrangigen Übertragungen i.S.v. IAS 39.16(b) (IFRS 9.3.2.2(b)) stellte der IASB in seinem Update vom September 2006 klar.[390] Indizien dafür finden sich zudem in IAS 39.AG52 (IFRS 9.B3.2.17)[391] und IAS 39.BC61 f. (IFRS 9.BCZ3.21 f.)[392]

An das Vorliegen einer Durchleitungsvereinbarung knüpft IAS 39.19 (IFRS 9.3.2.5) drei kumulativ zu erfüllende Bedingungen. Neben der Verpflichtung zu einer zeitnahen Weiterleitung der eingezogenen Cashflows und dem Veräußerungs- bzw. Verpfändungsverbot hinsichtlich des Übertragungsgegenstands, darf der Übertragende nur in dem Ausmaß zu Zahlungen verpflichtet sein, in dem er diese aus dem übertragenen Vermögenswert auch tatsächlich vereinnahmt. Damit stellt jede über die Zahlungseingänge aus den verbrieften Forderungen hinausgehende Zahlungsverpflichtung wie etwa eine ggf. unwesentliche Ausfallgarantie des Originators in Sachverhalt (1) einen Verstoß gegen das Vorliegen einer Durchleitungsvereinbarung dar. Daraus folgt ein vorzeitiges Ende der Ausbuchungsprüfung mit dem Ergebnis „keine Ausbuchung“.

Gleiches Ergebnis – nämlich keine Ausbuchung – wäre wohl auch in Bezug auf eine in Pfandbrief- und MBS-Anteile aufgespaltete Darlehensforderung[393] zu erwarten. Schließlich besteht bei dem Pfandbriefanteil keine direkte Verpflichtung zur Zahlung der Cashflows aus den in die Deckung genommenen Darlehensforderungen. Ein Pfandbrief entspricht vielmehr einer zusätzlich durch die Deckungsmasse besicherten Anleihe, für die die Emissionsbank in erster Linie mit ihrem gesamten Vermögen haftet,[394] sodass keine unmittelbare Weiterleitung der Zahlungen aus den Forderungen an die Pfandbriefgläubiger erfolgt. Im Ergebnis muss das Vorliegen einer Durchleitungsvereinbarung bezogen auf die gesamte Darlehensforderung

---

389 Vgl. IAS 39.16 (IFRS 9.3.2.2).

390 Vgl. IASB, Update September 2006, 6 sowie Friedhoff/Berger, in: Buschhüter/Striegel, Kommentar Internationale Rechnungslegung IFRS, 2011, 1041, 1068.

391 Vgl. dazu auch Kapitel 5.3.2.2.

392 Vgl. auch Feld, Bilanzierung von ABS-Transaktionen im IFRS Abschluss, 2007, 233.

393 Vgl. Kapitel 4.4.

394 Vgl. Rudolph/Hofmann/Schaber/Schäfer, Kreditrisikotransfer, 2007, 38.

verneint werden. Die Forderung einschließlich des verbrieften nachrangigen Anteils verbleibt in voller Höhe in der Bilanz.

Demgegenüber verstoßen nach Ansicht des IASB jene Credit Enhancements, die nicht mit einer zusätzlichen Zahlungsverpflichtung gegenüber dem Erwerber einhergehen, nicht gegen den Wortlaut des IAS 39.19(a) (IFRS 9.3.2.5(a)). Solange die Credit Enhancements ausschließlich aus den Cashflows des verbrieften Forderungsportfolios gespeist werden, sind sie für das Vorliegen einer Durchleitungsvereinbarung unkritisch. Als unschädlich sind somit sämtliche Credit Enhancements, darunter insbesondere die Vereinbarung eines Kaufpreisabschlags oder die Subordination, anzusehen, mit denen der Originator bezüglich seiner Ansprüche eine Residualstellung erlangt. Einen solchen Residualanspruch erwirbt der Originator ferner, indem er anstelle einer Ausfallgarantie wie in Sachverhalt (2) einen proportionalen Forderungsanteil in Verbindung mit der Nachordnung seines zurückbehaltenen Anteils überträgt.[395]

Ökonomisch liegt in Form eines zurückbehaltenen nachrangigen Forderungsteils ebenso wie bei einem variablen Kaufpreisabschlag eine aktivierungsfähige Residualforderung des Übertragenden vor. Der Einschluss dergestalt ungleichrangiger Übertragungen in den Anwendungsbereich der Regelung zur Durchleitungsvereinbarung stellt möglicherweise den Versuch dar, unabhängig von der Strukturierung des Residualanspruchs des Übertragenden die Erreichung der nächsten Stufe der Abgangsprüfung – nämlich die Prüfung des Übergangs der Risiken und Chancen – sicherzustellen.

Während die Übertragung eines vorrangigen Forderungsanteils nach Ansicht des IASB einer Durchleitungsvereinbarung nicht per se entgegensteht, ist fraglich, ob auch die Übertragung eines nachrangigen Forderungsteils damit vereinbar ist. Schließlich ist der Durchleitungsverpflichtete zu keiner Durchleitung der eingegangenen Zahlungen verpflichtet, solange sein vorrangiger Zahlungsanspruch nicht vollständig bedient ist. Dabei ist jedoch unumstritten, dass im Falle eines zurückbehaltenen vorrangigen Forderungsteils– im Gegensatz zu einem nachrangigen – eher mit dem Übergang der eigentümertypischen Risiken und Chancen zu rechnen wäre.

---

395 Vgl. dazu IAS 39.AG52 (IFRS 9.B3.2.17).

Insgesamt gilt der Rückbehalt eines nachrangigen Forderungsteils durch den Originator als unschädlich für das Vorliegen einer Durchleitungsvereinbarung zwischen Originator und Zweckgesellschaft. Ungleichrangige Übertragungen mit einem Residualanspruch des Übertragenden schließt der IASB nicht von der Prüfung auf das Vorliegen einer Durchleitungsvereinbarung aus. Daraus kann man schließen: Eine (Teil-)Ausbuchung solcher nicht als Ausbuchungsgegenstand i.S.v. IAS 39.16(a) (IFRS 9.3.2.2(a)) qualifizierenden Teile ist ebenfalls nicht ausgeschlossen.

Damit korrigiert der IASB teilweise die in Kapitel 4.4 angemerkte Divergenz zum deutschen Zivilrecht, welches die Veräußerung ungleichrangiger Teilforderungen, die dem Erfordernis der Bestimmtheit/Bestimmbarkeit genügen, anerkennt. Diese im Rahmen der Regelung zur Durchleitungsvereinbarung erfolgte Korrektur unterscheidet die Ausbuchungskonzeption des IAS 39/IFRS 9 entscheidend von der nach ASC 860, wonach eine Ausbuchung eines ungleichrangigen Teils eines finanziellen Vermögenswerts an der Verletzung des Proportionalitätserfordernisses und mithin an der Qualifikation als Ausbuchungsgegenstand unwiderruflich scheitert. Im Gegensatz zu ungleichrangigen Übertragungen mit einem Residualanspruch des Übertragenden verstoßen anteilige Übertragungen mit einer Ausfallgarantie sowohl gegen die Qualifikation als Ausbuchungsgegenstand i.S.v. IAS 39.16(a) (IFRS 9.3.2.2(a)) als auch gegen das Vorliegen einer Durchleitungsvereinbarung nach IAS 39.19(a) (IFRS 9.3.2.5(a)). Damit scheidet eine Teilausbuchung selbst bei unwesentlichen Ausfallgarantien i.S.d. Risikotests des IAS 39.20 (IFRS 9.3.2.6) stets aus.

4.5.2 Synthetischer Risikotransfer als Pass-through?

Bei synthetischen Verbriefungen findet im Gegensatz zu True-Sale-Transaktionen keine rechtswirksame Übertragung der vertraglichen Rechte auf Erhalt von Cashflows und somit auch kein Gläubigerwechsel statt. Die Zweckgesellschaft erwirbt vom Originator lediglich die gewünschten Risikokomponenten mithilfe von Kreditderivaten. Gleichwohl erhebt sich die Frage nach der Anwendung der Regelungen zur Durchleitungsvereinbarung auf synthetische Risikotransfers. Schließlich lässt sich mit einem Kreditderivat eine Übertragung der ökonomischen Konsequenzen des Referenzvermögens i.S.v. Chancen, Risiken und Nutzen genauso erreichen wie durch den Abschluss einer Durchleitungsvereinbarung.[396] So werden beispiels-

[396] Vgl. Reiland, Derecognition – Ausbuchung finanzieller Vermögenswerte, 2006, 64.

weise bei Total Return Swaps (TRS) im Gegensatz zu Credit Default Swaps (CDS) nicht nur das Kreditrisiko, sondern alle Erträge des Referenzvermögens, einschließlich der Zinszahlungen und Marktwertsteigerungen (Marktrisiko), an den Vertragspartner transferiert.[397] *Barckow* spricht daher bei TRS von einer quasi synthetischen Übertragung der Basis mit der Folge, dass sich mit TRS Positionen in Vermögenswerten begründen lassen, ohne diese juristisch besitzen zu müssen. Vergleichbar mit einer stillen Zession behält der Risikoverkäufer dabei lediglich die Inkassorechte an der Basis.[398]

Mangels Gläubigerwechsel besitzen zudem sowohl der Durchleitungsberechtigte als auch der Risikoverkäufer keinen Zahlungsanspruch gegen den Schuldner der (Referenz-)Forderung, sondern lediglich gegen den Übertragenden bzw. Sicherungsnehmer. Häufig geht dies zusätzlich zum eigentlich übernommenen (Ausfall-)Risiko mit der Übernahme des Kontrahentenausfallrisikos einher. Insofern besteht auch aus der Risikoperspektive kein unmittelbar erkennbarer wesentlicher Unterschied zwischen einem Kreditderivat und einer Durchleitungsvereinbarung. Vorgreifend auf die Prüfung der von IAS 39.19 (IFRS 9.3.2.5) an das Vorliegen einer Durchleitungsvereinbarung geknüpften Kriterien[399] ist ferner zumindest nicht auszuschließen, dass diese bei einer entsprechenden Vertragsgestaltung erfüllt werden. Denkbar ist sowohl die Vereinbarung eines Verwertungsverbots in Bezug auf das Referenzaktivum (IAS 39.19(b) bzw. IFRS 9.3.2.5(b)) als auch einer zeitnahen Weiterleitung der Cashflows (IAS 39.19(c) bzw. IFRS 9.3.2.5(c)). Die Bedingung in IAS 39.19(a) (IFRS 9.3.2.5(a), wonach die durchzuleitenden Beträge auf die tatsächlichen Einnahmen aus dem betroffenen Vermögenswert beschränkt sein müssen, dürfte ohnehin unproblematisch sein.

Hinsichtlich ihrer finanzwirtschaftlichen Konsequenzen müssen Kreditderivate folglich nicht unbedingt wesentliche Unterschiede zum Abschluss einer Durchleitungsvereinbarung i.S.v. IAS 39/IFRS 9 aufweisen. Laut *Reiland* begründet daher der Abschluss einer Durchleitungsvereinbarung nicht nur in finanzwirtschaftlicher, sondern auch in bilanzkonzeptioneller Hinsicht keine Ausbuchung, sondern den Ansatz einer finanziellen Verbindlichkeit beim Durchleitungsverpflichteten ähnlich zu Verpflichtungen aus Finanzgarantien oder Optionskontrak-

---

397 Vgl. Rudolph/Hofmann/Schaber/Schäfer, Kreditrisikotransfer, 2007, 69 f. sowie Hull, Optionen, Futures und andere Derivate, 2012, 692 ff.

398 Vgl. Barckow, Die Bilanzierung von derivativen Finanzinstrumenten und Sicherungsbeziehungen, 2004, 54.

399 Diese werden ausführlich in Kapitel 4.8 behandelt.

ten.[400] Die Kritik von *Reiland* an der Konzeption der Durchleitungsvereinbarung ist nicht von der Hand zu weisen. Der Ausnahmetatbestand einer Durchleitungsvereinbarung kann m.E. ggf. dann gerechtfertigt werden, wenn auch für diese – analog zu einer rechtswirksamen Übertragung und im Einklang mit den Saldierungskriterien für Finanzinstrumente nach IAS 32 – das Erfordernis der Insolvenzfestigkeit gilt. Genießt der Durchleitungsberechtigte ein Ab- oder Aussonderungsrecht an dem mittels einer Durchleitungsvereinbarung „quasi synthetisch" übertragenen finanziellen Vermögenswert, so ist sichergestellt, dass der aus diesem resultierende Nutzen dem Durchleitungsberechtigten genauso wie einem unmittelbaren Inhaber der Rechte an Cashflows uneingeschränkt zusteht.

Trotz der oben skizzierten potenziellen Ähnlichkeiten zwischen Kreditderivaten und dem Abschluss einer Durchleitungsvereinbarung ist das Vorliegen einer Durchleitungsvereinbarung i.S.v. IAS 39/IFRS 9 bei Kreditderivaten mangels Insolvenzfestigkeit der synthetischen „Übertragung" des Referenzvermögens zu verneinen. Damit nicht zu verwechseln ist die Insolvenzfestigkeit, die der Kreditrisikoverkäufer bei Abschluss eines Kreditderivats in Form von zusätzlich von dem Risikokäufer gestellten Sicherheiten genießt. Dieses sog. *collateral*, bestehend bei synthetischen Verbriefungen z.B. aus dem in erstklassige Wertpapiere angelegten Emissionserlös der Credit Linked Notes,[401] hat nichts mit der insolvenzbedingten Ab- oder Aussonderung des Referenzvermögens beim Risikokäufer zu tun.

4.5.3 Zwischenfazit

Obwohl IAS 39/IFRS 9 ungleichrangige Teilübertragungen i.S.v. IAS 39.16(b) (IFRS 9.3.2.2(b)) nicht als Ausbuchungsgegenstand anerkennt, schließt der Standard zumindest ungleichrangige Übertragungen mit einem Residualanspruch des Übertragenden offenbar nicht aus der Anwendung der Regelung zur Durchleitungsvereinbarung aus. Dadurch wird zumindest eine Teilausbuchung der Forderungen nach Maßgabe des anhaltenden Engagements des Originators möglich gemacht.[402] Damit bleibt die Bilanzierung beim Originator unabhängig davon, in welcher Form er seine Residualstellung erlangt: ob im Wege der Veräußerung sämtlicher Forderungen in Verbindung mit der Stellung von Credit Enhancements (z.B. variabler Kaufpreisabschlag) oder aber durch eine Teilveräußerung der Forderungen in

---

400 Vgl. Reiland, Derecognition – Ausbuchung finanzieller Vermögenswerte, 2006, 131 ff.

401 Vgl. Kapitel 2.2.1.2.

402 Vgl. dazu Kapitel 5.3.2.2, in dem eine Teilausbuchung der Forderungen am Beispiel des IAS 39.AG52 (IFRS 9.B3.2.17) erörtert wird.

Verbindung mit der Subordination des zurückbehaltenen Forderungsteils. Mit der vom Standard damit geschaffenen Rückausnahme zu IAS 39.16(b) (IFRS 9.3.2.2(b)) stellen sich allerdings erneut die in Kapitel 4.3.2 aufgeworfenen Fragen hinsichtlich der Vereinbarkeit mit dem Einzelbewertungsgrundsatz und den Bewertungsvorschriften des IAS 39/IFRS 9.

Hinsichtlich ihrer finanzwirtschaftlichen Konsequenzen weist der Abschluss einer Durchleitungsvereinbarung eine große Ähnlichkeit mit Kreditderivaten wie Total Return Swaps auf. Gleichwohl bleibt eine Ausbuchung bei einem synthetischen Risikotransfer mittels Kreditderivaten stets aus. Zu überlegen wäre daher, den konzeptionell fragwürdigen Ausnahmetatbestand der Durchleitungsvereinbarung in Übereinstimmung mit den Saldierungskriterien des IAS 32 auf insolvenzfeste Übertragungen – wie etwa ungleichrangige Übertragungen i.S.v. IAS 39.16(b) (IFRS 9.3.2.2(b)) – zu beschränken. Es werden sich jedoch nicht viele Rechtsräume finden lassen, in denen eine Verpflichtung zur Weiterleitung der Cashflows anstelle einer Übertragung der vertraglichen Rechte an Cashflows dem Erfordernis der Insolvenzfestigkeit genügt. Erwägenswert wäre daher eine generelle Abschaffung der Regelung zur Durchleitungsvereinbarung.

4.6 Übergang der Risiken und Chancen

4.6.1 Grundsätzliche Vorgehensweise und offene Fragen

Alle Verbriefungstransaktionen, die die Anforderungen des IAS 39.18 (IFRS 9.3.2.4) an das Vorliegen einer Übertragung erfüllen, müssen als Nächstes daraufhin untersucht werden, inwieweit der Originator die mit dem Eigentum der Forderungen verbundenen Risiken und Chancen (*risks and rewards*) übertragen hat. Eine Übertragung der Forderungen[403] ist für die Risiken- und Chancenanalyse und mithin für den Bilanzabgang damit eine unabdingbare Voraussetzung. Fehlt es an ihr, sind die Forderungen weiter zu bilanzieren, selbst wenn die Risiken und Chancen in vollem Umfang übergegangen sind.[404] Je nach Ausmaß der übertragenen Risiken unterscheidet der Standard zwischen Vollabgang, Teilabgang und keinem Abgang. Für einen vollständigen Bilanzabgang müssen nach IAS 39.20(a) (IFRS 9.3.2.6(a)) im Wesentlichen alle (*substantially all*) Risiken und Chancen aus den Forderungen auf die Zweckgesellschaft übergehen, wobei dem Begriff *„substantially all"*, wie für IFRS im Allgemeinen

---

403 Dies umfasst auch die Vereinbarung einer Durchleitungsvereinbarung nach IAS 39.18(b) i.V.m. IAS 39.19 (IFRS 9.3.2.4(b) i.V.m. IFRS 9.3.2.5).

404 Vgl. Lüdenbach/Hoffmann/Freiberg, Haufe IFRS Kommentar, 2014, §28, Rz. 23.

kennzeichnend, kein genauer Wert beigemessen wird. Behält der Originator dagegen weiterhin im Wesentlichen alle Risiken und Chancen, bleibt der bilanzielle Ansatz der Forderungen von der Veräußerung unberührt.[405] Die Transaktion wird als besicherter Kredit bilanziert.[406] Wenn weder im Wesentlichen alle Risiken und Chancen übertragen noch zurückbehalten wurden, besteht nach IAS 39.20(c) (IFRS 9.3.2.6(c)) die Möglichkeit, in Abhängigkeit davon, ob das Unternehmen die Verfügungsmacht über die Forderungen behalten hat, die Forderungen teilweise oder vollständig auszubuchen.

Für Zwecke der Feststellung des Umfangs der übertragenen bzw. zurückbehaltenen Risiken und Chancen ist gemäß IAS 39.21 (IFRS 9.3.2.7) die Risikoposition des Berichtsunternehmens vor und nach der Übertragung zu vergleichen. Die Risikoposition wird dabei als Anfälligkeit für Schwankungen der barwerteigen künftigen Netto-Cashflows aus den verkauften Forderungen definiert. Es gilt somit, sowohl die Variabilität in der Höhe als auch in dem zeitlichen Anfall der Cashflows zu berücksichtigen, indem jede für möglich gehaltene Schwankung der Cashflows mit ihrer Eintrittswahrscheinlichkeit gewichtet und mit einem adäquaten Marktzinssatz diskontiert wird. Es ist also nicht entscheidend, wer im Worst Case-Szenario die Risiken trägt, sondern wer an den realistisch erwartbaren Risiken und Chancen partizipiert.[407] Das ausdrückliche Erfordernis einer Wahrscheinlichkeitsgewichtung in IAS 39/ IFRS 9 lässt auf einen Erwartungswertansatz schließen, für den sich die Anwendung statistischer Verfahren zur Ermittlung der Variabilität eignet.[408] Weder der IASB noch das IDW machen jedoch verbindliche Vorgaben zu den zu verwendenden Modellen und Risikomaßen, wobei die diesbezügliche Stellungnahme des IDW eine beispielhafte Berechnung der Variabilität unter Verwendung der Standardabweichung als Risikomaß enthält.[409]

In Anbetracht des allgemein gehaltenen Charakters der Regelungen zur Analyse des Übergangs der Risiken und Chancen überrascht es nicht, dass sich die Verbriefungspraxis hier einigen offenen Fragen und Anwendungsschwierigkeiten gegenübersieht. Im Mittelpunkt steht dabei häufig die Frage der Abgrenzung der für die Analyse relevanten Risiken und Chancen sowie ihrer Quantifizierung.

---

405 Vgl. IAS 39.20(b) (IFRS 9.3.2.6(b)).
406 Vgl. IDW RS HFA 9, Rz. 128.
407 Vgl. Lüdenbach/Hoffmann/Freiberg, Haufe IFRS Kommentar, 2014, §28, Rz. 67.
408 Vgl. Friedhoff/Berger, Financial Instruments, 2013, 142.
409 Vgl. IDW RS HFA 9, Rz. 132 ff.

4.6.2 Abgrenzung der relevanten Risiken und Chancen

Bei der Abgrenzung der zu berücksichtigenden Risiken und Chancen nimmt IAS 39/IFRS 9 unmissverständlich Bezug auf die „mit dem Eigentum des finanziellen Vermögenswerts verbundenen Risiken und Chancen"; deshalb ist nur diese dem Ausbuchungsgegenstand inhärente Variabilität für die Abgangsentscheidung relevant. Die Variabilität umfasst ferner ausschließlich die Variabilität der Cashflows des Ausbuchungsgegenstands, wonach reine Marktwertschwankungen, die keinen Einfluss auf die Höhe der Cashflows haben, wie etwa im Falle einer festverzinslichen Forderung bei steigenden oder fallenden Marktzinsen, für die Risikoposition des Übertragenden unerheblich sind.[410]

Bei Forderungen besteht das inhärente Risiko hauptsächlich im Ausfall, wobei auch folgende Risiken laut IDW in Betracht kommen:[411]

- Veritätsrisiko (*dilution/dispute risk*)
- Vorauszahlungsrisiko (*prepayment risk*)
- Zinsänderungsrisiko
- Fremdwährungsrisiko
- Risiko verspäteter Zahlung

Das Veritätsrisiko bezeichnet das Risiko, dass die Forderung nicht existiert oder ihr Einreden entgegensteht.[412] Ein Forderungskaufvertrag schließt eine regresslose Übernahme der Veritätsrisiken durch den Käufer in aller Regel aus. Das Veritätsrisiko kann jedoch genauso wenig wie eine rechtlich nicht bestehende Forderung übertragen werden. Somit stellt das Veritätsri-

---

410 Vgl. Feld, Bilanzierung von ABS-Transaktionen im IFRS Abschluss, 2007, 187 f.

411 Vgl. IDW RS HFA 9, Rz. 130.

412 Vgl. IDW RS HFA 8, Rz. 8.

siko kein forderungsinhärentes Risiko dar und ist nicht in die Ausbuchungsprüfung einzubeziehen.[413]

Das Vorauszahlungsrisiko beschreibt das Risiko möglicher Verluste durch entgangene zukünftige Zinseinnahmen, die aus einer vorzeitigen Rückzahlung des Darlehens durch den Schuldner z.B. bei einem Zinsrückgang oder im Falle der Verbesserung der Kreditwürdigkeit des Schuldners resultieren. Im Gegensatz zu den US-amerikanischen MBS, die typischerweise ein wesentliches Vorauszahlungsrisiko enthalten,[414] sind in Deutschland ausgereichte Forderungen meist nur beschränkt mit einem Prepayment Risiko behaftet. Das Recht des Schuldners zur vorzeitigen Tilgung kann insbesondere bei Immobilienfinanzierungen und Konsumentenkrediten von Bedeutung sein. Zwar besteht nach § 609a Abs. 1 BGB die Möglichkeit, die Kündigung einer Immobilienfinanzierung durch den Schuldner bis zu einem Zeitraum von zehn Jahren auszuschließen bzw. eine Vorfälligkeitsentschädigung dafür zu verlangen. Dies gilt jedoch nur für Darlehen, bei denen für einen bestimmten Zeitraum ein fester Zinssatz vereinbart wurde. Variabel verzinsliche Darlehen können dagegen jederzeit unter Einhaltung einer Kündigungsfrist von drei Monaten ohne Zahlung einer Vorfälligkeitsentschädigung gekündigt werden.[415]

Seine Verbindlichkeiten aus einem Verbraucherdarlehensvertrag kann der Darlehensnehmer nach § 500 Abs. 2 BGB jederzeit ganz oder teilweise vorzeitig erfüllen, wobei die Höhe der zu leistenden Vorfälligkeitsentschädigung gemäß § 502 Abs. 1 BGB 1% nicht überschreiten darf. Ein Vorauszahlungsrisiko kann folglich selbst unter Berücksichtigung der Vorfälligkeitsentschädigung nicht immer bzw. nicht in voller Höhe ausgeschaltet werden. In der Regel geht das Prepayment Risiko der verbrieften Forderungen jedoch auf die Investoren über, die bei Erwerb öffentlich angebotener bzw. börslich zugelassener Verbriefungstitel einen entsprechenden Hinweis auf die Gefahr einer vorzeitigen Rückzahlung ihrer Wertpapiere dem Trans-

---

413 Vgl. KPMG, Insights into IFRS, 2012/2013, 2012, 7.5.210. Gleiches gilt auch für die handelsrechtliche Ausbuchungkonzeption gemäß IDW RS HFA 8, Rz. 8.

414 Vgl. Rudolph/Hofmann/Schaber/Schäfer, Kreditrisikotransfer, 2007, 38, Martin/Wehn, Berücksichtigung von Prepayment-Optionen in MBS, ABS und CMO, in: Gruber/Gruber/Braun, Praktiker-Handbuch Asset-Backed-Securities und Kreditderivate, 2005, 173, 173 ff.

415 Vgl. Bauersfeld, Gedeckte Instrumente zur Refinanzierung von Hypothekendarlehen, 2007, 62 ff.

aktionsprospekt entnehmen können.[416] Der Originator wird i.d.R. das Vorauszahlungsrisiko dann tragen, wenn er selbst in die emittierten ABS investiert.

Zinsänderungs- und Fremdwährungsrisiken können durch den Abschluss von Zins- bzw. Währungsswaps zwischen Zweckgesellschaft und Originator vom Letztgenannten getragen werden. Dies gilt gleichermaßen, wenn die Zweckgesellschaft zunächst einen Swap mit einem Dritten abschließt, der jedoch gleichzeitig über einen sog. Back-to-Back Swap dieselben Risiken auf den Originator zurücküberträgt. Die Frage, inwiefern bei der Veräußerung eines festverzinslichen Vermögenswerts der Abschluss eines Zinsswaps und der sich daraus ergebende Anspruch auf Erhalt variabler Zahlungen zu berücksichtigen ist, wird in IAS 39.AG51(p) und (q) (IFRS 9.B3.2.16) aufgegriffen.

Hier stellt der IASB fest, dass der Zinsswap die Ausbuchung des übertragenen Vermögenswerts nicht verhindert, sofern die Höhe der Swap-Zahlungen nicht von der Höhe der aus dem übertragenen Vermögenswert erhaltenen Zahlungen abhängt. Eine Amortisation – also eine Verringerung des Nominalbetrags des Swaps im Zeitablauf – wird damit nicht ausgeschlossen. Entscheidend ist vielmehr, auf welche Weise sich der Nominalbetrag verringert.[417] Amortisiert sich der Nominalbetrag so, dass er zu jedem beliebigen Zeitpunkt dem jeweils ausstehenden, um etwaige Ausfälle und Prepayments reduzierten Kapitalbetrag der verbrieften Forderungen entspricht, würde dadurch nach Auffassung des IASB ein wesentliches Vorauszahlungsrisiko beim Originator verbleiben. Ist der Nominalbetrag des Swaps hingegen nicht von der zum Zeitpunkt des Abschlusses noch unbekannten Höhe der künftig tatsächlich ausstehenden Forderungen und somit von der Variabilität der Cashflows des Ausbuchungsgegenstands abhängig, steht eine solche Vereinbarung der Ausbuchung nicht entgegen.

Zu betonen ist an dieser Stelle: Nicht die eigentliche Übernahme der Zinsänderungsrisiken, sondern die Koppelung des Zinsswaps an die Variabilität der künftigen Cashflows bzw. die Performance[418] der veräußerten Forderungen ist für die Ausbuchungsentscheidung ausschlag-

---

[416] Vgl. z.B. „*Yield and prepayment considerations*" im Prospekt der Pure German Lion RMBS 2008, 33. Zur Prospektpflicht vgl. Walter, Strukturierte Produkte, 2008, 405 ff. sowie BaFin, http://www.bafin.de/DE/Aufsicht/Prospekte/ProspekteWertpapiere/Prospektpflicht/prospektpflicht_node.html, abgerufen am 15.12.2014.

[417] Vgl. Kuhn/Scharpf, Rechnungslegung von Financial Instruments nach IFRS, 2006, 204 f.

[418] Vgl. Reiland, Derecognition – Ausbuchung finanzieller Vermögenswerte, 2006, 199.

gebend. Dieser Grundsatz dürfte auf die Beurteilung der Fremdwährungsrisiken für Zwecke der Ausbuchung analog anzuwenden sein.

In der Verbriefungspraxis wird häufig auf standardisierte Swap-Verträge u.a. der International Swaps and Derivatives Association (ISDA) zurückgegriffen. Diese sehen i.d.R. eine Koppelung des Nominalbetrags des Swaps nicht an die planmäßige, sondern an die tatsächliche Amortisation der Verbriefungstitel unter Berücksichtigung der zum jeweiligen Zahlungstermin tatsächlich eingetretenen Ausfälle und Prepayments vor,[419] um ein Over- bzw. Underhedging der Transaktion zu vermeiden. Erfolgt die Zins- bzw. Währungsabsicherung über den Originator, so ist diesem ein gewisses Vorauszahlungsrisiko zuzuschreiben. Wirklich wesentlich dürfte das Vorauszahlungsrisiko des Originators allerdings eher selten sein. Dies ist insbesondere bei Verbriefungen zu erwarten, die generell einem signifikanten Vorauszahlungsrisiko unterliegen, was mit Ausnahme der oben angesprochenen US MBS kein Regelfall ist. Ansonsten entsteht infolge der Zins- bzw. Währungsabsicherung ein Vorauszahlungsrisiko nur dann, wenn der Swap auch nachrangige, von den Forderungsausfällen unmittelbar betroffene Wertpapiertranchen wie den First Loss Piece umfasst. Vielfach stellen nachrangige Verbriefungspositionen jedoch unverbriefte Credit Enhancements wie Excess Spread oder Ausfallgarantie dar, die nicht Gegenstand einer Zins- bzw. Währungsabsicherung sind. Das aus dem Hedging der vorrangigen Wertpapiertranchen resultierende Vorauszahlungsrisiko kann indes oft vernachlässigt werden.

Das Risiko einer verspäteten Zahlung entsteht, wenn keine angemessene Verzinsung vorgesehen ist. Insofern betrifft dieses Risiko vorwiegend nicht verzinsliche Forderungen wie etwa Forderungen aus Lieferungen und Leistungen. Ist beispielsweise vorgesehen, dass der Forderungsverkäufer die überfälligen Forderungen für eine bestimmte Dauer der Überfälligkeit weiter finanziert und die hierauf entfallenden Finanzierungskosten trägt, so ist vom Verbleib des Risikos einer verspäteten Zahlung beim Originator auszugehen.[420]

Nach obigen Ausführungen stellen i.d.R. lediglich das Ausfallrisiko der verbrieften Forderungen und ggf. das damit zusammenhängende Risiko einer verspäteten Zahlung die für die Abgangsprüfung maßgeblichen Risiken dar. Andere Risiken, darunter insbesondere Zins-, Wäh-

---

[419] Vgl. bspw. Definition von *„Notional Amount“* im Prospekt der SC Germany Auto 2013-2, 62.

[420] Vgl. für ein Beispiel PwC, IAS 39 – Derecognition of financial assets in practice, 2008, 41, https://www.pwc.ch/user_content/editor/files/publ_ass/pwc_ias39_derecognition.pdf, abgerufen am 15.12.20014.

rungs- und weitgehend auch Vorauszahlungsrisiken, haben normalerweise keinen Einfluss auf die Ausbuchungsentscheidung. Daran ist ein entscheidender Unterschied zur Beurteilung der Risiken und Chancen für Zwecke der Konsolidierung nach SIC-12 zu erkennen, der neben residual- bzw. eigentümertypischen Risiken explizit auch Risiken aus der Geschäftstätigkeit der Zweckgesellschaft einschließlich Zinsänderungs- und Währungsrisiken berücksichtigt.[421] Künftig dürften Zins- und Währungsrisiken im Rahmen der Verbriefungstransaktionen allerdings genauso wenig eine Rolle bei der Begründung der Konsolidierungspflicht nach IFRS 10 spielen wie auch Vorauszahlungsrisiken. Es gibt nämlich keine relevante Aktivität – analog zum Servicing bei Ausfallrisiken – zur Beeinflussung der Rückflüsse aus Swap-Vereinbarungen und Prepayments.[422]

4.6.3 Maßgeblicher Vergleichsmaßstab

In welchem Umfang Risiken und Chancen übertragen werden, ist nach IAS 39.21 (IFRS 9.3.2.7) durch den Vorher-Nachher-Vergleich der Risikopositionen (*exposure*) des Unternehmens festzustellen. In manchen Fällen ist jedoch unklar, was der relevante Vergleichsmaßstab ist, dem der vom Originator nach dem Verkauf der Forderungen weiterhin absorbierte Variabilitätsanteil gegenüberzustellen ist.[423] Ist nur ein die Kriterien in IAS 39.16(a)(i)-(iii) (IFRS 9.3.2.2(a)) erfüllender Teil der Forderungen Gegenstand der Verbriefung (z.B. Zins- oder Tilgungsanteil), sind bei der Beurteilung des Risikoübergangs nur die für diesen Teil bestehenden Chancen und Risiken zu beachten.[424] Weniger klar ist hingegen, ob die Risikoposition des Originators vor der Verbriefung ausschließlich die Variabilität der veräußerten Forderungen oder möglicherweise auch die Zahlungsströme aus den vor der Veräußerung eventuell abgeschlossenen Sicherungsgeschäften umfassen soll.[425]

Im Rahmen der Ausführungen zur Identifikation des Ausbuchungsgegenstands in Kapitel 4.3.2.2.1 wurde diesbezüglich bereits auf die Notwendigkeit einer Trennung zwischen Forderungen und Sicherungsgeschäften aufgrund unterschiedlicher intrinsischer Merkmale (Vertragsgegenstand, Kündigungsrechte etc.) dieser Finanzinstrumente hingewiesen. Daraus fol-

---

421 Vgl. SIC-12.10(c).
422 Vgl. Kapitel 4.2.4.1.2.
423 Vgl. Feld, Bilanzierung von ABS-Transaktionen im IFRS Abschluss, 2007, 194.
424 Vgl. Kuhn/Scharpf, Rechnungslegung von Financial Instruments nach IFRS, 2006, 197.
425 Vgl. Struffert, Asset Backed Securities-Transaktionen und Kreditderivate nach IFRS und HGB, 2006, 88, Feld, Bilanzierung von ABS-Transaktionen im IFRS Abschluss, 2007, 191.

gend wäre auf sämtlichen nachfolgenden Stufen der Abgangsprüfung – einschließlich des Risikotests nach IAS 39.20 (IFRS 9.3.2.6) – eine gesonderte Behandlung der ursprünglichen Forderungen und der dazugehörigen Sicherungsgeschäfte geboten.

Die Frage nach dem angemessenen Vergleichsmaßstab für die Beurteilung des Risikoübergangs greift auch *Lüdenbach* auf, der bei versicherten Forderungen (*preinsured assets*) zwischen einer Netto- und einer Bruttobetrachtung unterscheidet.[426] Ein Beispiel für versicherte Forderungen stellen laut *Lüdenbach* vom Bund garantierte Exportforderungen gegen nicht OECD-Länder (sog. Hermesdeckungen) dar, die zu 90% gegen wirtschaftliche und zu 95% gegen politische Schadensfälle versichert werden.[427] Eine Abtretung der Ansprüche aus der Kreditversicherung vorausgesetzt, geht in einer Nettobetrachtung von verkauften Forderungen und Kreditversicherung lediglich das (anteilige) Risiko des unversicherten 10%- bzw. 5%-igen Anteils an den Forderungskäufer über. In einer nur auf die verkauften Forderungen beschränkten Bruttobetrachtung ist dagegen die Variabilität des gesamten veräußerten Forderungsbestands und nicht nur der unversicherte Anteil der relevante Vergleichsmaßstab für den Vorher-Nachher-Vergleich. Je nachdem, welche Betrachtung der Prüfung des Risikoübergangs zugrunde gelegt wird, können sich unterschiedliche Schlüsse hinsichtlich der Ausbuchungsfähigkeit der Forderungen ergeben. Da bis dato keine diesbezügliche Klarstellung seitens des IFRIC oder des IASB erfolgte, kann laut *Lüdenbach* vorerst von einem faktischen Wahlrecht zwischen der Betrachtung unter und ohne Berücksichtigung der Versicherung ausgegangen werden.[428]

Ungeachtet dieses faktischen Wahlrechts und des oben ohnehin ausgesprochenen Gebots einer separaten und mithin einer Bruttobetrachtung ist die Nettobetrachtung m.E. für Zwecke der Prüfung des Übergangs der Risiken und Chancen abzulehnen. Grund dafür sind damit potenziell einhergehende Inkonsistenten, die besonders bei vollumfänglich versicherten Forderungen deutlich werden. Wird z.B. ein zu 100% extern versichertes Forderungsportfolio übertragen und gleichzeitig ein Zinsswap mit dem Käufer abgeschlossen, so wäre bei der Nettobetrachtung mangels anderer Risiken ggf. nur das Zinsänderungsrisiko als relevant einzustufen, weshalb der Veräußerer die Forderungen nach IAS 39.20(b) (IFRS 9.3.2.6(b)) nicht

---

426 Vgl. Lüdenbach, PiR 2009, 56, 57.
427 Vgl. Lüdenbach, PiR 2009, 56, 56.
428 Vgl. Lüdenbach/Hoffmann/Freiberg, Haufe IFRS Kommentar, 2014, §28, Rz. 67.

ausbuchen könnte.[429] Selbst wenn der Veräußerer gar keinen mit dem Eigentum der Forderungen verbundenen Risiken mehr ausgesetzt sein sollte, wäre ein Bilanzabgang mangels Risikotransfer bei der Nettobetrachtung dennoch fraglich.[430] Eine Ausbuchung in solchen Fällen könnte eventuell analog zur Behandlung von Forderungen gegenüber der öffentlichen Hand begründet werden. Forderungen gegenüber der öffentlichen Hand weisen ebenso wie vollumfänglich versicherte Forderungen kein nennenswertes Ausfallrisiko auf, sodass der Risikotest des IAS 39/IFRS 9 ins Leere läuft. Deren generelle Ausbuchungsfähigkeit wird – vorbehaltlich der Erfüllung der übrigen Ausbuchungskriterien – jedoch nicht in Frage gestellt.[431]

Ferner kann der Vorrang einer Bruttobetrachtung per Analogieschluss zur Behandlung von an Dritte weitergereichten Chancen und Risiken im Rahmen der Konsolidierungsprüfung nach SIC-12 abgeleitet werden. Hier ist das IDW der Ansicht, dass die Chancen und Risiken aus einer vom Veräußerer zurückbehaltenen Risikoposition weiterhin diesem zuzurechnen sind, wenn er das übernommene Risiko seinerseits bei einem Dritten versichert hat.[432]

4.6.4 Quantifizierung der Risiken und Chancen

4.6.4.1 Konkretisierung der Quantifizierungsanforderungen

Nach der Identifikation der für die Ausbuchung von Forderungen relevanten Risikoarten und des relevanten Vergleichsmaßstabs stellt sich als Nächstes die Frage der Beurteilung des Übergangs der Chancen und Risiken. In einem ersten Schritt ist zu klären, wie hoch der übertragene Variabilitätsanteil sein muss, damit er dem Erfordernis des IAS 39/IFRS 9 nach dem Übergang im Wesentlichen aller (*substantially all*) Chancen und Risiken genügt. Im Standard wird der Begriff *„substantially all"* nicht weiter konkretisiert. Der Verzicht auf die Vorgabe eines Schwellenwertes mag zwar einer gezielten Umgehung entgegenwirken. Eine Präzisierung ist dennoch in vielen, vor allem weiniger eindeutigen Fällen unvermeidbar.

Ein möglicher Anhaltspunkt für die Grenzziehung findet sich in den Vorschriften zur Ausbuchung von finanziellen Verbindlichkeiten.[433] Nach IAS 39.AG62 (IFRS 9.B3.3.6) gelten Vertragsbedingungen als substantiell verschieden (*substantially different*), wenn der abgezinste

---

429 Vgl. Ernst & Young, International GAAP 2013, 2013, 3327.
430 Vgl. Feld, Bilanzierung von ABS-Transaktionen im IFRS Abschluss, 2007, 194.
431 Vgl. Lüdenbach/Hoffmann/Freiberg, Haufe IFRS Kommentar, 2014, §28, Rz. 69.
432 Vgl. IDW RS HFA 9, Rz. 170.
433 Vgl. Deloitte, iGAAP 2010, 2010, 503, Friedhoff/Berger, Financial Instruments, 2013, 141.

Barwert der Cashflows unter den neuen Vertragsbedingungen um mindestens 10% von dem abgezinsten Barwert der Cashflows der ursprünglichen finanziellen Verbindlichkeit abweicht. In der Praxis hat sich mittlerweile eine Grenzziehung im Bereich von 10%/90% etabliert. Danach wird bei einem Übergang von weniger als 10% der Risiken und Chancen ein Zurückbehalten im Wesentlichen aller Risiken und Chancen unterstellt. Für einen Übergang im Wesentlichen aller Risiken und Chancen bedarf es indes eines mindestens 90%-igen Risiko-/ Chancentransfers an den Forderungskäufer. Bei einer Risiko-/Chancenteilung im Bereich zwischen 10% und 90% gelten die Risiken und Chancen als weder im Wesentlichen übertragen noch zurückbehalten.[434] Auch die Ergebnisse einer von *Struffert* 2006 durchgeführten Umfrage von ABS-Praktikern und Wirtschaftsprüfern bestätigen, dass ein Übergang von 90%-100% der Chancen und Risiken für eine vollständige Ausbuchung der Forderungen für erforderlich gehalten wird.[435]

Eine genaue Berechnung der übertragenen Risiken und Chancen kann sich in bestimmten Fällen jedoch erübrigen. IAS 39/IFRS 9 enthält einige Beispiele für Transaktionen, bei denen die Risiken und Chancen als im Wesentlichen übertragen bzw. zurückbehalten angesehen werden können. So liegt ein Übergang im Wesentlichen aller Risiken und Chancen u.a. bei einem unbedingten Verkauf eines finanziellen Vermögenswerts oder einem Verkauf in Kombination mit einer zum Fair Value ausübbaren Rückkaufoption vor.[436] Beispielhaft für ein Zurückbehalten im Wesentlichen aller Risiken und Chancen sind nach IAS 39.AG40 (IFRS 9.B3.2.5) Transaktionen unter Eingehung eines Total Return Swaps oder Veräußerungen kurzfristiger Forderungen mit gleichzeitiger Gewährung einer Garantie auf Entschädigung des Käufers für wahrscheinlich eintretende Kreditausfälle. Von einem Zurückbehalten so gut wie aller Risiken und Chancen ist zudem regelmäßig auszugehen, wenn der Originator neben der Stellung sämtlicher Credit Enhancements die emittierten ABS vollständig in den eigenen Bestand nimmt.[437]

In weniger eindeutigen Fällen kann eine quantitative Analyse notwendig sein, um das Ausmaß des Chancen-/Risikoübergangs bestimmen zu können. Eine sachgerechte Methode zur

---

[434] Vgl. IDW RS HFA 9, Rz. 133, Gryshchenko/Lotz, in: Deloitte, Asset Securitisation in Deutschland, 2012, 37, 53, Reiland, Derecognition – Ausbuchung finanzieller Vermögenswerte, 2006, 112, Feld, Bilanzierung von ABS-Transaktionen im IFRS Abschluss, 2007, 197.

[435] Vgl. Struffert, Asset Backed Securities-Transaktionen und Kreditderivate nach IFRS und HGB, 2006, 90.

[436] Vgl. IAS 39.AG39 (IFRS 9.B3.2.4).

[437] Vgl. Struffert/Wolfgarten, WPg 2010, 371, 373.

Quantifizierung der Risiken und Chancen sieht das IDW darin, für verschiedene mit Eintrittswahrscheinlichkeiten belegte Szenarien die Barwerte der Cashflows zu prognostizieren, um anschließend das Risikomaß als Abweichungen der Barwerte der einzelnen Szenarien vom Erwartungswert zu ermitteln.[438] Dabei sind ausdrücklich sowohl negative (Risiken) als auch positive (Chancen) Abweichungen zu berücksichtigen.[439] Das vereinfachte Beispiel in der IDW-Stellungnahme enthält lediglich fünf Szenarien, wobei unklar ist, wie die Szenarien und die entsprechenden Eintrittswahrscheinlichkeiten für reale Transaktionen festzulegen sind. Unbeantwortet bleibt also die Frage nach der zu verwendenden Verlustverteilung, die zu jedem möglichen Verlustszenario die zugehörige Eintrittswahrscheinlichkeit bereitstellt und aus der sich die Risikostruktur eines Portfolios ablesen lässt.[440]

Die typische Verlustverteilung (Dichtefunktion) eines Forderungs- bzw. Kreditportfolios nimmt die Form einer rechtsschiefen/linkssteilen Verteilung an, d.h. die Standardnormalverteilungsannahme kann bei der Verteilung der Kreditverluste nicht greifen. Ökonomisch kann dies dadurch begründet werden, dass Kreditausfälle zwar relativ selten auftreten, unter Umständen jedoch zu sehr hohen Verlusten führen. Dieser sog. „*fat tail*“ hat zur Folge, dass der Modalwert und Median kleiner als der Mittelwert bzw. Erwartungswert sind,[441] sodass in den meisten Geschäftsjahren die tatsächlichen Ausfälle unter dem erwarteten Ausfall liegen; in den übrigen Jahren fallen die Verluste dafür besonders hoch aus.[442] Zur Ermittlung der Verlustverteilung eines Kreditportfolios bestehen zwei Möglichkeiten:[443]

(1) **Monte-Carlo-Simulation**: Die (empirische) Verlustverteilung wird im Rahmen eines Simulationsverfahrens unter Verwendung von Zufallszahlen als Eingangsgrößen ermittelt. Je mehr Simulationen durchgeführt werden, desto präziser wird das Ergebnis.

---

438 Vgl. IDW RS HFA 9, Rz. 131.

439 Im Folgenden wird teilweise der Begriff „Risikoübergang“ als Synonym zum Begriff „Übergang der Risiken und Chancen“ verwendet. Mit beiden Begriffen sollte eine Verringerung der negativen und positiven Variabilität des Originators gemeint sein.

440 Vgl. Henking/Bluhm/Fahrmeir, Kreditrisikomessung, 2006, 25.

441 Der Modalwert bzw. Modus entspricht dem häufigsten Wert. Der Median ist dadurch charakterisiert, dass er genau in der Mitte einer geordneten Stichprobe liegt, so dass 50% der Werte größer und 50% der Werte kleiner sind als der Median. Der Mittelwert beschreibt den Durchschnittswert einer Stichprobe. Vgl. Heinrich, Basiswissen Mathematik, Statistik und Operations Research für Wirtschaftswissenschaftler, 2012, 114.

442 Vgl. Schmeisser/Mauksch/Schindler, Ausgewählte Verfahren zur Analyse und Steuerung von Risiken im Kreditgeschäft, 2005, 83 f., Vetter/Cremers, Das IRB-Modell des Kreditrisikos im Vergleich zum Modell einer logarithmisch normalverteilten Verlustfunktion, 2008, 22 f.

443 Vgl. Bluhm/Overbeck/Wagner, An Introduction to Credit Risk Modeling, 2003, 33 ff., Overbeck/Stahl, in: Oehler, Credit Risk und Value-at-Risk Alternativen, 1998, 77, 96 ff.

Zur Vermeidung des hohen Rechenaufwands kann alternativ auf die analytische Approximation zurückgegriffen werden.

(2) Analytische Approximation: Die Verlustverteilung wird mit einem bekannten Verteilungsmodell approximativ bestimmt. Annahmegemäß folgt die unbekannte Verlustverteilung eines konkreten Portfolios näherungsweise jener eines theoretischen Verteilungsmodells.

Ein Beispiel für eine analytische Approximation stellt die logarithmische Normalverteilung dar, die sich nach Ansicht der Ratingagentur Moody's besonders gut zur Abbildung der tatsächlichen Verluste granularer Portfolien eignet.[444] Sofern die Verteilungsparameter in Form von Erwartungswert und Varianz bzw. Standardabweichung bekannt sind, kann mithilfe der logarithmischen Normalverteilung die Verlustverteilung eines verbrieften Portfolios auf eine effiziente Art und Weise bestimmt werden. Auf diese Methode greift beispielsweise *Feld* unter Verwendung der von Moody's berechneten Verteilungsparameter zurück, um den Umfang des Risikoübergangs nach IAS 39/IFRS 9 bei Verbriefungstransaktionen zu berechnen.[445]

Zur Modellierung einer für Forderungsportfolien typischen Verlustverteilung können auch anders parametrisierte Verteilungsmodelle wie etwa die Binominalverteilung oder das Ein-Faktor-Modell von Vasicek,[446] welches ähnlich wie die logarithmische Normalverteilung ein geeignetes Mittel zur Risikomodellierung granularer Portfolien darstellt, herangezogen werden. Nachfolgend soll auf das letztgenannte Modell in gebotener Kürze eingegangen werden.

4.6.4.2 Das Vasicek-Modell als Grundlage des IRB-Kreditrisikoansatzes

Dem von Vasicek entwickelten Modell liegt die Annahme eines granularen, uniformen/homogenen Portfolios zugrunde, d.h. dass die einzelnen Forderungen die gleiche Ausfallwahrscheinlichkeit aufweisen, gleich hoch sind und jede Forderung einen verschwindend geringen Anteil am Gesamtportfolio ausmacht. Deshalb tendiert das spezifische (idiosynkrati-

---

444 Vgl. Moody's, The Lognormal Method Applied to ABS Analysis, 2000, 2, https://www.moodys.com, abgerufen am 15.12.2014.

445 Vgl. Feld, Bilanzierung von ABS-Transaktionen im IFRS Abschluss, 2007, 207 ff.

446 Vgl. Vasicek, Probability of Loss on a Loan Portfolio, KMV, 1987, http://www.moodysanalytics.com/~/media/Insight/Quantitative-Research/Portfolio-Modeling/87-12-02-Probability-of-Loss-on-Loan-Portfolio.ashx, abgerufen am 15.12.2014. Vasicek's Ergebnisse wurden im Dezember 2002 im RISK-Magazin veröffentlicht.

sche) Risiko einzelner Kreditnehmer gegen null und kann somit als „wegdiversifiziert" angenommen werden. Die Ausfallwahrscheinlichkeit hängt insofern allein von dem systematischen Risikofaktor (daher die Bezeichnung als Ein-Faktor-Modell) ab.[447] Die ausschließliche Ausrichtung auf das systematische Risiko ermöglicht die Anwendung einer recht genauen analytischen Formel statt Monte-Carlo-Simulationen.[448] Der systematische Faktor unterliegt dabei der Standardnormalverteilungsannahme. Die Verteilungsfunktion des Vasicek-Modells wird wie folgt definiert:

$$(1)\ \mathrm{P}[L \leq x] = \mathrm{N}\left(\frac{\sqrt{1-\rho}\,\mathrm{N}^{-1}(x) - \mathrm{N}^{-1}(PD)}{\sqrt{\rho}}\right)$$

Die korrespondierende Dichtefunktion erhält man durch Ableitung nach x:

$$(2)\ f(x;PD,\rho) = \sqrt{\frac{1-\rho}{\rho}}\exp\left(-\frac{1}{2\rho}\left(\sqrt{1-\rho}\,\mathrm{N}^{-1}(x) - \mathrm{N}^{-1}(PD)\right)^2 + \frac{1}{2}\left(\mathrm{N}^{-1}(x)\right)^2\right),$$

wobei lediglich zwei Parameter ρ (Korrelationskoeffizient) und PD (*probability of default* bzw. unbedingte Ausfallwahrscheinlichkeit) zur Bestimmung der beiden Funktionen erforderlich sind. N(x) stellt die kumulative Verteilungsfunktion einer standardnormalverteilten Zufallsvariable dar, d.h. die Wahrscheinlichkeit, dass eine normalverteilte Zufallsvariable mit einem Erwartungswert von null und einer Standardabweichung von eins kleiner oder gleich x ist. N^{-1} entspricht der Inverse der kumulativen Normalverteilung, d.h. dem Wert von x, sodass N(x) = z.

Das Besondere am Vasicek-Modell ist, dass es die theoretische Grundlage für die Ermittlung der Eigenkapitalunterlegung für das Kreditrisiko im Anlagebuch nach den gültigen Eigenkapitalvorschriften des Basler Ausschusses für Bankenaufsicht (Basel II/III) liefert.[449] Mithilfe der Verteilungsfunktion (2) wird im Rahmen des sog. Internal Rating Based-Ansatz (IRB),[450] bei dem der Korrelationskoeffizient fest vorgegeben ist, der Maximalverlust (Value at Risk,

---

447 Vgl. Henking/Bluhm/Fahrmeir, Kreditrisikomessung, 2006, 171, Vetter/Cremers, Das IRB-Modell des Kreditrisikos im Vergleich zum Modell einer logarithmisch normalverteilten Verlustfunktion, 2008, 51.

448 Vgl. Böve, Spezialisierungsvorteile und –risiken im Kreditgeschäft, 2009, 334.

449 Vgl. Hull, Risikomanagement, 2011, 387.

450 Nach dem IRB-Ansatz können Kreditinstitute die Ausfallwahrscheinlichkeit sowie ggf. die Verlustquote bei Ausfall (Loss Given Default, LGD) selbst schätzen.

VaR) berechnet, der mit einer Sicherheit von 99,9% (x = 0,999) innerhalb eines Jahres nicht überschritten wird. Mit haftendem Eigenkapital ist dann die Differenz zwischen dem VaR – also dem potenziellen Gesamtverlust – und dem erwarteten Verlust zu unterlegen. Dem erwarteten Verlust soll hingegen bereits durch Wertberichtigungen Rechnung getragen werden.[451]

In der EU wurden die Basler Regeln im Rahmen der sog. Capital Requirements Directives (CRD) umgesetzt.[452] Als allgemein anerkannte Methode der Kreditrisikomessung bietet sich das Vasicek-Modell zur quantitativen Herleitung des Risikoübergangs bei Verbriefungstransaktionen nach IAS 39.20 (IFRS 9.3.2.6) an. Ein weiterer Vorteil besteht in der Möglichkeit des Rückgriffs auf die von der Aufsicht vorgegebenen Korrelationskoeffizienten für verschiedene Forderungsklassen. Im Folgenden wird die Prüfung des Risikoübergangs unter Anwendung des Vasicek-Modells auf zwei beispielhafte Portfolien unterschiedlicher Forderungsklassen verdeutlicht.

4.6.5 Risikoübergang in Abhängigkeit von der Forderungsklasse

Es sei angenommen, dass zwei Portfolien unterschiedlicher Forderungsklassen in Form von Kreditkartenforderungen und Forderungen aus Lieferungen und Leistungen (LuL) verbrieft werden. Zunächst müssen für die beiden Portfolien die Ein-Jahres-Ausfallwahrscheinlichkeit und der Korrelationskoeffizient bestimmt werden. In beiden Fällen wird die Ausfallwahrscheinlichkeit auf 1,5% p.a. geschätzt.[453] In der Praxis kann die Ermittlung der Ausfallrate erhebliche Schwierigkeiten bereiten. Dies gilt vor allem für solche Forderungsportfolien, für die keine ausreichende Datenbasis wie etwa für Forderungen aus LuL zur Verfügung steht. Mangels Vorliegen tatsächlicher historischer Ausfallquoten können ggf. ratingbasierte Ausfallwahrscheinlichkeiten verwendet werden.[454] Ferner wird für das Portfolio aus Kreditkartenforderungen ein Korrelationskoeffizient von 4% verwendet, der von der Aufsicht für qualifizierte revolvierende Retailforderungen als Unterklasse des Mengengeschäfts vorgegeben

---

451 Vgl. Basel Committee on Banking Supervision, An Explanatory Note on the Basel II IRB Risk Weight Functions, 2005, 3 sowie 7 f.

452 Die neuen Basler Regelungen werden in einer am 26. Juni 2013 verabschiedeten EU-Verordnung (CRR) und einer weiteren Richtlinie (CRD IV) festgelegt. Vgl. Verordnung (EU) Nr. 575/2013 sowie Richtlinie 2013/36/EU des Europäischen Parlaments und des Rates vom 26. Juni 2013.

453 Die Verlustquote bei Ausfall (LGD) soll an dieser Stelle vernachlässigt bzw. bei 100% angenommen werden.

454 Eine Konversion des Ratings in eine idealisierte Ausfallwahrscheinlichkeit wird in Kapitel 4 6.6 vorgenommen.

wird.[455] Für die Forderungen aus LuL, die der Forderungsklasse „Unternehmen“ zugeordnet werden können, wird der Korrelationskoeffizient folgendermaßen berechnet:[456]

$$(3)\ \text{Korrelationskoeffizient}\ (\rho) = 0{,}12\frac{1-e^{-50PD}}{1-e^{-50}} + 0{,}24\left[1-\frac{1-e^{-50PD}}{1-e^{-50}}\right]$$

Der Korrelationskoeffizient fällt dabei umso höher aus, je geringer die Ausfallwahrscheinlichkeit ist. Grund dafür liegt in der Annahme, dass eine geringe Ausfallwahrscheinlichkeit, wie sie beispielsweise großen international tätigen Unternehmen mit Top-Rating eigen ist, ein höheres systematisches Risiko bedeutet.[457] Bei einer Ausfallwahrscheinlichkeit von 1,5% ergibt sich für die Forderungen aus LuL ein Korrelationskoeffizient von ca. 17,67%. Somit liegen für beide Portfolien die notwendigen Eingangsparameter fest, um deren Dichte- und Verteilungsfunktionen bestimmen zu können.[458] Ferner wird unterstellt, dass der Originator für jedes verbriefte Forderungsportfolio ein Credit Enhancement i.H.v. 4,5%, also das Dreifache der angenommenen Ausfallwahrscheinlichkeit, stellt und dadurch weiterhin Erstverlusten bis zu dieser Höhe ausgesetzt bleibt.

Aus der Abbildung 4 wird deutlich, wie entscheidend die Korrelation für den Verlauf der Dichtefunktion ist. Trotz der gleichen Ausfallwahrscheinlichkeit (PD = 1,5%) fällt die Dichtefunktion des Portfolios bestehend aus Forderungen aus LuL deutlich asymmetrischer im Vergleich zu der nur leicht rechtsschiefen und wesentlich kompakteren Verlustverteilung der Kreditkartenforderungen aus. Mit zunehmender Korrelation entfällt immer mehr Wahrscheinlichkeitsmasse auf die Enden der Verteilung, sodass extreme Ereignisse wahrscheinlicher werden.[459] Als Folge hiervon steigt die Dichtefunktion des Portfolios aus Forderungen aus LuL bereits im Bereich sehr geringer Ausfallraten rasant an, um sich anschließend deutlich langsamer im Vergleich zur Verlustverteilung der Kreditkartenforderungen der X-Achse zu nähern.

---

455 Vgl. Verordnung (EU) Nr. 575/2013, Artikel 154 Abs. (4).

456 Vgl. Verordnung (EU) Nr. 575/2013, Artikel 153 Abs. (1). Von den Erleichterungen für KMU (Jahresumsatz < 50 MEUR) wird vorliegend abgesehen.

457 Vgl. Henking/Bluhm/Fahrmeir, Kreditrisikomessung, 2006, 174.

458 Der Ermittlung der Funktionen wird dabei eine Veränderung der Ausfallrate von 0,01 Prozentpunkten zugrunde gelegt.

459 Vgl. Martin/Reitz/Wehn, Kreditderivate und Kreditrisikomodelle, 2006, 135.

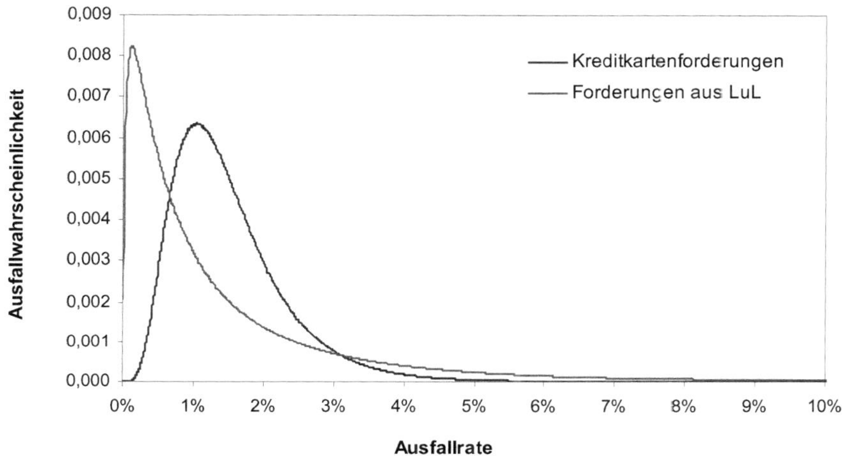

Abbildung 4: Dichtefunktionen zweier Portfolien unterschiedlicher Forderungsklassen[460]

Ein ähnliches Bild liefern auch die Verteilungsfunktionen der beiden Forderungsportfolien. Um das Ausmaß der Unterschiede im Verlauf der Verlustverteilungen zu verdeutlichen, kann auf den im vorausgegangenen Kapitel vorgestellten VaR-Ansatz zurückgegriffen werden. Demnach beträgt die höchste Ausfallrate, die mit 99,9%-iger Sicherheit nicht überschritten wird, bei Kreditkartenforderungen ca. 6,2%, wohingegen der Maximalverlust im Portfolio aus Forderungen aus LuL bei gleichem Konfidenzniveau etwa 23% beträgt.

Vor dem Hintergrund der geschilderten Unterschiede ist es wenig überraschend, dass mit der Stellung gleich hoher Credit Enhancements unterschiedlich hohe Variabilitätsanteile vom Originator zurückbehalten werden. Der Originator absorbiert weiterhin bei einem Credit Enhancement i.H.v. 4,5% ca. 98% der Variabilität aus den Kreditkartenforderungen gemessen als Standardabweichung. In der Abbildung 5 ist dies daran zu erkennen, dass die das Credit Enhancement repräsentierende Vertikale die Verteilungsfunktion erst dann schneidet, wenn die kumulierte Ausfallwahrscheinlichkeit bei nahezu 100% liegt. Damit deckt das Credit Enhancement so gut wie alle Risiken der verbrieften Kreditkartenforderungen ab.

---

460 Eigene Excel-basierte Darstellung.

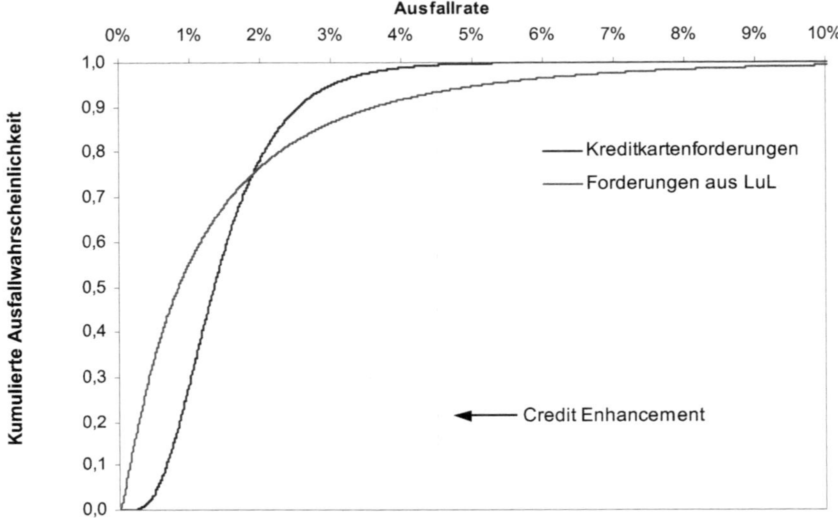

Abbildung 5: Verteilungsfunktionen zweier Portfolien unterschiedlicher Forderungsklassen[461]

Demgegenüber verringert der Originator seinen Variabilitätsanteil am Portfolio aus Forderungen aus LuL um immerhin etwa 33%, was in der Abbildung 5 der noch verbleibenden Fläche rechts von dem Schnittpunkt der Verteilungsfunktion mit der Credit Enhancement-Vertikalen entspricht. Selbst bei einem Credit Enhancement i.H.v. 6%, 7,5% und sogar 9% liegt die Verringerung der Variabilität des Originators gemäß Tabelle 2 zwischen 23% und 11%. Senkt man den Korrelationskoeffizienten auf 12% – den minimal zulässigen Wert für Unternehmen gemäß der aufsichtsrechtlichen Formel (3) – gelten die Risiken und Chancen bei einem über 6% hinausgehenden Credit Enhancement als vom Originator im Wesentlichen zurückbehalten. Bei einer Erhöhung der Korrelation auf 24%, was dem maximalen Wert laut Formel (3) entspricht, wäre ein Risikoübergang sogar bei einem Credit Enhancement von 10,5% nicht ausgeschlossen.

---

[461] Eigene Excel-basierte Darstellung. Vgl. hinsichtlich ähnlicher Grafik Feld, Bilanzierung von ABS-Transaktionen im IFRS Abschluss, 2007, 216.

Korrelation	Credit Enhancement					
	3,0%	4,5%	6,0%	7,5%	9,0%	10,5%
12%	37,95%	21,42%	12,13%	6,93%	3,99%	2,31%
17,67%	48,50%	33,12%	22,82%	15,86%	11,11%	7,82%
24%	57,07%	43,44%	33,37%	25,84%	20,13%	15,76%

■ (Teil-)Ausbuchung

Tabelle 2: Reduktion der Standardabweichung in Abhängigkeit von Korrelation und Credit Enhancement[462]

Je nach Portfolio sind sogar höhere Korrelationen bis hin zu 50% denkbar.[463] So kann sich beispielsweise der Mangel an Granularität oder die Angehörigkeit mehrerer Schuldner ein und derselben Branche (Konzentrationsrisiko), was bei Forderungen aus LuL nicht selten der Fall ist, stark risikoerhöhend auswirken. Dies kann wiederum eine entsprechende Korrektur in Form einer höheren Korrelationsschätzung nach sich ziehen. Die Übernahme der Erstverlustrisiken in Höhe einer mehrfachen Ausfallrate durch den Originator stellt somit für sich genommen noch kein Ausschlusskriterium für den Übergang der Risiken und Chancen nach IAS 39/IFRS 9 dar. Vielmehr kommt es auf die dem Portfolio innewohnende Korrelation an, deren Zunahme den unerwarteten Verlust (*unexpected loss*) und den VaR dramatisch steigen lässt.[464]

Etwas irreführend erscheint vor dem Hintergrund dieser Erkenntnis daher der Hinweis in IAS 39.AG40(e) (IFRS 9.B3.2.5(e)), wonach die Übernahme einer Garantie auf Entschädigung des Erwerbers für wahrscheinlich eintretende (*likely to occur*) Kreditausfälle einem

---

462 Eigene Excel-basierte Berechnung.
463 Vgl. Martin/Reitz/Wehn, Kreditderivate und Kreditrisikomodelle, 2006, 133.
464 Vgl. Martin/Reitz/Wehn, Kreditderivate und Kreditrisikomodelle, 2006, 137.

Rückbehalt im Wesentlichen aller Chancen und Risiken gleichen soll. Mangels einer Definition des Begriffs „wahrscheinlich eintretender Kreditausfall" ist unklar, ob bei kurzfristigen Forderungen wie Forderungen aus LuL im Gegensatz zur allgemein postulierten Vorgehensweise nicht auf den Umfang der insgesamt übertragenen Risiken, d.h. der erwarteten und unerwarteten Verluste, sondern ausnahmsweise ggf. nur auf die erwarteten bzw. historischen Verluste abzustellen ist.[465] Nicht konkretisiert wird auch der Begriff „kurzfristige Forderungen", sodass nur spekuliert werden kann, ob damit ein i.d.R. dabei anzunehmender Zeithorizont von bis zu einem Jahr oder Laufzeiten von nur einigen wenigen Wochen oder gar Tagen gemeint sind. Eine Klarstellung seitens der Standardsetter wäre daher ausdrücklich zu begrüßen.

4.6.6 Risikoübergang in Abhängigkeit vom Rating

Obwohl sich kaum allgemeine Schlüsse bezüglich der Höhe der vom Originator typischerweise gestellten Credit Enhancements ziehen lassen, steht neben weiterem das angestrebte Rating der Verbriefungstitel regelmäßig in einem Zusammenhang mit dem Risikoübergang i.S.v. IAS 39.20 (IFRS 9.3.2.6). Diesen Zusammenhang verdeutlicht Tabelle 3 für nachrangige B-Tranchen der Transaktionen Driver Eleven (VW), Bavarian Sky, Compartment 3 (BMW) und VCL 17 (VW). Hieraus ist ersichtlich, dass ein Rating von A+ durch S&P mit einem etwa 99%-igen Einbehalt der Standardabweichung durch den Originator bzw. seine verbundenen Unternehmen einhergeht.

Zwar verwendet jede der Ratingagenturen ihre eigene Ratingmethodologie, es kann jedoch auch an dieser Stelle ein Rückgriff auf den bereits vorgestellten Begriff des VaR hilfreich sein, um den Zusammenhang zwischen dem Risikoeinbehalt des Originators und dem ABS-Rating zumindest ansatzweise zu erklären. So lässt sich einer jeden Ratingstufe eine sog. idealisierte Ausfallwahrscheinlichkeit zuordnen, die auf historischen Ausfallquoten der gerateten Unternehmen basiert. Einem Rating von A+ von S&P liegt demnach eine idealisierte Ausfallwahrscheinlichkeit von etwa 0,05% p.a. zugrunde.[466] Für die ABS dieser Ratingstufe bedeutet dies, dass sie mit einer Wahrscheinlichkeit von 0,05% innerhalb eines Jahres ausfallen bzw. mit einer Wahrscheinlichkeit von 99,95% nicht ausfallen werden. Daher macht es

---

465 Vgl. hierzu KPMG, Insights into IFRS, 2012/2013, 2012, 7.5.230.170, Deloitte, iGAAP 2010, 2010, 523.

466 Vgl. Reichling/Bietke/Henne, Praxishandbuch Risikomanagement und Rating, 2007, 77 f. sowie Beinert/Dreher/Reichling, Risiko Manager 2007, http://www.risiko-manager.com/index.php?id=162&tx_ttnews%5Btt_news%5D=8629&cHash=f86d3284948753a642e4ddff1df5d6d4, abgerufen am 15.12.2014.

Sinn, ein Konfidenzniveau von 99,95% anzusetzen, um den Maximalverlust zu berechnen, der innerhalb eines Jahres nicht überschritten wird.

Transaktion	Rating Class B Notes	Credit Enhancement*	Ausfallrate / LGD*	Korrelation**	Einbehaltene Standardabweichung**
Driver 11	S&P: A+	5,95% - 7%	2,28% / 50%	8,85%	98,74% - 99,49%
Bavarian Sky, Comp. 3	S&P: A+	8,5%	2,475% / 40%	8,47%	99,98%
VCL 17	S&P: A+	5,4% - 7,5%	2,55% / 40%	8,33%	99,3% - 99,93%
SC Germany Auto 2013-2	Kein Rating	1%	2,65% / 64,4%	8,14%	17,18%

*Angaben laut Rating Reports von DBRS

**Eigene Berechnung

Tabelle 3: Risikoeinbehalt und ABS-Rating

Für die Transaktion VCL 17 ergibt sich danach ein potenzieller Höchstverlust von 16,86% bzw. 6,74% unter Berücksichtigung des LGD von 40%.[467] Um einem Rating von A+ gerecht zu werden, muss die B-Tranche folglich über ein Credit Enhancement von mindestens 6,74% verfügen, was mit einem Einbehalt der Standardabweichung i.H.v. ca. 99,84% einhergeht. Selbst bei einem noch als Investment Grade geltenden Rating von BBB-,[468] welches einer idealisierten Ausfallwahrscheinlichkeit von etwa 0,39% entspricht, beträgt das erforderliche Credit Enhancement nach dem VaR-Ansatz 5,01%. Durch die Stellung eines Credit Enhancement in dieser Höhe würde der Originator der VCL 17-Transaktion immer noch 98,92% an Variabilität absorbieren. Insgesamt darf bezweifelt werden, dass eine Verringerung der Standardabweichung um mehr als 10%, wie dies nach IAS 39.20 (IFRS 9.3.2.6) für eine (teilwei-

---

467 Bei der Ausfallrate von 2,55% handelt es sich um die kumulierte Ausfallrate. Der Vereinfachung halber wird unterstellt, dass die kumulierte Ausfallrate der einjährigen Ausfallrate entspricht.

468 Vgl. S&P, Credit Ratings Definitions & FAQs, http://www.standardandpoors.com/ratings/definitions-and-faqs/en/us, abgerufen am 15.12.2014.

se) Ausbuchung notwendig ist, bei den ABS-Emissionen zu erreichen ist, die vollumfänglich ein Investment Grade-Rating erhalten sollen.

Mit einer (teilweisen) Ausbuchung der verbrieften Forderungen ist daher tendenziell bei Verbriefungstransaktionen zu rechnen, in denen wenigstens die nachrangigste Wertpapiertranche kein Rating besitzt und ggf. zugleich ein ausreichendes Credit Enhancement für vorrangige, geratete Tranchen bietet. So kann der Tabelle 3 entnommen werden, dass die nachrangigste ungeratete B-Tranche der Transaktion SC Germany Auto 2013-2 (Santander Bank) über ein Credit Enhancement i.H.v. nur 1% verfügt, was einem Risikoeinbehalt des Originators von lediglich 17,18% entsprechen würde. Voraussetzung dafür ist jedoch die Ausplatzierung der B-Tranche an konzernfremde Dritte. Genau diese Voraussetzung kann sich aber als hinderlich erweisen. Abgesehen von dem eigentlichen Risiko ist der Erwerb ungerateter Verbriefungspositionen durch Kreditinstitute regelmäßig mit einer erhöhten Eigenkapitalbelastung und mithin mit zusätzlichen Kosten verbunden.

Eine bilanzentlastende Wirkung ohne Ratingeinbußen lässt sich ggf. mit ABCP-Konstrukten erzielen, denn das Rating der begebenen Commercial Paper hängt in erster Linie vom Rating des Sponsors und nicht primär von der Höhe der durch die einzelnen Originatoren gestellten Credit Enhancements ab. Durch die Stellung von programmweiten Credit Enhancements bzw. Liquiditätsfazilitäten kann der Sponsor einen ausreichenden Variabilitätsanteil an den verbrieften Forderungen übernehmen, um dem Originator auf diesem Wege einen Bilanzabgang zu ermöglichen. Sobald jedoch Ausfallrisiken durch die Sponsor-Bank getragen werden, muss diese höhere Eigenkapitalanforderungen selbst in Kauf nehmen. Für bereitgestellte Liquiditätslinien müssen zudem angemessene liquide Vermögenswerte vorgehalten werden.[469]

4.6.7 Risikoübergang vor dem Hintergrund des regulatorischen Selbstbehalts

Wie im Kapitel 4.2.4.2.2 bereits beschrieben, stehen dem Originator bzw. dem Sponsor folgende vier Methoden zur Gestaltung des Selbstbehalts zur Verfügung:

(1) **Vertical slice retention**: Einbehalt von 5% jeder Verbriefungstranche, die an Investoren verkauft oder übertragen wird.

---

469 Vgl. Kunkel/Hummel, Risiko Manager 2011, 1, 10, Burmester/Koring/Trinkaus, in: Deloitte, Asset Securitisation in Deutschland, 2012, 85, 99 f.

(2) Originator interest retention: Einbehalt von 5 % des Nominalwerts an jeder verbrieften Forderung bei revolvierenden Verbriefungen.

(3) On-balance sheet retention: Einbehalt von 5 % des Nominalwerts der für die Verbriefung vorgesehenen Forderungen nach dem Zufallsprinzip.

(4) First loss retention: Einbehalt von 5% in Form der Erstverlustposition sowie erforderlichenfalls weiterer Tranchen mit gleichem oder höherem Risikoprofil.

Abgesehen von der Methode (3) ist mit jeder anderen Form des Selbstbehalts die Übernahme der Risiken aus dem verbrieften Forderungsbestand verbunden. Während aus den ersten beiden Methoden ein nur geringfügiger Risikoeinbehalt des Originators resultiert, der für sich genommen kaum eine Ausbuchung verhindern dürfte, lässt sich mit Blick auf den 5%-igen Einbehalt der Erstverlustposition nicht pauschal sagen, ob dadurch die Risiken und Chancen im Wesentlichen zurückbehalten werden. Wie in Kapitel 4.6.5 aufgezeigt wurde, stehen Credit Enhancements i.H.d. mehrfachen Ausfallrate nicht notwendigerweise einer Ausbuchung entgegen. Keine der vorgesehenen Methoden des regulatorischen Selbstbehalts schließt deshalb zwingend einen Bilanzabgang aus. Für viele Forderungsportfolien, deren erwartete Verluste vergleichsweise niedrig sind und wenig Streuung aufweisen, kann die Verlustpartizipation in dieser Größenordnung allerdings zur Verneinung des Risikoübergangs und somit zur Nichtausbuchung der verbrieften Forderungen führen.[470] Da der Originator aus vier Methoden jedoch frei wählen kann, bleibt der bilanzpolitische Spielraum von der regulatorischen Selbstbehaltspflicht im Wesentlichen unbeeinflusst.

4.6.8 Risikoübergang im IFRS-Einzelabschluss: zur Problematik der Common Control Transactions

IAS 39/IFRS 9 schreibt eine Anwendung der Vorschriften zur Ausbuchung von finanziellen Vermögenswerten aus Sicht des berichtenden Unternehmens vor. Erstellt das berichtende Unternehmen einen Einzelabschluss, wird auch die Prüfung des Übergangs der Risiken und Chancen nach IAS 39.20 (IFRS 9.3.2.6) beschränkt auf die alleinige Risikoposition des Übertragenden vorgenommen. Beziehungen zu verbundenen Unternehmen werden indes kaum

---

470 Vgl. bspw. Transaktionen VCL 17 und Driver 11 (Tabelle 3), bei denen mit 5,4% und 5,95% bereits 99,3% bzw. 98,74% der Standardabweichung zurückbehalten wurde.

berücksichtigt. Dies ermöglicht dem Originator, risikoreiche Verbriefungspositionen an andere Konzernunternehmen bei Bedarf zumindest zeitweise auszulagern, um die Ausbuchungsprüfung zu bestehen. Eine Rückübertragung der Risikoposition kurz nach dem Transaktionsbeginn kann zwar als *„wash sale"* i.S.v. IAS 39.AG51(e) (IFRS 9.B3.2.16(e)) gewertet werden. Eine Ausbuchung wird dadurch jedoch nicht zwingend ausgeschlossen. Im Ergebnis kann es zur Einschränkung der Aussagekraft des Einzelabschlusses kommen.[471] Die Abschlussadressaten können das Ergebnis der Ausbuchungsprüfung allenfalls revidieren, wenn über derartige Geschäftsvorfälle unter gemeinsamer Kontrolle (Common Control Transactions) nach Maßgabe des IAS 24 „Angaben über Beziehungen zu nahe stehenden Unternehmen und Personen" berichtet wird.

Als proaktive Maßnahme zur Klarstellung der Zielsetzung separater IFRS-Abschlüsse und zugleich als Anstoß einer öffentlichen Debatte zu Geschäftsvorfällen unter gemeinsamer Kontrolle haben die Europäische Beratungsgruppe zur Rechnungslegung (EFRAG) zusammen mit den Standardsettern von Italien, Spanien und den Niederlanden im September 2014 ein Diskussionspapier mit dem Titel „Separate Financial Statements" herausgegeben.[472] Das Diskussionspapier enthält bereits einige Lösungsvorschläge zur Überwindung der identifizierten Probleme in Zusammenhang mit Geschäftsvorfällen unter gemeinsamer Kontrolle. Die Problematik von Sachverhaltsgestaltungen unter verbundenen Unternehmen darf m.E. mit Blick auf die angestrebte Erhöhung der Entscheidungsnützlichkeit separater IFRS-Abschlüsse ebenfalls nicht unadressiert bleiben. Für Zwecke der Ausbuchungsprüfung wäre daher zu erwägen, nicht die alleinige Sicht des Übertragenden, sondern die des übergeordneten IFRS-Konzerns zugrunde zu legen.

4.6.9 Verhältnis zum HGB

Als Nächstes soll vorliegend die Frage nach dem Verhältnis des Risikotests i.S.v. IAS 39.20 ff. (IFRS 9.3.2.6 ff.) zu dem des HGB beantwortet werden. Während IAS 39/IFRS 9 auf die Relation der übertragenen und zurückbehaltenen Risiken und Chancen abstellt, ist für die handelsrechtliche Ausbuchungskonzeption allein der Umfang der vom Originator zu-

---

471 Dieselbe Problematik stellt sich auch bei einem freiwillig oder verpflichtend aufgestellten Teilkonzernabschluss nach IFRS.

472 Vgl. EFRAG, „Separate Financial Statements", http://www.efrag.org/files/Separate%20Financial%20Statements/140828_Separate_financial_statements.pdf, abgerufen am 15.12.2014.

rückbehaltenen Bonitätsrisiken maßgeblich.[473] Das Verhältnis zum Gesamtrisiko bzw. zum übertragenen Risikoanteil bleibt indes unberücksichtigt. Wie hoch das zurückbehaltene Bonitätsrisiko handelsrechtlich maximal sein kann, bestimmt sich nach der Höhe der historischen Ausfallquoten zuzüglich eines angemessenen Zuschlags für die Unsicherheit der künftigen Entwicklung des Ausfallrisikos (*unexpected loss*).[474] Als Obergrenze für den Risikozuschlag findet sich in der Praxis häufig eine Bandbreite von 50% bis 100% der historischen Ausfallquoten, wobei auch mathematisch-statistische Verfahren zur Ermittlung des *unexpected loss* herangezogen werden können.[475]

Das Prinzip des Risikotests nach HGB lässt sich somit wie folgt beschreiben: Ein Bilanzabgang ist solange gestattet, solange sich die Risikoposition des Originators – gemessen als Summe aus der historischen Ausfallrate (*expected loss*) und eines Risikoaufschlags (*unexpected loss*) – mit der Verbriefung nicht verschlechtert. Für IFRS reicht ein derartiger „status quo“ vor und nach der Verbriefung nicht aus. IAS 39/IFRS 9 verlangt unbedingt eine Verbesserung der Risikoposition des Originators im Sinne einer Reduktion der Standardabweichung durch die Verbriefungstransaktion. Bereits dieser grundlegende konzeptionelle Unterschied lässt erahnen, dass ein Gleichlauf der Ausbuchungsentscheidungen nach HGB und IFRS kein Regelfall sein muss.

Der Zusammenhang zwischen den Ergebnissen des handelsrechtlichen Risikotests und jenes nach IAS 39/IFRS 9 wird in Tabelle 4 veranschaulicht. Hier wird am Beispiel der oben bereits untersuchten ABS-Transaktionen unter Annahme eines der handelsrechtlichen Praxis entsprechenden Risikoaufschlags von mindestens 50% und maximal 100% der Ausfallrate der Risikorückbehalt des Originators in die einbehaltene Standardabweichung überführt. Dabei wird klar, dass selbst ein 50%-iger Risikoaufschlag zu einem für IFRS-Verhältnisse kritischen Risikorückbehalt gemessen als Standardabweichung führen kann. Mit Zunahme der Standardabweichung der Ausfallrate – wie im Falle der Transaktion SC Germany Auto 2013-2 – sinkt die einbehaltene Standardabweichung bis auf 83,65%, sodass die Risiken nach IAS 39/IFRS 9 ggf. als weder im Wesentlichen übertragen noch als behalten angesehen werden kön-

---

473 Obwohl sich die Beurteilung des Risikoübergangs nach IAS 39/IFRS 9 nicht nur auf Bonitätsrisiken beschränkt, sind es Bonitätsrisiken, die die Risikoposition des Originators i.d.R. überwiegend bestimmen. Vgl. hierzu Kapitel 4.6.2.

474 Vgl. IDW RS HFA 8, Rz. 23.

475 Vgl. Flunker/Lotz, in: Deloitte, Asset Securitisation in Deutschland, 2012, 25, 30 f.

nen. Handelsrechtlich gilt die Übernahme der Bonitätsrisiken in dieser Höhe dagegen als generell unbedenklich für einen Bilanzabgang.

Ein Risikorückbehalt i.H.d. zweifachen Ausfallrate entspricht indes in allen vier Transaktionen einem mehr als 90%-igen Einbehalt der Standardabweichung, was eine Nichtausbuchung nach IAS 39/IFRS 9 zur Folge hätte. Die handelsrechtlichen Ausbuchungsanforderungen erweisen sich unter Annahme eines 50%-igen – geschweige denn eines 100%-igen – Risikozuschlags als weniger restriktiv im Vergleich zu IAS 39/IFRS 9.

Transaktion	**Zulässiger Risikorückbehalt nach HGB (min - max)**	**Standardabweichung**	**Einbehaltene Standardabweichung**	**Ergebnis nach IAS 39/IFRS 9**
Driver 11	3,42% - 4,56%	0,88%	89,49% - 95,93%	Abgang bei 50% Risikoaufschlag unwahrscheinlich, bei 100% kein Abgang
Bavarian Sky, Comp. 3	3,71% - 4,95%	0,73%	95,84% - 98,89%	Kein Abgang
VCL 17	3,82% - 5,10%	0,74%	96,17% - 99,01%	Kein Abgang
SC Germany Auto 2013-2	3,98% - 5,30%	1,21%↑	↓83,65% - 92,95%	Abgang ggf. bei 50% Risikoaufschlag, bei 100% kein Abgang

Tabelle 4: Zusammenhang zwischen dem Risikorückbehalt nach HGB und IAS 39/IFRS 9[476]

Mit weiterer Zunahme der Streuung der Verluste bzw. des *unexpected loss* kann die Risikoübernahme des Originators, wie in Kapitel 4.6.5 am Beispiel unterschiedlich korrelierter Forderungsklassen aufgezeigt wurde, jedoch durchaus ein Mehrfaches der Ausfallrate betragen,

[476] Für die Berechnung wurden die Werte für die Ausfallrate und Korrelation gemäß Tabelle 3 verwendet.

ohne dass der Risikoübergang nach IAS 39/IFRS 9 dadurch notwendigerweise ausgeschlossen wird. Sollte der handelsrechtliche Zuschlag für den *unexpected loss* tatsächlich bei 50% bzw. 100% der Ausfallrate gedeckelt werden, kann es bei Forderungsportfolien mit höheren unerwarteten Verlusten zur Nichtausbuchung nach HGB kommen, während nach IAS 39/IFRS 9 ein Bilanzabgang erzielbar wäre. Unter solchen Umständen toleriert das Handelsrecht somit nur einen begrenzten Anteil vom Originator zurückbehaltener unerwarteter Verluste, nämlich max. das Zweifache der Ausfallrate. Wird hingegen anstatt eines frei gegriffenen Risikoaufschlags der transaktionsspezifische *unexpected loss* zur Ermittlung der Höhe des angemessenen bzw. zulässigen Risikorückbehalts nach HGB verwendet, ergäbe sich hieraus erneut ein höherer zulässiger Risikorückbehalt als nach IAS 39/IFRS 9, der einen Risikorückbehalt von max. 90% für Ausbuchungszwecke duldet.

Eine pauschale Antwort darauf, ob ein Bilanzabgang nach IFRS oder nach Handelsrecht einfacher zu erreichen ist, lässt sich ohne Berücksichtigung des Risikoprofils des Forderungsportfolios folglich nicht geben. Je nach Risikoprofil kann der nach HGB angemessene Risikorückbehalt zur Übernahme so gut wie aller Risiken i.S.d. IAS 39/IFRS 9 führen. Dies dürfte vor allem bei Retailforderungen wie in Tabelle 4 dargestellt oft der Fall sein. Bei Portfolien aus Unternehmenskrediten oder Forderungen aus LuL mit einer höheren Korrelation kann sich der handelsrechtlich höchst zulässige Risikorückbehalt, gemessen als Summe aus der Ausfallrate und eines maximal 100%-igen Risikoaufschlags, hingegen als nicht hoch genug erweisen, um einen Bilanzabgang auch nach IAS 39/IFRS 9 zu verhindern.

4.6.10 Zwischenergebnis

Die Ermittlung des Umfangs der übertragenen Risiken und Chancen stellt mit Abstand den aufwendigsten und mit einigen Unsicherheiten behafteten Prüfungsschritt der Ausbuchungsprüfung nach IAS 39/IFRS 9 dar. Ursächlich für die weiterhin bestehenden Unsicherheiten ist u.a. der allgemein gehaltene und auslegungsbedürftige Regelungsinhalt der geltenden Ausbuchungskonzeption. Nicht ausreichend Abhilfe schafft auch die vom IDW verabschiedete Stellungnahme zur Konkretisierung der Ausbuchungsanforderungen des IAS 39/IFRS 9. Insbesondere bleibt es im Unklaren, ob eine Brutto- oder eine Netto-Betrachtung als Vergleichsmaßstab bei der Ermittlung des Risikoübergangs zugrunde zu legen ist und wie der Begriff *„substantially all"* zu interpretieren ist. Das letztere Problem sieht die Praxis allerdings mittlerweile als gelöst an. Des Weiteren bleibt offen, wie die Quantifizierung der Risiken und

Chancen praktisch umzusetzen ist. Der szenarienbasierte Vorschlag des IDW mag zwar eine Hilfestellung zur Erlangung des Grundverständnisses der gewollten Vorgehensweise vermitteln, einen Hinweis auf konkrete praxistaugliche Methoden zur Quantifizierung der (Kredit-) Risiken enthält die IDW-Stellungnahme jedoch nicht. Die Vorgabe eines oder mehrerer möglicher Verfahren analog zu dem von der Aufsicht vorgegebenen Kreditrisikomodell im Rahmen des IRB-Ansatzes wird offenbar nicht für erforderlich gehalten. Die Umsetzung wird somit dem Bilanzierenden überlassen.

Für die Praxis kommen deshalb unterschiedliche Quantifizierungsverfahren zur Anwendung. Zwar muss es infolgedessen nicht notwendigerweise zu abweichenden Ergebnissen hinsichtlich des festgestellten Umfangs der übertragenen bzw. behaltenen Risiken und Chancen kommen. Im Einzelnen sind divergierende Ergebnisse jedoch denkbar. Dies gilt besonders für den Fall eines eher geringen Umfangs des Risikoübergangs im unteren Bereich der 10-90%-Bandbreite. In solchen Fällen kann die Wahl des Verfahrens und der angemessenen Eingangsparameter durchaus ausschlaggebend für die Ausbuchungsentscheidung sein. Ein rein qualitativer Ansatz wäre daher einer solchen Schwellenregelung eindeutig vorzuziehen. Zumal eine quantitativ begründete Ausbuchungsentscheidung für Außenstehende kaum nachvollziehbar ist.

Vorstehend wurde eine beispielhafte Quantifizierung des Risikoübergangs anhand des von der Aufsicht zur Ermittlung der Eigenkapitalunterlegung für das Kreditrisiko im Rahmen des IRB-Ansatzes vorgegebenen Modells von Vasicek vorgenommen. Dabei wurde auf die ebenfalls aufsichtsrechtlich vorgesehenen Korrelationskoeffizienten für unterschiedliche Forderungsklassen zurückgegriffen. Im Ergebnis konnte gezeigt werden, wie gravierend die Auswirkungen der für das jeweilige Portfolio getroffenen Korrelationsannahme für den Umfang des Risikoübergangs sein können. Die Wahrscheinlichkeit, einen ausreichend hohen Umfang bei gleich bleibenden Credit Enhancements und Ausfallrate zu erzielen, ist für weniger korrelierte Forderungsklassen wie die untersuchten Kreditkartenforderungen und wohl auch für sonstige Forderungen an Privatkunden tendenziell geringer als beispielsweise für die Forderungsklasse „Unternehmen", worunter insbesondere Forderungen aus LuL subsumiert werden können. Bilanzabgang als Instrument der Bilanzpolitik muss folglich kein Bankenprivileg sein.

Insgesamt ist die Quantifizierung des Risikoübergangs mit einigen Unsicherheiten – von der Wahl des Verfahrens bis hin zur Festlegung der Eingangsparameter – verbunden. Bei gerateten Verbriefungstransaktionen empfiehlt es sich daher, soweit möglich auf die Daten der Ratingagenturen zurückzugreifen.[477] Das Ratingprofil der Transaktion kann zudem als erstes Indiz für das Ausmaß der vom Originator einbehaltenen Risiken dienen. Im Übrigen empfiehlt es sich, das festgestellte Ergebnis der Risikoprüfung einem Stresstest zu unterziehen, um sicherzustellen, dass man auch unter weniger günstigen Annahmen zum gleichen Ergebnis gelangt. Dies kann im hier diskutierten Modell durch die Veränderung des Korrelationskoeffizienten und des LGD erfolgen. So kann häufig auch ohne Rückgriff auf aufwendige Simulationsverfahren die Ausbuchungsentscheidung mit hinreichender Sicherheit begründet werden. Als konservativ gilt dabei für Zwecke der Ausbuchungsprüfung stets die Annahme eines geringeren portfolioinhärenten Risikos: Bei gleich bleibenden Credit Enhancements hat dies einen relativ höheren Risikorückbehalt des Originators und mithin eine höhere Hürde für die Ausbuchung der Forderungen zur Folge.

Abschließend sei auf konzeptionelle Unterschiede in der Handhabung des Risikobegriffs zwischen IAS 39/IFRS 9 und HGB hingewiesen. Abhängig von dem Risikoprofil des jeweils untersuchten Forderungsportfolios kann der handelsrechtliche Risikotest zu einer im Vergleich zu IAS 39.20 (IFRS 9.3.2.6) umgekehrten Ausbuchungsentscheidung führen.

4.7 Übergang der Verfügungsmacht

4.7.1 Operationalisierung in IAS 39/IFRS 9

Wie in Kapitel 3.2.2 ausgeführt, stellt das Kriterium der Kontrolle/Verfügungsmacht ein zentrales, unmittelbar auf der Vermögenswertdefinition des IFRS-Rahmenkonzepts fußendes Ansatz- bzw. Zurechnungskriterium dar. Das Kriterium der Verfügungsmacht findet gleichermaßen auch auf finanzielle Vermögenswerte Anwendung. Schließlich knüpft bereits die Definition eines finanziellen Vermögenswerts in IAS 32.11 – wenn auch nur mittelbar – an das Vorliegen eines Vermögenswerts: *„A financial asset is any asset that is (a) cash; (b) an equity instrument...“* usw. Da der Ansatz bzw. die Einbuchung eines finanziellen Vermögenswerts die Verfügungsmacht beim Bilanzierenden voraussetzt, wäre spiegelbildlich zu erwarten, dass

---

477 Diese Informationen können den entsprechenden Berichten (New Issue bzw. Presale Reports) der Ratingagenturen entnommen werden.

der Ausbuchung eines finanziellen Vermögenswerts die Aufgabe der Verfügungsmacht vorausgeht. Diesem Grundgedanken versucht die Ausbuchungskonzeption des IAS 39/IFRS 9 Rechnung zu tragen.

Die Beantwortung der Frage, ob die Verfügungsmacht als behalten oder übertragen gilt, richtet sich gemäß IAS 39.23 (IFRS 9.3.2.9) danach, ob der Erwerber die Vermögenswerte in ihrer Gesamtheit frei und ohne Einschränkungen an Dritte veräußern kann. Der Übergang der Verfügungsmacht setzt damit notwendigerweise eine Übertragung der Rechte nach IAS 39.18(a) (IFRS 9.3.2.4(a)) voraus. Im Falle einer Durchleitungsvereinbarung, die bei Verbriefungstransaktionen zwischen Originator und Zweckgesellschaft mit Ausnahme der ungleichrangigen Übertragungen jedoch kaum vorliegen dürfte,[478] verbleibt die Verfügungsmacht dagegen stets beim Übertragenden.[479]

Etwas verwunderlich erscheint an dieser Stelle die vom Standard eingenommene Sicht des Erwerbers, obwohl im Rahmen der Ausbuchungsprüfung nicht über den Ansatz beim Erwerber, sondern primär über die Bilanzierung beim Übertragenden zu entscheiden ist.[480] Die Konsolidierungspflicht wird schließlich auch allein aus Sicht des berichtenden Unternehmens und nicht etwa der potenziellen Tochterunternehmen beurteilt.[481] Bei der Prüfung des Übergangs der Verfügungsmacht nach IAS 39/IFRS 9 bleibt die Perspektive des Übertragenden indes völlig unberücksichtigt. Wird der Besitz der Verfügungsmacht beim Erwerber aufgrund etwaiger vertraglicher oder praktischer Einschränkungen verneint, erfolgt die Zurechnung der übertragenen Vermögenswerte stets zum Veräußerer, obwohl dieser möglicherweise ebenfalls vertraglichen oder faktischen Restriktionen unterliegt. Als Folge dieser Fiktion kann der Veräußerer Verfügungsmacht haben, ohne tatsächlich über die Vermögenswerte verfügen zu können.[482]

Aufgrund der Wahl der alleinigen Perspektive des Erwerbers scheitert der Übergang der Verfügungsmacht bei Verbriefungstransaktionen regelmäßig bereits an der eingeschränkten Geschäftstätigkeit der Zweckgesellschaft, deren Entscheidungs- und Handlungsspielraum be-

---

478 Vgl. Kapitel 4.5.1.

479 Vgl. IDW RS HFA 9, Rz. 135 f.

480 Vgl. Reiland, Derecognition – Ausbuchung finanzieller Vermögenswerte, 2006, 162, 173.

481 Vgl. PwC, Stellungnahme zum Exposure Draft ED/2009/3: Derecognition – Proposed amendments to IAS 39 and IFRS 7, 2.

482 Vgl. Lüdenbach/Hoffmann/Freiberg, Haufe IFRS Kommentar, 2014, §28, Rz. 68.

wusst auf die von der Entscheidungswillkür der Transaktionsbeteiligten unabhängige Abwicklung des angekauften Forderungsbestands beschränkt ist. Zu einer bedingungslosen Verwertung ist die Zweckgesellschaft somit nicht berechtigt.[483] Die Einschränkung der Weiterveräußerungsmöglichkeit hängt somit nicht zwingend mit dem Verbleib der Verfügungsmacht beim Originator zusammen. Ein Abstellen auf die Veräußerungsmöglichkeit der Verbriefungstitel ist im Gegensatz zu ASC 860[484] ausdrücklich nicht gestattet.[485] Im Ergebnis wird die Verfügungsmacht pro forma dem Originator zugerechnet, obwohl diesem ggf. mit Ausnahme des Servicing und des Clean-up Calls jegliche Verfügung über die verbrieften Forderungen – geschweige denn deren Veräußerung – verwehrt bleibt.[486] Ungeachtet dessen, dass die Ausbuchungskonzeption des IAS 39/IFRS 9 in vielerlei Hinsicht auf Verbriefungen ausgerichtet zu sein scheint, wird dem Umstand der eingeschränkten Geschäftstätigkeit der Zweckgesellschaft bei der Definition der Verfügungsmacht keine Rechnung getragen.

Die Notwendigkeit einer Umkehrung der Beurteilungsperspektive vom Erwerber zum Übertragenden bestätigt ferner das Ergebnis der Kommentierung des inzwischen abgelehnten Standardentwurfs *„Derecognition – Proposed amendments to IAS 39 and IFRS 7“* zur Überarbeitung der Ausbuchungskonzeption des IAS 39/IFRS 9. Zahlreiche Stellungnehmenden sprachen sich ausdrücklich für die Zugrundelegung der Sicht des Übertragenden bei der Beurteilung der Aufgabe der Verfügungsmacht aus.[487] Eine weitere Möglichkeit wäre, unter Beibehaltung des generellen Weiterveräußerungserfordernisses eine Ausnahme für die Erwerber wie Zweckgesellschaften vorzusehen, die einem allgemeinen, d.h. nicht allein auf die Vereinbarung zwischen dem Übertragenden und Erwerber zurückzuführenden Veräußerungsverbot unterliegen.[488]

Abgesehen von den rein vertraglichen Verfügungsmöglichkeiten des Erwerbers muss eine „tatsächliche Fähigkeit zur Veräußerung“ ferner widerlegt werden, falls für den übertragenen Vermögenswert kein – wenn auch nicht zwingend aktiver – Markt existiert.[489] Das Vorhan-

---

483 Vgl. Gryshchenko/Lotz, in: Deloitte, Asset Securitisation in Deutschland, 2012, 37, 54.
484 Vgl. ASC 860-10-40-5(b) i.V.m. ASC 860-10-40-15
485 Vgl. IDW RS HFA 9, Rz. 184.
486 Insbesondere kann der Originator die verbrieften Forderungen nicht mehr zur Schuldendeckung verwenden. Vgl. Käufer, Übertragung finanzieller vermögenswerte nach HGB und IFRS, 2009, 162, Struffert, Asset Backed Securities-Transaktionen und Kreditderivate nach IFRS und HGB, 2006, 99.
487 Darunter insb. PwC, DRSC, EFRAG, European Securitisation Forum.
488 Vgl. KPMG, Stellungnahme zum Exposure Draft ED/2009/3: Derecognition – Proposed amendments to IAS 39 and IFRS 7, 11.
489 Vgl. IAS 39.AG43(a) (IFRS 9.B3.2.8(b).

densein eines Marktes bei Forderungen dürfte nur in Ausnahmefällen – wie etwa bei leistungsgestörten Krediten in einem unsicheren Marktumfeld – nicht zu bejahen sein. Ungeachtet dessen hinterfragt *Reiland* generell die Angemessenheit der tatsächlichen Fähigkeit zur Wiederveräußerung als Ausbuchungs- bzw. Ansatzkriterium.[490] Die Möglichkeit, einen Vermögenswert zu veräußern, stellt sicherlich einen der Wege zur Realisierung des ihm innewohnenden wirtschaftlichen Nutzenpotenzials dar. Gleichwohl sehen weder die allgemeinen noch die speziell für finanzielle Vermögenswerte geltenden Ansatzkriterien vor,[491] dass dem Bilanzierenden zwingend sämtliche denkbaren Möglichkeiten zur Realisierung des Nutzens aus dem Vermögenswert zustehen müssen. Das Erfordernis der Weiterveräußerungsfähigkeit des Erwerbers geht damit über die Ansatzvorschriften für (finanzielle) Vermögenswerte hinaus. So ist es für die Aktivierung einer originären Forderung durch den Darlehensgeber unerheblich, ob er diese weiterveräußern kann oder nicht. Die Weiterveräußerung kann dem Darlehensgeber schließlich aufgrund eines rechtsgeschäftlichen oder gesetzlichen Abtretungsverbots wie etwa nach § 399 bzw. § 400 BGB oder eben eines nicht vorhandenen Marktes verwehrt sein. Es kommt insofern zu einer imparitätischen Behandlung der originären und erworbenen Forderungen, denn die Verfügungsmacht bei dem Darlehensgeber wird ohne Weiteres angenommen, während an den Forderungskäufer zusätzliche Anforderungen gestellt werden.[492] Eine Inkonsistenz ergibt sich zudem zu den allgemeinen Bilanzierungsregeln für nichtfinanzielle Vermögenswerte, denen es vielfach an der tatsächlichen Weiterveräußerungsmöglichkeit mangelt und die trotzdem nach einer Übertragung ausgebucht werden.[493]

Des Weiteren setzt der Übergang der Verfügungsmacht i.S.v. IAS 39.23 (IFRS 9.3.2.9) eine Fähigkeit zur Weiterveräußerung des erworbenen finanziellen Vermögenswerts in seiner Gesamtheit voraus. Sämtliche Rechte und Pflichten des Übertragenden in Bezug auf den übertragenden Vermögenswert müssen folglich dahingehend untersucht werden, ob sie den Erwerber von einer Weiterveräußerung abhalten bzw. daran hindern können. Bei Credit Enhancements wie Ausfallgarantien, die eine Verpflichtung des Übertragenden repräsentieren und im Falle einer Weiterveräußerung wegfallen würden, gilt eine Weiterveräußerung durch

---

490 Vgl. Reiland, Derecognition – Ausbuchung finanzieller Vermögenswerte, 2006, 162 f.
491 Vgl. F.4.4(a) i.V.m. F.4.8 ff. sowie IAS 32.11.
492 Ähnlich auch Reiland, Derecognition – Ausbuchung finanzieller Vermögenswerte, 2006, 162 f.
493 Vgl. Berentzen, Die Bilanzierung von finanziellen Vermögenswerten im IFRS-Abschluss nach IAS 39 und nach IFRS 9, 2010, 200.

den Erwerber als wirtschaftlich nachteilig und daher als unwahrscheinlich.[494] Auch ein bei einer Weiterveräußerung nicht erlöschender Anspruch des Übertragenden wie etwa das Recht auf Auszahlung des Residualbetrags (z.B. Excess Spread) macht eine Weiterveräußerung des Vermögenswerts in seiner Gesamtheit praktisch unmöglich. Gleiche Begründung gilt nach IAS 39.AG43(b)(ii) (IFRS 9.B3.2.8(b)(ii)) auch für etwaige Rückkaufsrechte bzw. -pflichten des Originators einschließlich eines Clean-up Calls. Unschädlich sind derartige Rückübertragungsvereinbarungen nach Ansicht des IDW nur dann, wenn ein Wegfall dieser Restriktionen beim Wiederverkauf der Forderungen durch die Zweckgesellschaft vorgesehen ist, sodass es zu einem bedingungslosen Verkauf kommen kann.[495] Da Verbriefungszweckgesellschaften jedoch ohnehin über kein bedingungsloses Verkaufsrecht verfügen, läuft die hilfestellende Argumentation des IDW praktisch ins Leere.

Im Gegensatz zu den jederzeit am Markt frei verfügbaren Vermögenswerten wie etwa börslich gehandelten Aktien oder Anleihen stellen Forderungen aufgrund ihres individuellen und nicht substituierbaren Charakters keine wiederbeschaffbaren Vermögenswerte dar.[496] Folglich kann der Erwerber sie nicht veräußern und anschließend wieder beschaffen, um seiner Rückübertragungsverpflichtung nachzukommen. In der Folge verhindern selbst nicht werthaltige Rückkaufvereinbarungen wie ein zum Fair Value ausübbarer Clean-up Call des Originators eine Weiterveräußerung als Ganzes.

Das Servicing stellt nach Auffassung des IDW nur dann einen Verstoß gegen die Bedingung einer freien und uneingeschränkten Veräußerung dar, wenn der Erwerber das Inkasso nicht im Einzelnen regeln kann, d.h. nicht das Recht hat, den Servicer bei Bedarf auszutauschen. Da ein jederzeitiger Austausch des Servicers in einer Verbriefungstransaktion kaum möglich ist, wird die Verfügungsmacht weiter beim Originator angenommen.[497]

4.7.2 Kritische Würdigung

IAS 39.23 (IFRS 9.3.2.9) sieht abweichend von der sonst für die Ausbuchungskonzeption üblichen Sicht des Übertragenden die Beurteilung der Verfügungsmacht allein aus der Per-

---

[494] Vgl. IDW RS HFA 9, Rz. 140 sowie Struffert, Asset Backed Securities-Transaktionen und Kreditderivate nach IFRS und HGB, 2006, 93 ff.

[495] Vgl. IDW RS HFA 9, Rz. 185 f.

[496] Vgl. Feld, Bilanzierung von ABS-Transaktionen im IFRS Abschluss, 2007, 227 f.

[497] Vgl. IDW RS HFA 9, Rz. 138.

spektive des Erwerbers vor. Die Verfügungsmacht allein auf die „tatsächliche Fähigkeit zur Veräußerung" zu reduzieren entspricht nicht einer prinzipienorientierten Rechnungslegung[498] und steht nicht im Einklang mit den allgemeinen Ansatzkriterien für (finanzielle) Vermögenswerte.

Die Verneinung des Übergangs der Verfügungsmacht in Verbriefungstransaktionen ist allein der eingeschränkten Geschäftstätigkeit der Zweckgesellschaft geschuldet. Selbst wenn sonstige eine Weiterveräußerung hindernde Restriktionen aufgehoben würden, bleibt die Zweckgesellschaft dennoch außerstande, die verbrieften Forderungen bedingungslos zu veräußern. Aus bilanzrechtlicher Sicht ergibt sich hieraus eine Benachteiligung gegenüber anderen Finanzierungsformen mit Nichtzweckgesellschaften wie etwa dem Inhouse-Factoring, welches in Deutschland mit fast 80% des Factoring-Volumens dominiert.[499] Trotz des Verbleibs des Servicing beim Forderungsverkäufer kann dem Factor ein vertragliches Recht auf den Austausch des Servicers eingeräumt werden, das im Gegensatz zu einer Zweckgesellschaft zumindest theoretisch wahrgenommen werden kann. Auch hinsichtlich der Verlustübernahmen des Forderungsverkäufers kann vereinbart werden, dass diese im Falle einer Weiterveräußerung der Forderungen mit übertragen werden. Inwiefern von derartigen Vereinbarungen tatsächlich Gebrauch gemacht wird, ist zwar fraglich, für den Übergang der Verfügungsmacht i.S.d. Standards jedoch unerheblich.[500] Bei entsprechender Vertragsgestaltung stellt sich somit ein Vollabgang der Forderungen in Factoring-Transaktionen, in denen die Risiken und Chancen weder übertragen noch zurückbehalten werden, anders als bei Verbriefungen als möglich dar.[501]

Werden die Forderungen an einen Factor veräußert, kann der Forderungsverkäufer bis zu 90% der Risiken behalten, ohne dabei notwendigerweise eine Einschränkung des Ausbuchungsumfangs zu befürchten. Im Falle eines Verkaufs an eine Zweckgesellschaft greift dagegen mangels eines Übergangs der Verfügungsmacht bereits ab einem Risikorückbehalt von mehr als 10% der Continuing Involvement-Ansatz, obwohl dem Originator regelmäßig die Verfügungsmacht i.S.d. standardeigenen Definition als die Möglichkeit zur Weiterveräußerung ent-

---

498 So auch Scharenberg, Die Bilanzierung von wirtschaftlichem Eigentum in der IFRS-Rechnungslegung, 2009, 165.

499 Vgl. Terstege/Ewert, Betriebliche Finanzierung schnell erfasst, 2011, 154.

500 Vgl. IAS 39.AG44 (IFRS 9.B3.2.9).

501 Vgl. dazu bspw. Factoring-Transaktionen der Deutschen Telekom, Geschäftsbericht 2013, 239.

zogen wird. Im Ergebnis ist das bilanzpolitische Potenzial einer Ausbuchung bei Verbriefungstransaktionen geringer als etwa beim Factoring.

4.8 Bilanzbefreiende Wirkung einer Durchleitungsvereinbarung im Konzern

Wie vorstehend bereits erläutert, liegt den True-Sale-Verbriefungen regelmäßig eine Übertragung der vertraglichen Rechte nach IAS 39.18(a) (IFRS 9.3.2.4(a)) zwischen Originator und Zweckgesellschaft zugrunde. Eine Ausnahme stellen lediglich ungleichrangige Übertragungen dar, bei denen der Originator ein Residualinteresse erlangt. In solchen Fällen ist anstelle der Übertragung der vertraglichen Rechte auf den Bezug von Cashflows das Vorliegen einer Durchleitungsvereinbarung zu prüfen.[502] Sobald die Zweckgesellschaft jedoch durch den Originator nach Maßgabe des IFRS 10 konsolidiert werden muss, ist eine rechtswirksame Übertragung der Forderungsrechte nur innerhalb des Konzerns gegeben. Gegenüber den ABS-Investoren besteht seitens des Konzerns lediglich eine aus der Begebung der Verbriefungstitel resultierende Zahlungsverpflichtung. In solchen Fällen kann eine Ausbuchung nur bei Bestehen einer Durchleitungsvereinbarung im Verhältnis des Konzerns (einschließlich Zweckgesellschaft) zu Dritten – also den ABS-Investoren – erzielt werden.[503]

4.8.1 Das zweigleisige Konzept

Gemäß IAS 39.BC61 (IFRS 9.BCZ3.21) liegt dem Konzept der Durchleitungsvereinbarung, wie bereits in Kapitel 4.5.1 angedeutet, die Überlegung zugrunde, eine stetige Anwendung des Ausbuchungsmodells unabhängig von der Gestaltung der Übertragung als Übertragung der vertraglichen Rechte auf den Bezug von Cashflows oder als Vereinbarung zur Weiterleitung der Cashflows aus einem finanziellen Vermögenswert sicherzustellen. Wie ökonomisch so soll auch bilanziell die Durchleitungsvereinbarung damit einer rechtswirksamen Übertragung nach IAS 39.18(a) (IFRS 9.3.2.4(a)) möglichst gleichgestellt werden – und dies nicht nur aus Einzel-, sondern auch aus Konzernabschlusssicht. Schließen lässt darauf die Begründung in IAS 39.BC64 (IFRS 9.BCZ3.24), wonach die Zwischenschaltung einer konsolidierungspflichtigen Zweckgesellschaft keinen Einfluss auf die Ausbuchungsentscheidung haben sollte. Das Rationale in der Ausweitung des Anwendungsbereichs der Durchleitungsvereinbarung auf den Konzernabschluss ist folglich in der damit einhergehenden Gleichstellung hin-

---

[502] Vgl. Kapitel 4.5.1 sowie 5.3.2.2.

[503] Vgl. IAS 39AG37 (IFRS 9.B3.2.2) sowie IDW RS HFA 9, Rz. 174.

sichtlich der bilanzbefreienden Wirkung verschiedener miteinander konkurrierender Finanzierungsformen mit (wie Verbriefung) und ohne Zweckgesellschaften (wie Factoring) zu sehen. Demselben Motiv geschuldet war wohl auch die nach US GAAP jahrelang bis 2009 gegoltene Befreiung der sog. Qualifying Special Purspose Entities (QSPE) von der allgemeinen Konsolidierungspflicht für Zweckgesellschaften bzw. Variable Interest Entities (VIE), die ebenfalls eine Ausbuchung finanzieller Vermögenswerte aus der Konzernbilanz ermöglichte.

Bemerkenswerterweise findet sich neben dem Gleichstellungsmotiv auch das zweite konzeptionelle Standbein der Durchleitungsvereinbarung in der Ausnahmevorschrift für QSPE. Zur Einstufung als „qualifying" bedurfte es nach Statement of Financial Accounting Standards „Accounting for Transfers and Servicing of Financial Assets and Extinguishments of Liabilities" (FAS 140) einer im Wesentlichen nur auf das Halten finanzieller Vermögenswerte und die Durchleitung der Cashflows beschränkten Geschäftstätigkeit, die keinen Verkauf oder anderweitige Verwertung der Vermögenswerte zuließ. Eine wesentliche Voraussetzung war, dass die gehaltenen finanziellen Vermögenswerte in einem unmittelbaren Zusammenhang mit dem Transfer bzw. mit der Ausgabe der Wertpapiere (*beneficial interests*) stehen müssen.[504] Damit stellte eine QSPE nichts anderes als ein passives Vehikel zur Durchleitung der Cashflows aus den übertragenen Finanzaktiva an die Wertpapierinhaber als eigentliche Nutznießer dar. Zu einer ähnlichen Schlussfolgerung in Bezug auf den Durchleitungsverpflichteten im Rahmen einer Durchleitungsvereinbarung kommt auch der IASB in IAS 39.BC56 (IFRS 9.BCZ3.16). Wenn alle drei Bedingungen an das Vorliegen einer Durchleitungsvereinbarung gemäß IAS 39.19 (IFRS 9.3.2.5) erfüllt sind, entspricht die wirtschaftliche Situation des Durchleitungsverpflichteten nach Auffassung des Boards jener eines Inkassoagenten, der als solcher über die Forderungen nicht verfügt und sie nicht zu bilanzieren hat:

„In these cases the entity acts more as an agent of the eventual receipients of the cash flows than as an owner of the asset. Accordingly, to the extent that those conditions are met the arrangement is treated as as transfer and considered for derecognition…"

Insgesamt weisen Begriffe der Durchleitungsvereinbarung und der QSPE in konzeptioneller Hinsicht eine große Ähnlichkeit auf. Beiden liegt ein zweigleisiges Konzept zugrunde. Dieses

---

504 Vgl. Brakensiek, Bilanzneutrale Finanzierungsinstrumente in der internationalen und nationalen Rechnungslegung, 2001, 108. Ausführlich zum QSPE-Konzept vgl. Kothari, Securitization: The Financial Instrument of the Future, 2006, 783 ff., Epstein/Nach/Bragg, Wiley GAAP 2008, 2007, 632 f.

basiert einerseits auf der Gleichstellung einer Durchleitung von Cashflows mit einer rechtswirksamen Übertragung finanzieller Vermögenswerte und der damit einhergehenden Neutralität verschiedener Finanzierungsformen mit und ohne Zweckgesellschaften hinsichtlich ihrer bilanzbefreienden Wirkung. Andererseits knüpfen beide Begriffe die Voraussetzungen für einen Bilanzabgang an das Vorliegen eines passiven Durchleitungsverpflichteten.[505] Die Operationalisierung dieses zweigleisigen Konzepts in IAS 39/IFRS 9 soll im nächsten Kapitel genauer untersucht werden.

4.8.2 Operationalisierung in IAS 39/IFRS 9

An das Vorliegen einer Durchleitungsvereinbarung knüpft IAS 39.19 (IFRS 9.3.2.5) folgende kumulativ zu erfüllende Bedingungen:

a) Das Unternehmen ist nur dann zu Zahlungen verpflichtet, wenn es die entsprechenden Beträge aus dem finanziellen Vermögenswert auch tatsächlich vereinnahmt.[506]

b) Das Unternehmen darf den übertragenen Vermögenswert weder verkaufen noch verpfänden, es sei denn, dies dient der Absicherung seiner Verpflichtung zur Zahlung der Cashflows an die Endempfänger.

c) Das Unternehmen ist verpflichtet, die für die Endempfänger eingezogenen Cashflows ohne wesentliche Verzögerung weiterzuleiten. Eine Reinvestition solcher Cashflows innerhalb der Erfüllungsperiode vom Zahlungseingang bis zur Überweisung an die Endempfänger ist auf Zahlungsmittel und Zahlungsmitteläquivalente i.S.v. IAS 7 „Kapitalflussrechnungen" beschränkt. Weiterzuleiten sind zudem auch die aus solchen Reinvestitionen erwirtschafteten Zinsen.

Auch wenn die drei genannten Bedingungen zunächst eher an *Rules* als an *Principles* erinnern,[507] sollte deren konzeptioneller Hintergrund nach Intention des IASB auf der im Rahmenkonzept festgelegten Definition von Vermögenswerten und Schulden fußen. Demnach sollen einer Durchleitungsvereinbarung unterliegende finanzielle Vermögenswerte bei Erfül-

---

505 Vgl. Schipper/Yohn, Accounting Horizons 2007, 59, 67.

506 Kurzfristige Vorauszahlungen stellen keinen Verstoß dar, solange der Übertragende zur vollen Rückerstattung des geliehenen Betrags zuzüglich aufgelaufener Zinsen zum Marktzinssatz berechtigt ist.

507 Vgl. Struffert, Asset Backed Securities-Transaktionen und Kreditderivate nach IFRS und HGB, 2006, 82.

lung der Bedingungen (b) und (c) keine Vermögenswerte, d.h. keine in der Verfügungsmacht des Unternehmens stehenden Ressourcen mehr repräsentieren. Die Erfüllung der Bedingung (a) sollte indes mit der Verneinung einer Verbindlichkeit gegenüber den Endempfängern im Sinne einer gegenwärtigen Verpflichtung, deren Erfüllung mit einem wahrscheinlichen Nutzenabfluss verbunden ist, einhergehen.[508] Die Erfüllung aller drei Bedingungen vorausgesetzt, handelt es sich bei dem Durchleitungsverpflichteten nach Ansicht des IASB, wie im vorigen Kapitel bereits angedeutet, um einen Inkassoagenten, der weder die entsprechenden finanziellen Vermögenswerte noch die dazugehörigen Verbindlichkeiten auszuweisen hat.[509]

Mit Ausnahme der Bedingung (b), die in Verbriefungstransaktionen wegen der eingeschränkten Verwertungsbefugnisse der Zweckgesellschaft regelmäßig als erfüllt angesehen werden kann, ist die Auslegung der Anforderungen in (a) und (c) mit zahlreichen Schwierigkeiten verbunden. Mangels Definition besteht weder im Schrifttum noch in der Praxis Konsens darüber, ab wann eine Verzögerung in der Weiterleitung der Cashflows als „wesentlich" und mithin als schädlich für das Vorliegen einer Durchleitungsvereinbarung i.S.d. Standards gelten soll. Am häufigsten wird ein Zeitraum von höchstens drei Monaten als unbedenklich genannt,[510] was wohl dem Verweis in IAS 39.19(c) (IFRS 9.3.2.5(c)) auf die Unschädlichkeit von Reinvestitionen in Zahlungsmitteläquivalente geschuldet ist, die per Definition in IAS 7.7 eine Restlaufzeit von maximal drei Monaten besitzen dürfen.[511] Zwar erfolgen Zahlungen an ABS-Investoren in der Praxis ohnehin i.d.R. nicht seltener als vierteljährlich, eine willkürliche Grenzziehung scheint dennoch kein geeigneter Weg zu sein.[512] Vielmehr muss eine einzelfallbezogene Gesamtwürdigung der Transaktion einschließlich des dazugehörigen Vertragswerks zur Klärung der Hintergründe einer etwaigen Verzögerung vorgenommen werden.[513] So gibt auch das IDW zu verstehen, dass durch unvermeidbare Abweichungen zwischen den Zahlungsterminen von Forderungen und Finanztiteln bedingte Zahlungsverzögerungen nicht schädlich sein können.[514]

---

508 Vgl. F.4.4(a) und (b) i.V.m. IAS 39.BC60 (IFRS 9.BCZ3.20).

509 Vgl. IAS 39.BC56 (IFRS 9.BCZ3.16).

510 Vgl. bspw. IDW RS HFA 9, Rz. 124, Deloitte, iGAAP 2010, 2010, 498 f., KPMG, Insights into IFRS, 2012/2013, 2012, 7.5.330.10, Struffert, Asset Backed Securities-Transaktionen und Kreditderivate nach IFRS und HGB, 2006, 83.

511 Vgl. Lüdenbach/Hoffmann/Freiberg, Haufe IFRS Kommentar, 2014, §28, Rz. 76, Feld, Bilanzierung von ABS-Transaktionen im IFRS Abschluss, 2007, 230.

512 Vgl. Kuhn/Scharpf, Rechnungslegung von Financial Instruments nach IFRS, 2006, 199.

513 Vgl. Friedhoff/Berger, Financial Instruments, 2013, 140 f.

514 Vgl. IDW RS HFA 9, Rz. 124 f.

Zur Ermittlung der Dauer der Verzögerung muss nicht zwingend der zeitliche Abstand zwischen dem Zahlungseingang bei der Zweckgesellschaft und dem Tag, an dem eine Ausschüttung an die ABS-Investoren erfolgt, herangezogen werden. So schlägt *Feld* sachgerechterweise vor, eine Weiterleitung an die Investoren bereits dann als bewirkt anzusehen, wenn der Originator bzw. Servicer den entsprechenden Betrag auf ein an den Treuhänder verpfändetes und somit der Insolvenzmasse des Originators entzogenes Konto überweist.[515] Sofern die kontoführende Bank ihren Sitz in Deutschland hat, kann der Treuhänder ein Pfandrecht am Auszahlungsanspruch der Zweckgesellschaft nach §§ 1204, 1273 BGB erwerben.[516] In Verbriefungstransaktionen ohne Einbindung eines Treuhänders ist hingegen auf den Zeitpunkt der tatsächlichen Auszahlung an die Schuldtitelinhaber abzustellen.

Bei revolvierenden Verbriefungstransaktionen, bei denen die eingehenden Cashflows während eines bestimmten Zeitraums nicht zur Bedienung der Verbriefungstitel, sondern zum Ankauf neuer Forderungen beim Originator verwendet werden, dürfte das Erfordernis einer zeitnahen Weiterleitung der Cashflows nach der vom IFRIC bereits 2005 vorgenommenen Klarstellung zwar kaum noch für Unsicherheit in der Anwendung sorgen.[517] Dies ist jedoch kein Grund, die restriktive Auffassung des Interpretationskomitees, wonach im Ankauf neuer Forderungen generell eine Verletzung der Weiterleitungsanforderung gemäß IAS 39.19(c) (IFRS 9.3.2.5(c)) gesehen wird, kritisch zu hinterfragen. Schließlich wäre es kaum gerechtfertigt, eine Ausbuchung bei revolvierenden Strukturen selbst dann zu verneinen, wenn sämtliche Risiken und Chancen an konzernfremde Dritte übertragen werden.[518] Sachgerecht erscheint es vielmehr, die Verwendung der eingehenden Zahlungen der Forderungsschuldner für den Ankauf neuer Forderungen als Aufrechnung anzusehen, durch die lediglich ein unwirtschaftlicher Transfer von Geldmitteln vermieden wird. Eine Aufrechnung entspricht somit wirtschaftlich einer anderen Form der Zahlung an die Investoren, die statt Tilgungszahlungen Zahlungsansprüche aus neu erworbenen Forderungen erhalten und ist insofern als Weiterleitung i.S.d. IAS 39.19(c) (IFRS 9.3.2.5(c)) zu qualifizieren.[519]

---

515 Vgl. Feld, Bilanzierung von ABS-Transaktionen im IFRS Abschluss, 2007, 231 f.

516 Vgl. Kühn/von Websky, in: Deloitte, Asset Securitisation in Deutschland, 2012, 121, 128.

517 Vgl. IFRIC, Update September 2005, 6.

518 Vgl. Struffert, Asset Backed Securities-Transaktionen und Kreditderivate nach IFRS und HGB, 2006, 85.

519 Vgl. Lüdenbach/Hoffmann/Freiberg, Haufe IFRS Kommentar, 2014, §28, Rz. 76, Struffert, Asset Backed Securities-Transaktionen und Kreditderivate nach IFRS und HGB, 2006, 84.

Obwohl die Verneinung der Durchleitungseigenschaft bei revolvierenden Transaktionen vielfach eine Ausbuchung verhindert, lassen sich durchaus Vertragsgestaltungen wählen, die der Anforderung an eine Weiterleitung „ohne wesentliche Verzögerung“ zumindest formal genügen. Ein Schlupfloch bietet dabei die vom IDW vertretene Auffassung, wonach kein Verstoß gegen die verzögerungsfreie Weiterleitung vorliegt, falls die Zahlungseingänge zunächst tatsächlich an die Begünstigten oder einen Treuhänder ausgekehrt werden und dann frei über den Ankauf neuer Forderungen entschieden wird. Unschädlich ist ferner laut IDW, wenn anstelle einer Rückzahlung fälliger Schuldverschreibungen neue Schuldverschreibungen durch die Zweckgesellschaft begeben werden,[520] obwohl auch hier bei strenger Auslegung eher ein Erfüllungssurrogat bzw. eine Aufrechnung vorliegt.

Die Praxis reagiert auf die Haltung der Standardsetter entsprechend kreativ, indem den Investoren beispielsweise einen Neuankauf verhindernde Kündigungsrechte eingeräumt oder vertragliche Vereinbarungen getroffen werden, die eine Tilgung der Verbriefungstitel zu jedem Zahlungstermin bei gleichzeitiger Emission und Platzierung neuer Schuldverschreibungen vorsehen. Für eine wirklich wirtschaftliche Betrachtungsweise sollte es unerheblich sein, ob der Investor dem Ankauf neuer Forderungen bereits zu Transaktionsbeginn allgemein oder zum Zeitpunkt eines jeden Neuankaufs einzeln zustimmt[521] und ob tatsächlich Geld fließt oder ersatzweise eine Aufrechnung erfolgt.

Nicht weniger kontrovers gestaltet sich die Beurteilung der Bedingung des IAS 39.19(a) (IFRS 9.3.2.5(a)), deren Diskussion bereits in Kapitel 4.5.1 angeschnitten wurde. Demnach darf die Zweckgesellschaft nicht zu Zahlungen verpflichtet sein, die sie nicht aus den verbrieften Forderungen vereinnahmt. Mithin stellt jede über die Zahlungseingänge des Forderungsportfolios hinausgehende Zahlungsverpflichtung wie etwa eine gewährte Ausfallgarantie oder nicht zum Fair Value ausübbare Verkaufsoption einen Verstoß gegen das Vorliegen einer Durchleitungsvereinbarung dar. Dies leuchtet zunächst insofern ein, als der IASB die wirtschaftliche Situation des zur Durchleitung verpflichteten Unternehmens bei Erfüllung der Bedingungen für eine Durchleitungsvereinbarung mit der eines Inkassoagenten vergleicht. Es wäre in der Tat untypisch, wenn ein Inkassoagent Haftung für ausgefallene Forderungen übernehmen würde. Demgegenüber verstoßen Credit Enhancements, die nicht mit einer zu-

---

[520] Vgl. IDW RS HFA 9, Rz. 177 f.

[521] Ein wiederkehrendes Zustimmungsrecht beim Ankauf neuer Forderungen oder beim Erwerb neu emittierter Schuldverschreibungen kann allenfalls für die Bewertung der Verbriefungstitel von Belang sein.

sätzlichen Zahlungsverpflichtung gegenüber den Schuldtitelinhabern einhergehen, sondern ausschließlich aus dem Cashflow des verbrieften Forderungsportfolios gespeist werden, nicht gegen den Wortlaut des IAS 39.19(a) (IFRS 9.3.2.5(a)).

Als unschädlich sind somit sämtliche Credit Enhancements anzusehen, mit denen der Originator bzw. seine verbundenen Unternehmen bezüglich ihrer Ansprüche eine Residualstellung erlangen. Bei Subordination oder einem aus dem variablen Kaufpreisabschlag resultierenden *Excess Spread* des Originators besteht zwar ein residualer Auszahlungsanspruch, nicht jedoch eine weitere Zahlungsverpflichtung wie bei einer gewährten Ausfallgarantie oder Verkaufsoption. Mit Blick auf Verbriefungstransaktionen stellt sich jedoch die Frage, ob ein Residualinteresse auch dann als unschädlich anzusehen ist, wenn die Zins- bzw. Währungsabsicherung nicht über eine konzernfremde Drittpartei, sondern konzernintern erfolgt. Im Falle eines konzerninternen Zinsswaps mit dem Originator ergibt sich – ähnlich wie bei einer Garantie – eine zusätzliche Zahlungsverpflichtung, wenn der variable Zinsanspruch der Investoren die Zahlungsströme aus festverzinslichen Forderungen übersteigt.[522] Obwohl in der Stellungnahme des IDW zum Abgang von finanziellen Vermögenswerten nach IAS 39 mitunter eine beispielhafte Verbriefungstransaktion mit einem konzerninternen Zinsswap erörtert wird, wird diese Problematik hierin nicht angesprochen.[523]

Ungeachtet dessen ist ein Residualinteresse des Durchleitungsverpflichteten konzeptionell genauso wenig mit einer Agentenstellung vereinbar wie die Gewährung einer Ausfallgarantie oder Verkaufsoption. Im Sinne der eigenen Argumentation des IASB wäre es daher konsequenter, die Agenteneigenschaft unabhängig von der Ausgestaltung der gewährten Credit Enhancements zu verneinen. Eine generelle Nichtanerkennung der Durchleitungsvereinbarung infolge der Risikoübernahme durch den Durchleitungsverpflichteten würde allerdings gegen das zweite konzeptionelle Standbein der Durchleitungsvereinbarung – die angestrebte Gleichstellung mit einer Übertragung der Rechte auf die vertraglichen Cashflows – verstoßen. Schließlich darf der Übertragende der Rechte auf die vertraglichen Cashflows durchaus Risiken, darunter auch in Form einer Ausfallgarantie, zumindest bis zu einem gewissen Umfang, den es erst im darauffolgenden Schritt zu prüfen gilt, ohne Gefährdung des Ausbuchungser-

---

522 Vgl. Hoffmann, Anmerkungen zum Entwurf der Fortsetzung IDW RS HFA 9: Abgang von finanziellen Vermögenswerten nach IAS 39, 2006, 7.

523 Vgl. IDW RS HFA 9, Rz. 188 ff.

gebnisses tragen.[524] Angesichts der angestrebten Gleichstellung mit einer Übertragung der Rechte auf die Cashflows wäre zudem im Sinne des IDW die Gültigkeit der Insolvenzfestigkeit für die Durchleitungsvereinbarung zu erwarten. Doch das IDW erwähnt das Erfordernis der Insolvenzfestigkeit in Zusammenhang mit der Durchleitungsvereinbarung nicht mehr. Meines Erachtens sollte für den Begünstigten einer Durchleitungsvereinbarung nichts anderes als für den Erwerber der Forderungsrechte gelten.[525] Ob die Anforderung an eine Weiterleitung der Cashflows „ohne wesentliche Verzögerung“ i.S.v. IAS 39.19(c) (IFRS 9.3.2.5(c)) dem Insolvenzerfordernis gleichgestellt werden kann, ist indes fraglich. Beide Begriffe haben zwar die Minimierung des Kreditrisikos zum Ziel,[526] im Insolvenzfall wäre die Erfüllung der Bedingung einer Weiterleitung „ohne wesentliche Verzögerung“ ohne Insolvenzfestigkeit jedoch zu bezweifeln.[527] Das Erfordernis der Insolvenzfestigkeit erscheint ferner mit Blick auf die geltenden Vorschriften zur Saldierung von Finanzinstrumenten nach IAS 32 sachgerecht.[528]

Ebenso wie das Konzept der QSPE findet die Regelung zur Durchleitungsvereinbarung auf Konzernebene Anwendung. Gleichwohl gilt das auf die Durchleitung der Cashflows abstellende Passivitätserfordernis gemäß FAS 140 nur der Zweckgesellschaft außerhalb des Konzerns, nicht jedoch dem Originator. Die QSPE-Regelung stellt somit ein in sich geschlossenes Konzept dar, in dem die Gleichstellung von Verbriefungen mit rechtswirksamen Übertragungen von Forderungen an konzernfremde Dritte einerseits und die Passivität bzw. Agenteneigenschaft der Zweckgesellschaft andererseits konfliktfrei miteinander vereint werden.

Die Anforderungen des IAS 39.19 (IFRS 9.3.2.5) gelten dagegen mangels einer Ausnahme bei der Konsolidierung der Zweckgesellschaft dem Subjekt „Konzern“ und mithin nicht nur der durchleitenden Zweckgesellschaft sondern auch dem Originator. Der Originator dürfte allerdings nur in seltensten Fällen mit einem Inkassoagenten tatsächlich vergleichbar sein, nämlich nur dann, wenn er keinerlei Residualinteresse hat. Ein Residualinteresse kann IAS 39/IFRS 9 wegen seiner zweigleisigen Zielsetzung allerdings nicht ganz ausschließen,

---

524 Vgl. Reiland, Derecognition – Ausbuchung finanzieller Vermögenswerte, 2006, 128.

525 Vgl. Kapitel 4.4 sowie zur Abgrenzung zu Kreditderivaten Kapitel 4.5.2. Anders jedoch Käufer, Übertragung finanzieller Vermögenswerte nach HGB und IFRS, 2009, 238.

526 Vgl. zur Durchleitungsvereinbarung EFRAG, Stellungnahme zum Exposure Draft ED/2009/3: Derecognition – Proposed amendments to IAS 39 and IFRS 7, 10.

527 Vgl. Hoffmann, Anmerkungen zum Entwurf der Fortsetzung IDW RS HFA 9: Abgang von finanziellen Vermögenswerten nach IAS 39, 2006, 2 f.

528 Vgl. hierzu auch Ausführungen in Kapitel 4.4.

ohne dabei die angestrebte Gleichstellung mit einer Übertragung der Rechte auf die Cashflows völlig zu verfehlen. Ein Residualinteresse wird im Ergebnis nur selektiv bei zusätzlichen Zahlungsverpflichtungen wie Garantien als Verstoß gegen das Vorliegen einer Durchleitungsvereinbarung gewertet. Demzufolge bleibt bei allen anderen Residualansprüchen des Originators der Konflikt mit der geforderten Agenteneigenschaft zwangsläufig bestehen. Bestehen bleiben damit auch die Zweifel an der Angemessenheit der in IAS 39.BC56 (IFRS 9.BCZ3.16) i.V.m. IAS 39.BC60 (IFRS 9.BCZ3.20) ausgerechnet mit der Agenteneigenschaft begründeten Ausbuchungsentscheidung: Nur bei einem Inkassoagenten sind die Ansatzkriterien für Vermögenswerte und Schulden nach Ansicht des IASB nicht erfüllt. Wenn aber der vermeintliche Inkassoagent aufgrund seiner Residualstellung eigentümertypischen Risiken ausgesetzt ist und folglich gar kein Agent sein kann, stellt sich die Frage, warum er dann keine entsprechenden Vermögenswerte bilanziert. Die Definition von Vermögenswerten und Schulden mag zwar nach Überzeugung des IASB auch bei einem solchen eigentümerähnlichen Agenten formal zu verneinen sein, jedoch nur insofern, als die kontrollbasierte Definition von Vermögenswerten und Schulden im IFRS-Rahmenkonzept den Begriff „Risiko" nicht explizit erwähnt.

Gegen eine Ausbuchung spricht zudem die Tatsache, dass die Forderungen die Konzernbilanz verlassen, ohne dabei vom Erwerber aktiviert zu werden. Der oder die Erwerber in Gestalt der ABS-Investoren aktivieren vielmehr die erworbenen Wertpapiere. Eine anteilige Aktivierung der Forderungen anstelle der Wertpapiere ist bereits aus praktischen Gründen kaum möglich. Zum einen ist selten eine völlige Deckungsgleichheit zwischen Forderungen und Verbriefungstiteln hinsichtlich ihrer inhärenten Risiken gegeben. Variabel verzinslichen ABS liegen z.B. oft festverzinsliche Forderungen zugrunde. Zum anderen stellt sich eine anteilige Aktivierung der Forderungen auch deswegen als impraktikabel dar, weil ABS infolge der Tranchierung einen untereinander unterschiedlichen Risikogehalt aufweisen.[529] Auch wenn die spiegelbildliche Bilanzierung (*mirror accounting*) nicht zu den anerkannten Grundsätzen der IFRS-Rechnungslegung gehört, zeugt deren Verletzung – wie in diesem Fall – von einer mangelnden konzeptionellen Geschlossenheit der Regelung zur Durchleitungsvereinbarung.

Insgesamt scheitert IAS 39/IFRS 9 im Gegensatz zu FAS 140 mit seinem ebenso zweigleisigen QSPE-Modell an der Operationalisierung des Konzepts der Durchleitungsvereinbarung

[529] Vgl. Kropp/Klotzbach, WPg 2002, 1010, 1018, Käufer, Übertragung finanzieller Vermögenswerte nach HGB und IFRS, 2009, 311.

auf Konzernebene. Der Spagat zwischen der Erreichung einer Gleichstellung mit einer Übertragung der Rechte auf die Cashflows und der gleichzeitigen Nichterfüllung der Ansatzkriterien für Vermögenswerte und Schulden beim durchleitungsverpflichteten Originator als Inkassoagent der ABS-Investoren misslingt. Mit den in IAS 39.19 (IFRS 9.3.2.5) formulierten Kriterien wird vergeblich versucht, die unüberbrückbaren konzeptionellen Differenzen zu überbrücken. Im Ergebnis fallen die Kriterien sehr kasuistisch aus und lassen sich problemlos durch eine gezielte Strukturierung der Verbriefungstransaktion umgehen. Sofern ein Bilanzabgang gewollt ist, wird auf den Einsatz von Ausfallgarantien und Rückübertragungsvereinbarungen zugunsten der Subordination oder variabler Kaufpreisabschläge verzichtet. Bei revolvierenden Transaktionen kann die Vertragsgestaltung, wie oben erörtert, entsprechend der formalen Erfüllung der Anforderung an eine Weiterleitung von Cashflows ohne wesentliche Verzögerung verhandelt werden.

4.8.3 Zwischenfazit und Handlungsbedarf

Die Regelung zur Durchleitungsvereinbarung stellte bereits vor der Verabschiedung von IFRS 10 den wohl praktikabelsten Weg zur Erreichung eines (teilweisen) Bilanzabgangs aus Konzernsicht dar. Der zweite Weg zum Bilanzabgang führte über die Vermeidung der Konsolidierungspflicht der Zweckgesellschaft, was schon unter SIC-12 mit seiner Forderung nach einer mehrheitlichen Ausplatzierung von Risiken und Chancen an konzernfremde Dritte eine kaum zu bewältigende Hürde war. Mit IFRS 10 wird die Latte sogar deutlich über 50% der auszuplatzierenden Risiken und Chancen gelegt, um eine Qualifikation des Originators als Prinzipal und somit die Konsolidierung der Zweckgesellschaft vermeiden zu können.[530] Sobald sich die Frage nach einem Bilanzabgang im Rahmen einer Verbriefungstransaktion stellt, rückt die Regelung zur Durchleitungsvereinbarung damit unangefochten in den Vordergrund der Konzernbilanzpolitik. Umso weniger zufriedenstellend ist, dass diese Regelung weder konzeptionell noch in operationeller Hinsicht überzeugt.

Festzuhalten bleibt, dass ein Abgang der Forderungen aus der Konzernbilanz nach Maßgabe der Durchleitungsvereinbarung i.S.v. IAS 39.19 (IFRS 9.3.2.5) weiterhin möglich sein wird, sobald mehr als nur unwesentliche Risiken und Chancen (>10%) von konzernfremden Dritten getragen werden. Angesichts der in Kapitel 4.6.5 gewonnenen Erkenntnisse über die Variabi-

---

530 Vgl. Kapitel 4.2.5.1.

lität der Risiken und Chancen in Abhängigkeit von der Forderungsklasse, ist ein Bilanzabgang vor allem bei Forderungsportfolien mit einer vergleichsweise hohen innewohnenden Korrelation bzw. einem höheren unerwarteten Verlust (*unexpected loss*), der mit Dritten außerhalb des Konzerns geteilt wird, anzunehmen. Dazu zählen insbesondere Forderungen aus Lieferungen und Leistungen.

Wenig zufriedenstellend ist ferner der aktuelle Stand der Konvergenz mit US GAAP. Mit Statement of Financial Accounting Standards No. 166 "Accounting for Transfers of Financial Assets – an amendment of FASB Statement No. 140" (FAS 166) und FAS 167 „Amendments to FASB Interpretation No. 46(R)" schaffte der FASB mit Wirkung für Geschäftsjahre beginnend ab dem 01.01.2010 die Ausnahmevorschrift für QSPE ab.[531] Ein Bilanzabgang trotz der Konsolidierung der Zweckgesellschaft ist nach US GAAP daher nicht mehr möglich. Ungeachtet der bereits umgesetzten Konvergenzschritte bei der Vereinheitlichung der Konsolidierungsvorschriften und der konsolidierungs- sowie ausbuchungsbezogenen Anhangangaben sind beide Standardsetter ausdrücklich angehalten, hier eine gemeinsame Lösung zu finden. Wegen der oben aufgezeigten konzeptionellen und praktischen Defizite wird diese Lösung vermutlich die Abschaffung der Regelung zur Durchleitungsvereinbarung in IAS 39/IFRS 9 bedeuten. Die Abschaffung der Durchleitungsvereinbarung deutete der IASB zudem bereits mit dem 2009 vorgelegten Standardentwurf „Derecognition – Proposed amendments to IAS 39 and IFRS 7" zur Überarbeitung der Ausbuchungsvorschriften an, der diese Regelung zumindest explizit nicht mehr enthielt.[532]

---

531 Vgl. Colabella/Fitzsimons/Shoaf, Bank Accounting & Finance 2009-2010, 45, 45 ff.
532 Vgl. Doleczik/Färber, Der Betrieb 2009, 1193, 1193 f., 1198 sowie Anlage Nr. 1 im Anhang.

5 Bilanzierung bei Voll-, Teil- und Nichtausbuchung

5.1 Bilanzierung bei Vollausbuchung

5.1.1 Praktische Relevanz

In der Praxis kommt es zu einer Vollausbuchung der verbrieften Forderungen – anders als z.B. beim Factoring – nur in Ausnahmefällen. Maßgeblicher Grund dafür ist die eingeschränkte Geschäftstätigkeit der Zweckgesellschaft, die nicht mit dem Besitz der Verfügungsmacht i.S.d. Standards vereinbar ist.[533] In Ermangelung eines Übergangs der Verfügungsmacht kann eine Vollausbuchung nur vorbehaltlich einer Übertragung im Wesentlichen aller Risiken und Chancen erreicht werden, was nach vorherrschender Meinung einem Risikoübergang i.H.v. mindestens 90% entspricht. Ein Risikoübergang in dieser Größenordnung ist i.d.R. nur durch die Stellung aller wesentlichen Credit Enhancements durch Drittparteien zu erreichen.[534] Dies kann auf der IFRS-Einzelabschlussebene ggf. durch die Ausplatzierung der Risiken an verbundene Unternehmen des Originators erzielt werden. Problematisch ist allerdings eine Sicherheitenstellung durch ein Tochterunternehmen des Originators, da die eventuelle Inanspruchnahme der Sicherheiten in diesem Fall über eine verminderte Gewinnausschüttung letztendlich auf den Originator zurückfallen würde.[535]

Aus Konzernsicht bedarf es hingegen stets einer Risikoübernahme durch konzernfremde Dritte, was aus vielerlei Gründen, besonders aber wegen der zu Gunsten des Originators bestehenden Informationsasymmetrie, deutlich unwahrscheinlicher ist. Eine Vollausbuchung aus der Konzernbilanz kann ferner im Falle einer konsolidierungspflichtigen Zweckgesellschaft durch die restriktiven Anforderungen des IAS 39.19 (IFRS 9.3.2.5) an eine Durchleitungsvereinbarung verhindert werden.[536] So lässt sich beispielsweise dem Geschäftsbericht der Santander-Gruppe, die per Ende 2012 über einen verbrieften Bestand von mehr als EUR 100 Mrd. verfügte, entnehmen, dass zwischen 2010 und 2012 keine einzige Verbriefungstransaktion zu einer Ausbuchung der Forderungen geführt hat: „*In 2012, 2011 and 2010 the Group did not derecognise any of the securitisations performed, and the balance derecognised in those years relates to securitisations performed in prior years*“.[537] Ein Vollabgang der Forde-

---

533 Vgl. Kapitel 4.7.
534 Vgl. Gryshchenko/Lotz, in: Deloitte, Asset Securitisation in Deutschland, 2012, 37, 56.
535 Vgl. Struffert, Asset Backed Securities-Transaktionen und Kreditderivate nach IFRS und HGB, 2006, 109.
536 Vgl. vorstehendes Kapitel.
537 Vgl. Santander, Auditors' Report and Annual Consolidated Accounts 2012, 87.

rungen dürfte eher für die IFRS-Einzelabschlussebene und nur in Ausnahmefällen für den Konzernabschluss des Originators von praktischer Relevanz sein.[538]

5.1.2 Allgemeine Implikationen für die Bilanzierung von Credit Enhancements

Führt die Ausbuchungsprüfung dennoch zu dem Ergebnis, dass die Übertragung der Forderungen die Kriterien für eine vollständige Ausbuchung erfüllt, wird der Übertragungsvorgang als endgültige Veräußerung mit einer erfolgswirksamen Erfassung der daraus resultierenden Gewinne oder Verluste dargestellt. Der Abgangserfolg ergibt sich als Unterschiedsbetrag zwischen dem Buchwert der Forderungen und der erhaltenen Gegenleistung.[539] In der Praxis werden Gewinne und Verluste aus dem Abgang von Forderungen i.d.R. als „sonstige betriebliche Erträge" oder „sonstige betriebliche Aufwendungen" erfasst.[540] Die erhaltene Gegenleistung umfasst neben dem eigentlichen Entgelt für die Forderungen sämtliche im Zuge der Transaktion neu entstandenen Vermögenswerte abzüglich aller neu eingegangenen Verbindlichkeiten.[541]

Die Ermittlung des Abgangserfolgs hängt damit mit der Frage der Erfassung der im Rahmen des Übertragungsvorgangs neu entstandenen Vermögenswerte und Verbindlichkeiten zusammen. Diese sind laut IAS 39.25 (IFRS 9.3.2.11) mit Ausnahme der *servicing assets* und Zinsstrips mit dem Fair Value einzubuchen, welcher nach Maßgabe des IFRS 13 zu ermitteln ist. Bei Credit Enhancements muss dabei mangels eines aktiven Marktes i.d.R. auf Bewertungsverfahren zurückgegriffen werden. Als Ausgangspunkt der Fair Value-Ermittlung kann dabei die im Rahmen der Ausbuchungsprüfung unterstellte Ausfallverteilung dienen.[542]

Da IAS 39.25 (IFRS 9.3.2.11) vom Erhalt eines neuen finanziellen Vermögenswerts **oder** einer neuen finanziellen Verbindlichkeit spricht, deutet dies scheinbar auf eine Nettodarstellung in der Bilanz hin. Davon ist jedenfalls mit Blick auf die Regelung des IAS 39.24 (IFRS 9.3.2.10) und IAS 39.25 (IFRS 9.3.2.11) zur Bilanzierung von Verwaltungsrechten auszugehen. Beim Verwaltungsrecht ist nämlich ausdrücklich **entweder** ein Vermögenswert

---

538 Ähnlich auch Feld, Bilanzierung von ABS-Transaktionen im IFRS Abschluss, 2007, 252.

539 Bei Vermögenswerten der Kategorie „available for sale" wären zusätzlich im Eigenkapital erfasste kumulierte Gewinne oder Verluste zu berücksichtigen.

540 Vgl. Lüdenbach/Hoffmann/Freiberg, Haufe IFRS Kommentar, 2014, §28, Rz. 250.

541 Vgl. IAS 39.26 (IFRS 9.3.2.12).

542 Vgl. Kapitel 4.6.4 sowie ausführlicher Feld, Bilanzierung von ABS-Transaktionen im IFRS Abschluss, 2007, 256.

oder eine Verbindlichkeit und nicht beides zu erfassen. Fraglich ist daher, inwiefern der hier wohl im Allgemeinen anzunehmende saldierte Bilanzausweis im Einklang mit den Vorschriften des IAS 32 zur Saldierung von finanziellen Vermögenswerten und finanziellen Verbindlichkeiten steht. Eine Saldierung ist gemäß IAS 32.42 nur dann verpflichtend vorzunehmen, wenn das bilanzierende Unternehmen

(a) zum gegenwärtigen Zeitpunkt einen einklagbaren Rechtsanspruch zur Aufrechnung der erfassten Beträge hat und

(b) beabsichtigt, entweder den Ausgleich auf Nettobasis herbeizuführen oder gleichzeitig mit der Verwertung des betreffenden Vermögenswerts die dazugehörige finanzielle Verbindlichkeit glattzustellen.

Im Ergebnis sollte der aus der Saldierung resultierende Nettobetrag die vom Berichtsunternehmen erwarteten künftigen Cashflows widerspiegeln.[543] Diese Voraussetzungen dürften vor allem im Hinblick auf Call- und Put-Optionen vielfach nicht erfüllt sein, weil dabei kein Ausgleich auf Nettobasis, sondern i.d.R. eine Übertragung der betroffenen Forderungen i.V.m. der Zahlung des Bruttobetrags (Kaufpreis) beabsichtigt wird.[544] Nicht unstrittig ist auch der Nettoausweis von Finanzgarantien. IAS 39/IFRS 9 stellt nicht ausdrücklich klar, ob bei ratierlicher/nachschüssiger Prämienleistung eine Nettodarstellung (Saldierung des Fair Value der Garantieverpflichtung mit der Prämienforderung) oder eine Bruttodarstellung (Passivierung der Garantieverpflichtung und Aktivierung der Prämienforderung) geboten ist.[545] Im Schrifttum finden sich Unterstützer beider Ansätze,[546] wobei ein Nettoausweis mit Blick auf das vom jeweiligen Rechtsraum abhängigen Saldierungskriterium des IAS 32.42(a) kaum pauschal bejaht werden kann.[547] Eine Adjustierung des auf einen Nettoausweis hindeutenden Regelungsinhalts des IAS 39.25 (IFRS 9.3.2.11) an die Saldierungsvorschriften des IAS 32 erscheint daher sinnvoll.

---

543 Vgl. IAS 32.43 sowie Geisel/Berger, WPg 2011, 1120, 1122.

544 Vgl. auch Reiland, Derecognition – Ausbuchung finanzieller Vermögenswerte, 2006, 214 f.

545 Vgl. Grünberger, KoR 2006, 81, 86, Kirsch/Knauer, KoR 2011, 337, 338.

546 Vgl. zur Nettodarstellung Lüdenbach/Hoffmann/Freiberg, Haufe IFRS Kommentar, 2014, §1, Rz. 118, Scharpf/Weigel/Löw, WPg 2006, 1492, 1497 sowie zur Bruttodarstellung Grünberger, KoR 2006, 81, 86, Kirsch/Knauer, KoR 2011, 337, 338 ff.

547 Vgl. kritisch in Bezug auf das deutsche Schuldrecht Kirsch/Knauer, KoR 2011, 337, 339 f.

Während der Erstansatz zum Fair Value z.B. bei Ausfallgarantien eingeräumten Verkaufsoptionen – sofern diese überhaupt bei einer Vollausbuchung vorkommen – den allgemeinen Bewertungsregeln entspricht, stellt sich im Falle der Vereinbarung eines variablen Kaufpreisabschlags sowie bei der Bildung eines Reservekontos die Frage, ob auch solche Credit Enhancements, die einen eventuellen künftigen Auszahlungsanspruch des Originators verkörpern, unter die Regelung des IAS 39.25 (IFRS 9.3.2.11) fallen. Dagegen sprechen nach Auffassung von *Struffert* die einschlägigen Vorschriften des IAS 37. Hiernach kann ein bedingter/residualer Auszahlungsanspruch des Originators als Eventualforderung (*contingent asset*) i.S.v. IAS 37.10 angesehen werden, da dessen Erfüllung von einer aufschiebenden Bedingung, nämlich dem Eintritt eines Forderungsausfalls, abhängig ist.[548] Eine Aktivierung wäre nach IAS 37.33 erst mit dem Wegfall der Unsicherheit zulässig, d.h. wenn der Eingang der Forderung so gut wie sicher (*virtually certain*) ist.[549] Dies dürfte zwar angesichts der hohen Risikoanforderungen des IAS 39/IFRS 9 an eine Vollausbuchung vielfach anzunehmen sein, die Frage nach der Aktivierung stellt sich jedoch genauso im Falle eines partiellen Risikoübergangs im Rahmen des Continuing Involvement-Ansatzes[550] und ist daher durchaus praxisrelevant.

Der IASB erwog zwar im Rahmen des Konvergenz-Projekts mit dem FASB eine Überarbeitung der Vorschriften des IAS 37, darunter insbesondere den Verzicht auf das Konzept der Eventualforderungen und -verbindlichkeiten und legte sogar einen entsprechenden Standardentwurf vor (ED IAS 37 bzw. ED 2010/1), wonach die Unsicherheit nicht beim Ansatz, sondern allein bei der Bewertung zu berücksichtigen wäre. Aufgrund der negativen Resonanz seitens der Kommentierenden wurde die Veröffentlichung des neuen Standards jedoch bis auf weiteres zurückgestellt, sodass vorerst weiterhin von einer allgemeinen Nichtaktivierbarkeit der Eventualforderungen auszugehen ist.[551]

Lotz befürwortet hingegen, wenn auch ohne weitere Begründung, eine generelle Aktivierung aller *retained interests* des Originators einschließlich der Ansprüche auf spätere Auszahlun-

---

548 Vgl. Struffert, Asset Backed Securities-Transaktionen und Kreditderivate nach IFRS und HGB, 2006, 116 f., 122.

549 Vgl. Lüdenbach/Hoffmann/Freiberg, Haufe IFRS Kommentar, 2014, §21, Rz. 122.

550 Vgl. Kapitel 5.3.2.1.

551 2012 setzte der IASB das Projekt zunächst wieder auf die Forschungsagenda. Vgl. IASB, Non-financial liabilities (amendments to IAS 37), http://www.ifrs.org/current-projects/iasb-projects/liabilities-and-equity/Pages/Non-financial-liabilities.aspx, abgerufen am 15.12. 2014.

gen aus einem Reservekonto.[552] Das Potenzial für unterschiedliche Interpretationen rührt daher, dass die künftige Unsicherheit entweder bereits beim Ansatz oder aber erst bei der Bewertung berücksichtigt wird:

(1) **Berücksichtigung der Unsicherheit beim Ansatz:** Die Existenz bzw. der Ansatz einer Forderung in Form eines residualen Auszahlungsanspruchs des Originators ist nur dann gegeben, wenn die Unsicherheit durch das Eintreten oder Nichteintreten eines künftigen Ereignisses (Forderungsausfall) beseitigt ist. Da das Nichteintreten des Forderungsausfalls nicht so gut wie sicher ist, darf keine Eventualforderung nach IAS 37.10 angesetzt werden.

(2) **Berücksichtigung der Unsicherheit bei der Bewertung:** Der residuale Auszahlungsanspruch des Originators stellt eine Nachrangforderung dar, die insoweit bedient werden muss, wie nach Bedienung der vorrangigen Gläubigeransprüche übrig bleibt. Somit hängt nicht die Existenz der Forderung, sondern lediglich die Werthaltigkeit von ungewissen Ereignissen ab.

Da es sich bei einem residualen Auszahlungsanspruch des Originators um ein vertragliches Recht auf Erhalt von flüssigen Mitteln handelt, ist er ungeachtet seines bedingten, besserungsscheinähnlichen Charakters als Finanzinstrument bzw. als finanzieller Vermögenswert i.S.v. IAS 32.11 zu qualifizieren.[553] Laut *Feld* erfüllt der residuale Auszahlungsanspruch die Definition eines Derivats i.S.v. IAS 39.9 (IFRS 9, Anhang A).[554] Damit bleibt aber kein Raum mehr für die Anwendung der Vorschriften des IAS 37, der gemäß IAS 37.2 nicht auf Finanzinstrumente (einschließlich Garantien) angewandt wird. Zur Anwendung kommt hier der für IFRS charakteristische Grundsatz: *lex specialis* geht vor *lex generalis*.[555] Ein residualer Auszahlungsanspruch des Originators ist demnach gemäß den Ansatzvorschriften für Finanzinstrumente bereits zum Zeitpunkt des Vertragsabschlusses nach IAS 39.14 (IFRS 9.3.1.1) i.V.m. IAS 39.43 (IFRS 9.5.1.1) als Forderung mit ihrem Fair Value zu aktivieren. Der Unsicherheit über das Eintreten oder Nichteintreten von Forderungsausfällen wird damit ausschließlich bei der Bewertung Rechnung getragen.[556] Dieses Ergebnis deckt sich insofern mit dem Erforder-

---

552 Vgl. Lotz, Bilanzierung von ABS-Transaktionen, 2007, 45 f.
553 Vgl. Kuhn/Scharpf, Rechnungslegung von Financial Instruments nach IFRS, 2006, 82.
554 Vgl. Feld, Bilanzierung von ABS-Transaktionen im IFRS Abschluss, 2007, 254.
555 Vgl. Henkel, Rechnungslegung von Treasury-Instrumenten nach IAS/IFRS und HGB, 2010, 101.
556 So auch Lüdenbach, PiR 2013, 329, 329.

nis des IAS 39.25 (IFRS 9.3.2.11). Außerhalb des Anwendungsbereichs des IAS 39/IFRS 9 wäre ein bedingter Anspruch, der nicht „so gut wie sicher“ ist, hingegen nicht ansatzfähig.

Die Folgebewertung der beim Originator erfassten Rechte und Pflichten ist in den Ausbuchungsvorschriften nicht geregelt. Es sind jedoch keine Gründe ersichtlich, warum sich die Folgebewertung nicht nach den allgemeinen Regeln des IAS 39 bzw. IFRS 9 richten soll. Demnach wäre die Folgebewertung der in den eigenen Bestand übernommenen Verbriefungstitel abhängig von der Einordnung in eine der vier bzw. zwei Kategorien für Finanzinstrumente nach IAS 39 bzw. IFRS 9 vorzunehmen.[557]

5.1.3 Bilanzierung von Verwaltungsrechten

Des Weiteren stellt sich die Frage nach der Bilanzierung von Vermögenswerten und Verbindlichkeiten aus dem Recht des Originators auf die Forderungsverwaltung (*Servicing*). Dieses Thema wird im IFRS-bezogenen Schrifttum kaum behandelt, während sich dazu zahlreiche Quellen mit US GAAP-Bezug finden. Im Krisenjahr 2007 belegte die Bilanzierung von *servicing assets* laut einer Studie der *Financial Executives International* (FEI) sogar Platz 5 unter den Top 10-Herausforderungen der US-amerikanischen Rechnungslegung.[558] Dies ist jedoch weniger der Rechnungslegung nach US GAAP selbst, sondern vielmehr den US-amerikanischen Marktgegebenheiten, insbesondere dem hohen Anteil an verbrieften Immobilienfinanzierungen, geschuldet. Ende 2010 betrug der Buchwert der *servicing assets* der hiesigen 206 Bankenholdings mehr als $ 70 Mrd., wovon der Löwenanteil aus privaten Immobilienfinanzierungen stammte.[559]

Nach IAS 39.24 (IFRS 9.3.2.10) wie auch nach ASC 860-50 liegt ein *servicing asset* vor, wenn die vereinbarte Gebühr für die Verwaltung bzw. Abwicklung der Forderungen eine angemessene Kompensierung voraussichtlich übersteigt. Demgegenüber kommt es zum Ansatz einer *servicing liability*, wenn die vereinbarte Vergütung voraussichtlich nicht zu einer angemessen Entschädigung des Forderungsverwalters führt bzw. keine Gebühr für das Servicing

---

557 Vgl. auch Lotz, Bilanzierung von ABS-Transaktionen, 2007, 46 sowie zur Bewertung nach IFRS 9 Kapitel 5.1.4.2.
558 Vgl. Heffes, Financial Executive 2007, 14, 14.
559 Vgl. Cheng, The CPA Journal 2011, 24, 24 f.

vereinbart wird.[560] Diese Regelung deckt sich mit der Vorschrift des IAS 37 zur aufwandswirksamen Bildung von (Drohverlust-)Rückstellungen bei sog. belastenden Verträgen (*onerous contracts*),[561] bei denen „die unvermeidbaren Kosten zur Erfüllung der vertraglichen Verpflichtungen höher sind als der erwartete wirtschaftliche Nutzen".[562]

Ein *servicing asset* ist ferner von einem Zinsstrip – d.h. von dem Anrecht auf Erhalt von (anteiligen) Zins-, nicht jedoch von Tilgungszahlungen aus Forderungen[563] – abzugrenzen. Erhält der Originator für die Forderungsverwaltung als Gegenleistung das Recht auf den Empfang eines Teils der auf die verbrieften Forderungen geleisteten Zinszahlungen, ist nur der Teil der Zinszahlungen dem Vermögenswert bzw. der Verbindlichkeit aus dem Servicing zuzuordnen, auf den der Originator bei Beendigung oder Übertragung des Servicing verzichten würde. Der Anteil der Zinszahlungen, der dem Originator trotz der Beendigung oder Übertragung des Verwaltungsrechts weiterhin zustehen würde, ist dagegen als Forderung aus einem Zinsstrip zu behandeln.[564]

Auch wenn IAS 39.24 (IFRS 9.3.2.10) auf die Frage des Erstansatzes von Verwaltungsrechten eingeht, handelt es sich dabei nicht um Finanzinstrumente, sondern im Falle von *servicing assets* um immaterielle Vermögenswerte (*contract-based intangible assets*) i.S.v. IAS 38, die nicht in den Anwendungsbereich von IAS 39/IFRS 9 fallen.[565] Die Bilanzierung von *servicing liabilities* wird indes in IAS 18 geregelt, wonach diese als Umsatzabgrenzungen (*deferred revenues*) auszuweisen sind.[566] Grund für die Behandlung in IAS 39/IFRS 9 ist, dass eine selbständige Aktivierung oder Passivierung von Verwaltungsrechten erst bei (1) gesondertem Erwerb von Dritten oder bei (2) Verkauf der Forderungen bzw. deren Verbriefung unter Beibehaltung der Forderungsverwaltung möglich ist.[567]

---

560 Vgl. Kuhn/Scharpf, Rechnungslegung von Financial Instruments nach IFRS, 2006, 211, Lüdenbach/Hoffmann/Freiberg, Haufe IFRS Kommentar, 2014, §28, Rz. 72, Zülch, Die Gewinn- und Verlustrechnung nach IFRS, 2005, 99.

561 Vgl. PwC, IFRS für Banken, 2005, 317 f. Ausführlicher zur Bilanzierung von belastenden Verträgen vgl. Lüdenbach/Hoffmann/Freiberg, Haufe IFRS Kommentar, 2014, §21, Rz. 54.

562 Vgl. IAS 37.IN12.

563 Vgl. IAS 39.16(a)(i) (IFRS 9.3.2.2(a)(i)).

564 Vgl. IAS 39.AG45 (IFRS 9.B3.2.10).

565 Vgl. IAS 39.BC143 i.V.m. IFRS 3.IE35 sowie PwC, IFRS für Banken, 2005, 318, Brakensiek, Bilanzneutrale Finanzierungsinstrumente in der internationalen und nationalen Rechnungslegung, 2001, 167.

566 Vgl. Ernst & Young, International GAAP 2013, 2013, 3361.

567 Vgl. IFRS 3.IE35 sowie Cheng, The CPA Journal 2011, 24, 24.

Beim Servicing handelt es sich um eine Finanzdienstleistung, die im Zusammenhang mit der Kreditvergabe anfällt und nach dem erbrachten Leistungsgrad (*stage of completion*) gemäß IAS 18.20(c) zu realisieren ist. Da es beim Servicing an einer herausragenden, zeitpunktbezogenen Hauptleistung mangelt, ist der Gegenstand einer Vereinbarung zur Forderungsverwaltung die Erbringung einer zeitraumbezogenen Leistung. Daher ist das Verwaltungsentgelt unabhängig von der Vereinnahmung über die Dauer des Kredits ratierlich zu realisieren. Erstreckt sich die Erbringung der Verwaltungsleistungen über einen längeren Zeitraum, so ist gemäß IAS 18.30(a) i.V.m. IAS 18.11 zusätzlich ein Zinseffekt zu berücksichtigen.[568]

Abweichend von dem Konzept der Periodenabgrenzung (*accrual accounting*)[569] und entgegen den Anforderungen des IAS 18 an eine Gewinnrealisierung kommt es gemäß IAS 39.27 (IFRS 9.3.2.13) – soweit ein *servicing asset* i.S.v. IAS 39.24 (IFRS 9.3.2.10) vorliegt – zum Ansatz eines Vermögenswerts und mithin zu einer vorverlagerten Ergebniswirkung im Übertragungszeitpunkt. Dem Ansatz eines *servicing asset* bzw. einer *servicing liability* kommt laut *Brakensiek* die Funktion eines Korrekturpostens zu. Wird z.B. beim Verkauf eines Forderungsportfolios zugunsten einer relativ hohen Verwaltungsgebühr ein niedrigerer Verkaufspreis vereinbart, bewirkt die Aktivierung eines *servicing asset* den Ausweis eines Erfolgs, der sich sonst unter Vereinbarung einer marktgerechten Verwaltungsgebühr ergeben hätte.[570]

Während der Ansatz aller infolge einer Übertragung neu entstandenen finanziellen Vermögenswerte und Verbindlichkeiten, einschließlich Verbindlichkeiten aus dem Servicing, zum Fair Value erfolgt, sieht IAS 39/IFRS 9 für die Ersterfassung von *servicing assets* sowie oben bereits angesprochenen Zinsstrips einen vom Fair Value abweichenden Wertansatz vor. *Servicing assets* sowie Zinsstrips sind mit dem Betrag zu erfassen, der sich aus einer Aufteilung des bisherigen Gesamtbuchwerts der Forderungen im Verhältnis der relativen Fair Values dieser Teile ergibt. Die bilanzielle Darstellung soll am nachfolgenden Beispiel verdeutlicht werden.

---

568 Vgl. Lüdenbach/Hoffmann/Freiberg, Haufe IFRS Kommentar, 2014, §25, Rz. 57 i.V.m. § 28, Rz. 215, Zülch, Die Gewinn- und Verlustrechnung nach IFRS, 2005, 100 sowie IAS 18.IE(b)(i).

569 Vgl. F.OB17 ff. sowie IAS 1.27.

570 Vgl. Brakensiek, Bilanzneutrale Finanzierungsinstrumente in der internationalen und nationalen Rechnungslegung, 2001, 82, 170.

Beispiel 3: Bilanzierung eines *servicing asset*

Eine Bank veräußert ein mit 6% durchschnittlich verzinstes Forderungsportfolio im Nennwert von 100 für 96. Dabei behält die Bank den Anspruch auf Erhalt von Zinszahlungen i.H.v. 2% ein und übernimmt weiterhin die Forderungsverwaltung. Am Tag der Veräußerung werden die Fair Values des Zinsstrip und des Verwaltungsrechts auf 2 und 3 geschätzt. Der bisherige Buchwert der Forderungen wird wie folgt aufgeteilt:

	Fair Value	Prozentualer Anteil am Fair Value	Anteiliger Buchwert
Forderungen	96,00	95,05%	95,05
Servicing asset	3,00	2,97%	2,97
Zinsstrip	2,00	1,98%	1,98
Summe	101,00	100%	100,00

Für die Bank ergibt sich folgende Buchung:

Soll			Haben
Kasse/Bank	96,00	Forderungen	100
Servicing asset (Buchwert)	2,97	Gewinn	0,95
Zinsstrip	1,98		

Mit Blick auf die oben dargestellte Vorgehensweise hinterfragt *Struffert* die Notwendigkeit der Ermittlung des anteiligen Buchwerts sowie dessen Aussagekraft als Wertmaßstab.[571] Vom IASB wird diese Vorgehensweise damit begründet, dass *servicing assets* und Zinsstrips keine

571 Vgl. Struffert, Asset Backed Securities-Transaktionen und Kreditderivate nach IFRS und HGB, 2006, 114.

neu entstandenen Vermögenswerte, sondern vielmehr einbehaltene Teile eines größeren Vermögenswerts i.S.v. IAS 39.16(a) (IFRS 9.3.2.2(a)) – nämlich einer Forderung bzw. eines Forderungsportfolios samt Rechten auf die Forderungsverwaltung und den Erhalt von Zinszahlungen – darstellen.[572] Der Ausschluss von der Bewertung zum beizulegenden Zeitwert lässt sich ferner mit Blick auf die Erstbewertung im Rahmen von Tauschgeschäften begründen.[573] Die Anschaffungskosten des erhaltenen Vermögenswerts werden nach IAS 16.24 f. sowie IAS 38.45 f. zum beizulegenden Zeitwert bewertet, es sei denn dem Tauschgeschäft fehlt es an wirtschaftlicher Substanz. Fehlende wirtschaftliche Substanz ist u.a. dann anzunehmen, wenn sich die Cashflows des erhaltenen Vermögenswerts, insbesondere deren Höhe, Risiko und Timing, von denen des übertragenen Vermögenswerts nicht unterscheiden. Mit dem Ausschluss der im Zuge einer Übertragung entstehenden Verwaltungsrechte und Zinsstrips von der erstmaligen Fair Value-Bewertung wird offenbar das Fehlen einer solchen wirtschaftlichen Substanz unterstellt. Im Ausschluss der *servicing assets* von der Fair Value-Bewertung spiegelt sich möglicherweise auch die Missbrauchsbefürchtung wider, wonach der Forderungsverkäufer durch den Verkauf eines geringen Portfolioanteils (z.B. 1%) sein Verwaltungsrecht an dem gesamten Portfolio zum Fair Value ansetzen und so Ergebnissteuerung betreiben könnte.[574]

Da IAS 39.24 (IFRS 9.3.2.10) den Ansatz eines *servicing asset* vorschreibt, wenn die vereinbarte Gebühr für die Forderungsverwaltung eine angemessene Kompensierung voraussichtlich übersteigt, stellt sich die Frage, was unter einer „angemessenen Kompensierung" zu verstehen ist.[575] IAS 39/IFRS 9 konkretisiert diesen Begriff nicht weiter. In dem mittlerweile gestrichenen IAS 39.AG82(h) fand sich jedoch ein Hinweis zur Schätzung der Verwaltungs- und Abwicklungsgebühren, wonach diese durch Vergleiche mit aktuellen Gebühren von anderen Marktteilnehmern bestimmt werden können. In die gleiche Richtung geht wohl auch die Interpretation von Ernst & Young, in der von einem *„right to receive a higher than normal amount for performing future services"* gesprochen wird.[576] Hilfreich kann an dieser Stelle ferner der Rückgriff auf ASC 860-50 sein, die eine angemessene Kompensierung als Betrag

---

572 Vgl. IAS 39.27 (IFRS 9.3.2.13) sowie IAS 39.AG45 (IFRS 9.B3.2.10).

573 Vgl. IDW, Stellungnahme zum Exposure Draft ED/2009/3: Derecognition – Proposed amendments to IAS 39 and IFRS 7, 2.

574 Vgl. Stellungnahmen zum Exposure Draft ED/2009/3: Derecognition – Proposed amendments to IAS 39 and IFRS 7, von Deloitte, Seite 11 f. sowie Securitization Forum of Japan, Seite 3.

575 Vgl. auch Ausführungen in Käufer, Übertragung finanzieller vermögenswerte nach HGB und IFRS, 2009, 272 f.

576 Vgl. Ernst & Young, International GAAP 2013, 2013, 3361.

definiert, den ein Ersatz-Servicer für seine Leistungen verlangen würde. Folglich ist eine angemessene Kompensierung unter Annahme marktüblicher Konditionen darunter auch einer marktüblichen Gewinnmarge und nicht allein auf Grundlage der internen Kostenstruktur des Servicer zu ermitteln.[577] Ein *servicing asset* dürfte indes nur in zwei Fällen vorliegen, nämlich

1) wenn die Verwaltungsgebühr über den marktüblichen Verhältnissen liegt oder

2) der Originator über Wettbewerbsvorteile bei der Verwaltung von Forderungen verfügt, d.h. diese kosteneffizienter als seine Mitbewerber verwalten kann.

Somit dürfte die Aktivierung eines *servicing asset* kein Regelfall sein.[578]

5.1.4 Klassifizierungsvorschriften des IFRS 9

5.1.4.1 Auswirkungen auf die Bewertung der Forderungen

Während sich zwischen dem Ergebnis der Ausbuchungsprüfung nach IAS 39 und den Bewertungsvorschriften desselben keine Wechselwirkungen erkennen lassen, knüpft IFRS 9.B4.1.4 die Klassifizierung[579] der übertragenen Forderungen daran, ob diese in der Bilanz verbleiben oder nicht. Hier kommt das neben dem Zahlungsstromkriterium für die Klassifizierung von Finanzaktiva nach IFRS 9 entscheidende Geschäftsmodellkriterium zum Tragen. Demnach ist eine Bewertung zu fortgeführten Anschaffungskosten möglich, wenn das Geschäftsmodell des Bilanzierenden das Halten und die Vereinnahmung von vertraglichen Zahlungsströmen aus dem finanziellen Vermögenswert zum Ziel hat.[580] Bei einem (geplanten) Verkauf der Forderungen wäre die Erfüllung dieses Kriteriums daher zu hinterfragen.

Nach IFRS 9.B4.1.4 (Beispiel 3) ist das Geschäftsmodell des Originators auf die Vergabe von Krediten und deren anschließende Veräußerung an ein Verbriefungsvehikel ausgerichtet. Des Weiteren wird angenommen, dass das Verbriefungsvehikel durch den Originator beherrscht und konsolidiert wird, weshalb der verbriefte Kreditbestand weiterhin in der Konzernbilanz

---

577 Vgl. Deloitte, Securitization Accounting, 2010, 63 f., Deloitte, iGAAP 2010, 2010, 520, Brakensiek, Bilanzneutrale Finanzierungsinstrumente in der internationalen und nationalen Rechnungslegung, 2001, 81. Anders Kropp/Klotzbach, WPg 2002, 1010, 1017.

578 Vgl. auch Bardens/Meurer, WPg 2011, 618, 621.

579 Unter Klassifizierung ist im Kontext von IFRS 9 die Festlegung des Wertmaßstabs (Fair Value oder fortgeführte Anschaffungskosten) im Rahmen der Folgebewertung zu verstehen.

580 Vgl. IFRS 9.4.1.2(a).

des Originators verbleibt. Auf konsolidierter Ebene wird eine Kreditvergabe zur Vereinnahmung vertraglicher Zahlungsströme unterstellt, während aus Sicht des Einzelabschlusses nach Auffassung des IASB die Absicht zur Erzielung von Erlösen durch den Verkauf von Forderungen vorliegt. Offenbar geht der IASB hier von einer Ausbuchung der Kreditforderungen aus der Einzelbilanz des Originators aus, was etwa durch die Stellung wesentlicher Credit Enhancements durch andere Konzernunternehmen erreichbar wäre. Im Ergebnis bestehen nach Ansicht des Boards zwei unterschiedliche Geschäftsmodelle, die zu einer abweichenden Bewertung im Einzel- und Konzernabschluss führen.[581]

Unklar ist allerdings, ob das Vorliegen eines auf die Vereinnahmung von vertraglichen Zahlungsströmen ausgerichteten Geschäftsmodells allein mit der Begründung bejaht werden kann, dass der Bilanzierende zwar von vornherein einen Verkauf plant, dieser aber zu keiner Ausbuchung aus der Bilanz führen soll.[582] Nicht unproblematisch dürfte eine derart am Ergebnis der Ausbuchungsprüfung orientierte Regelung mit Blick auf eine mögliche Änderung der aktuellen Ausbuchungskonzeption des IAS 39/IFRS 9 zugunsten eines Financial Components Approach sein. Dieser führt nämlich stets zum Bilanzabgang der verbrieften Forderungen, zumindest im IFRS-Einzelabschluss. Folge wäre eine verpflichtende Bewertung der für eine Verbriefung vorgesehenen Forderungen zum Fair Value. Im Zeitpunkt der erstmaligen Erfassung ist es jedoch vielfach nicht bekannt, ob und welche Forderungen überhaupt verbrieft werden sollen. Offen lässt IFRS 9 zudem die Beurteilung des Geschäftsmodellkriteriums bei einem Teilabgang der Forderungen nach Maßgabe des anhaltenden Engagements des Originators i.S.v. IAS 39.30 ff. (IFRS 9.3.2.16 ff.), was sowohl für die Einzelunternehmensebene als auch für den IFRS-Konzernabschluss von praktischer Bedeutung sein dürfte. Diesbezüglich wird der IASB spätestens zum Zeitpunkt der verpflichtenden Erstanwendung von IFRS 9 sicherlich für Klarstellung sorgen müssen.

5.1.4.2 Klassifizierung der einbehaltenen Verbriefungstitel

5.1.4.2.1 Anlass der Klassifizierung

Während die Stellung wesentlicher Credit Enhancements kaum mit einer Ausbuchung der Forderungen, geschweige denn mit einem Vollabgang aus der Bilanz vereinbar ist, steht die

---

581 Vgl. Lotz/Gryshchenko, PiR 2011, 149, 150, Lüdenbach/Hoffmann/Freiberg, Haufe IFRS Kommentar, 2014, §28, Rz. 305.

582 Vgl. Deloitte, iGAAP 2014 – Financial Instruments, 2013, Volume B, 61 f.

Übernahme höherrangiger Verbriefungstitel durch den Originator einem Bilanzabgang selten entgegen. Aus Sicht des Originators kann sich daher die Frage nach der Bilanzierung der einbehaltenen ABS stellen. Dies kann neben dem IFRS-Einzelabschluss auch den IFRS-Konzernabschluss des Originators betreffen, wenn der Letztere die Konsolidierung der verbriefenden Zweckgesellschaft vermeiden kann. Wird die Zweckgesellschaft hingegen in den Konsolidierungskreis des Originators einbezogen, kommt es selbst bei fehlender Halteabsicht zu einer Verrechnung der im Einzelabschluss des Originators aktivierten Verbriefungstitel mit der Verbindlichkeit der Zweckgesellschaft aus der Emission derselben.[583]

Kommt es zu keiner Ausbuchung der Forderungen, stellt sich die Frage nach der Klassifizierung der einbehaltenen Verbriefungstitel im Einzelabschluss des Originators nur dann, wenn diese aktiviert und nicht mit der Verbindlichkeit des Originators aus dem Erhalt des Kaufpreises verrechnet werden.[584] Bei einer teilweisen Ausbuchung der Forderungen stellt sich die Frage nach der Klassifizierung der Verbriefungstitel dagegen generell nicht. Der Continuing Involvment-Ansatz setzt sich nämlich über die allgemeinen Bewertungsvorschriften für Finanzinstrumente hinweg und schreibt für die Folgebewertung der vom Originator behaltenen Rechte und Verpflichtungen denselben Bewertungsmaßstab vor wie für die übertragenen Forderungen. Eine Bewertung der Verbriefungstitel zum Fair Value scheidet damit aus.[585]

5.1.4.2.2 Geschäftsmodellkriterium

Die Klassifizierung von Verbriefungstiteln erfolgt nach IFRS 9 analog zu den übrigen finanziellen Vermögenswerten anhand des Geschäftsmodell- und des Zahlungsstromkriteriums, wobei IFRS 9 zur Beurteilung des Letzteren zusätzliche, extra für Verbriefungen konzipierte Vorschriften enthält. Das Geschäftsmodellkriterium wurde bereits im vorstehenden Kapitel kurz erläutert. Dabei ist die Festlegung des Geschäftsmodells nicht auf Instrumentenbasis (*instrument-by-instrument*), sondern auf einer höheren Aggregationsebene wie z.B. auf Portfolioebene von den Leitungsgremien (Key Management Personell i.S.v. IAS 24) vorzunehmen. Der Originator kann beispielsweise die höchstrangige ABS-Tranche einem auf das Halten der Wertpapiere ausgerichteten Portfolio zuführen, um diese bei Bedarf für Zwecke der

583 Vgl. Kapitel 4.2.6.4.
584 Vgl. Kapitel 5.2.2.2.
585 Vgl. Kapitel 5.3.2.1.

Refinanzierung bei der EZB in Pension zu geben.[586] Ein späterer Verkauf bzw. eine spätere Platzierung der Verbriefungstitel am Markt muss sodann aus der Perspektive des Portfolios dahingehend beurteilt werden, ob dies mit dem ursprünglich angenommenen, auf das Halten und die Vereinnahmung vertraglicher Zahlungsströme ausgerichteten Geschäftsmodell („*held to collect*") noch vereinbar ist. Im Gegensatz zur bisherigen Regelung in IAS 39 bezüglich der Kategorie „*held to maturity*" ist das Halten der finanziellen Vermögenswerte bis zu ihrer Endfälligkeit nicht zwingend erforderlich.[587] Seltene Verkäufe, etwa aus Liquiditätsgründen, werden durch IFRS 9 nicht ausgeschlossen, sodass eine spätere Marktplatzierung der Verbriefungstitel nicht notwendigerweise zur Negierung des für das Portfolio anfangs dokumentierten Geschäftsmodells führen muss.

Besteht die Zielsetzung des Geschäftsmodells des Unternehmens sowohl in der Vereinnahmung vertraglicher Zahlungsströme als auch in der (nicht nur seltenen) Veräußerung von Verbriefungstiteln, sind diese dem Geschäftsmodell „Halten und Verkaufen" („*held to collect and for sale*") zuzuordnen, bei dem Änderungen des beizulegenden Zeitwerts analog zur „*available for sale*"-Kategorie des IAS 39 zunächst im sonstigen Ergebnis erfasst werden. Voraussetzung dafür ist jedoch die Erfüllung des Zahlungsstromkriteriums. Für alle anderen Geschäftsmodelle gilt eine erfolgswirksame Fair Value-Bewertung.

5.1.4.2.3 Zahlungsstromkriterium

5.1.4.2.3.1 Allgemeines

Zur Erreichung einer Folgebewertung zu fortgeführten Anschaffungskosten muss neben dem Geschäftsmodellkriterium ferner das **Zahlungsstromkriterium** erfüllt sein.[588] Demgemäß darf ein finanzieller Vermögenswert nur zur Entstehung von Cashflows führen, die ausschließlich ungehebelte Zins- und Tilgungszahlungen auf den ausstehenden Kapitalbetrag darstellen. Als besichertes Wertpapier umfasst ein Verbriefungstitel jedoch neben den eigentlichen Zahlungsströmen der Tranche auch die Cashflows des zugrunde liegenden Referenzvermögens. Um der für Verbriefungen bzw. *Contractually Linked Instruments* nach der Terminologie des IFRS 9 typischen Rangstruktur und ihrem besicherten Charakter Rechnung zu tragen, enthält der Standard daher ergänzende Bedingungen zur Beurteilung des Zahlungs-

---

586 Vgl. dazu Beispiel in Lotz/Gryshchenko, PiR 2011, 149, 150.
587 Vgl. Glischke/Grominski/Struffert/Lellmann, KoR 2011, 513, 515.
588 Vgl. IFRS 9.4.1.2(b).

stromkriteriums.[589] Das Prüfungsschema in Abbildung 6 fasst diese Bedingungen zusammen. Eine Bewertung zu fortgeführten Anschaffungskosten kann folglich nur bei kumulativer Erfüllung aller Bedingungen erreicht werden.

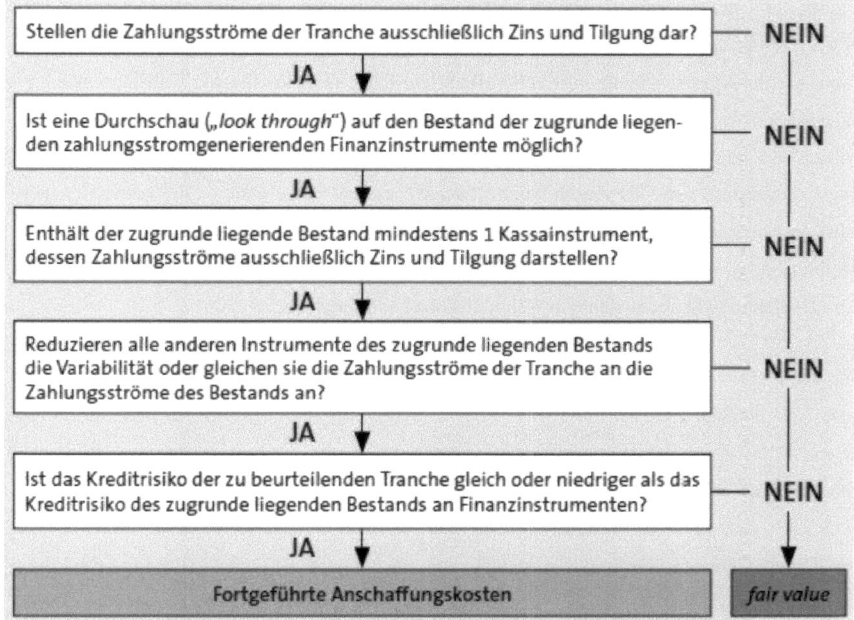

Abbildung 6: Prüfungsschema des IFRS 9 zur Beurteilung des Zahlungsstromkriteriums bei Verbriefungen[590]

5.1.4.2.3.2 Zahlungsstromeigenschaften der Tranche

In einem ersten Schritt gilt es, die Zahlungsstromeigenschaften des eigentlichen Wertpapiers bzw. der Tranche zu prüfen. Traditionelle Verbriefungstitel umfassen regelmäßig nur ungehebelte Zins- und Tilgungszahlungen auf das ausstehende Kapital. Aktien-, rohstoff- oder zins-

---

[589] Vgl. IFRS 9.B4.1.21 i.V.m. IFRS 9.B4.1.23-24.
[590] Quelle: Lotz/Gryshchenko, PiR 2011, 149, 151.

indexierte Zinszahlungen wie etwa bei einem *reverse floater*[591]sind dagegen unüblich. Schädlich für eine Bewertung zu fortgeführten Anschaffungskosten können neben Zahlungsbedingungen mit Hebelwirkung zudem Vereinbarungen sein, die Einfluss auf die vertragliche Laufzeit des Wertpapiers haben können. Dazu gehört u.a. das Recht des Emittenten auf Kündigung der Transaktion bzw. ihre frühzeitige Tilgung, welches bei Verbriefungen regelmäßig in der Gestalt von Call-Optionen anzutreffen ist.[592] Als im Allgemeinen unschädlich gelten dabei nur unbedingte Kündigungsrechte. Bedingte Kündigungsrechte wie Call-Optionen sind indessen nur dann unkritisch, wenn sie von solchen künftigen Ereignissen abhängen, die dem Schutz der Gläubiger vor einer Bonitätsverschlechterung des Schuldners (z.B. Insolvenz, Ratingherabstufung) bzw. vor einem Kontrollwechsel oder vor Änderungen der relevanten steuerlichen oder rechtlichen Rahmenbedingungen dienen.[593] Zudem darf der dabei fällige Rückzahlungsbetrag im Wesentlichen nur aus den ausstehenden Zins- und Tilgungszahlungen ggf. zuzüglich einer angemessenen Vorfälligkeitsentschädigung bestehen.[594]

Die dem Schutz vor Änderungen des Aufsichts- und Steuerrechts dienenden Regulatory bzw. Tax Calls dürften demnach unter diese Ausnahmeregelung fallen. Ein Clean-up Call ist hingegen vielmehr von den Wirtschaftlichkeitsüberlegungen des Emittenten bzw. des Originators abhängig und erfüllt damit keine der zugelassenen Ausnahmen. Ein Clean-up Call findet jedoch i.d.R. keine Berücksichtigung im Rahmen der Preisfindung, sodass man von der Unwesentlichkeit eines solchen Rechts ausgehen kann. Da der generell in den IFRS zur Anwendung kommende Grundsatz der Wesentlichkeit auch für das Zahlungsstromkriterium gilt,[595] kann ein Clean-up Call als unwesentlich und damit als unschädlich eingestuft werden.[596]

5.1.4.2.3.3 Zahlungsstromeigenschaften des Referenzvermögens

Weist die Verbriefungstranche keine schädlichen Zahlungsstromeigenschaften auf, ist anschließend die Erfüllung des Zahlungsstromkriteriums durch das zugrunde liegende Referenzvermögen zu prüfen. Dafür muss der Bilanzierende auf den verbrieften Bestand „durch-

---

591 Als *reverse floater* werden variabel verzinsliche Wertpapiere bezeichnet, deren Nominalverzinsung sich mit steigendem Referenzzinssatz reduziert (z.B. 4% - 3 Monats EURIBOR). Vgl. Kuhn/Scharpf, Rechnungslegung von Financial Instruments nach IFRS, 2006, 502.

592 Rechte zur Verlängerung der vertraglichen Laufzeit können ebenfalls schädlich sein. Bei Verbriefungen kommen sie jedoch kaum vor.

593 Vgl. IFRS 9.B4.1.10(a).

594 Vgl. IFRS 9.B4.1.10(b).

595 Vgl. IFRS 9.BC4.25.

596 Vgl. Lotz/Gryshchenko, PiR 2011, 149, 152, Glischke/Grominski/Struffert/Lellmann, KoR 2011, 513, 517.

schauen“ (*look through*), um sicherzustellen, dass dessen Zahlungsstromeigenschaften einer Klassifizierung als „amortised cost“ ebenfalls nicht entgegenstehen. Eine Durchschau ist folglich nichts anderes als eine Konkretisierung des grundlegenden Zahlungsstromkriteriums in IFRS 9.4.1.2 unter Beachtung der wirtschaftlichen Betrachtungsweise.[597] Zu einer Durchschau verpflichtet im Übrigen bereits IAS 39.D9 beim Erwerb von Anteilen an einem Pool von Vermögenswerten. Ein solcher Pool, etwa in der Gestalt eines Investmentfonds, der weder Kredite noch Forderungen enthält, darf nach IAS 39 nicht der Kategorie Kredite und Forderungen zugeführt werden. Das Durchschaugebot des IFRS 9 gilt ferner neben Verbriefungen für alle Non-Recourse-Finanzierungen.[598] Bei diesen hat der Gläubiger lediglich ein Rückgriffsrecht auf bestimmte Vermögenswerte des Schuldners, nicht jedoch auf den Schuldner selbst bzw. auf seine anderen Vermögenswerte.[599] Die Durchschau auf das zugrunde liegende Referenzvermögen soll eine Identifizierung aller Finanzinstrumente ermöglichen, die Zahlungsströme generieren und diese nicht lediglich weiterleiten.[600] Bei Wiederverbriefungen ist somit stets bis zum originären bzw. unverbrieften Referenzvermögen durchzuschauen.

Für eine Bewertung zu fortgeführten Anschaffungskosten muss das identifizierte originäre Referenzvermögen aus Finanzinstrumenten bestehen, deren Zahlungsströme ausschließlich ungehebelte Zins- und Tilgungszahlungen darstellen und die frei von weiteren schädlichen Nebenabreden sind.[601] Andere Finanzinstrumente sind nur erlaubt, sofern sie die Zahlungsstromschwankungen des Referenzvermögens vermindern oder die Zahlungsströme des verbrieften Bestands an die der Tranche angleichen.[602] Kreditrisikomindernde Kreditversicherungen sowie regelmäßig für die Kongruenz der Zahlungsströme bei Verbriefungen sorgende Zins- und Währungsswaps gehören zu solchen zulässigen Finanzinstrumenten. Synthetische Verbriefungen scheiden dagegen für eine Bewertung zu fortgeführten Anschaffungskosten stets aus. Der synthetische Risikotransfer erfolgt nämlich über Kreditderivate wie Credit Default Swaps, die weder die Wesensmerkmale ungehebelter Zins- und Tilgungszahlungen aufweisen noch zur Risikoreduktion beitragen.[603]

---

597 Vgl. Struffert/Nagelschmitt, WPg 2012, 924, 932 f.
598 Vgl. IFRS 9.B4.1.17.
599 Vgl. Struffert/Nagelschmitt, WPg 2012, 924, 932.
600 Vgl. IFRS 9.B4.1.22.
601 Vgl. Glischke/Grominski/Struffert/Lellmann, KoR 2011, 513, 518 sowie ausführlich zur Beurteilung der Darlehenskonditionen im Lichte des Zahlungsstromkriteriums Struffert/Nagelschmitt, WPg 2012, 924 ff.
602 Vgl. IFRS 9.B4.1.24.
603 Vgl. Lotz/Gryshchenko, PiR 2011, 149, 153, Glischke/Grominski/Struffert/Lellmann, KoR 2011, 513, 518.

Als hebelnd und mithin als kritisch für eine Bewertung zu fortgeführten Anschaffungskosten gilt insbesondere der Nachweis eines nicht nur unwesentlichen Objektrisikos im verbrieften Bestand. Dazu gehören vor allem die vorgenannten Non-Recourse-Finanzierungen etwa in Form von Projekt- bzw. Objektfinanzierungen. Hängt die vertraglich vereinbarte Rückzahlungshöhe bei solchen Finanzierungen etwa von den laufenden Erträgen oder der künftigen Wertentwicklung des Finanzierungsgegenstands ab, scheidet eine „at cost"-Bewertung aus.[604] Des Weiteren können Objektrisiken im Leasinggeschäft entstehen, wenn der Vertrag keine Vollamortisation des Leasinggegenstands und kein vertraglich garantiertes Andienungsrecht der Leasinggesellschaft vorsieht. Solche Konditionen sind vor allem im PKW-Flottengeschäft oder bei Leasingverträgen mit Kilometerabrechnung üblich.[605] Dabei kann es zur Entstehung eines Restwertrisikos kommen, falls der Restwert des Leasinggegenstands am Ende der Vertragslaufzeit unter dem kalkulierten Betrag liegt. Verpflichtet sich die Zweckgesellschaft, den Leasinggegenstand zu dem von der Leasinggesellschaft kalkulierten Restwert zu kaufen, übernimmt sie das Restwertrisiko, welches wiederum über die begebenen Verbriefungstitel an die Investoren weitergereicht wird. Über die Zulässigkeit der Bewertung solcher Verbriefungstitel zu fortgeführten Anschaffungskosten wird das im Einzelfall festgestellte Ausmaß an Objektrisiken entscheiden.[606]

Obwohl dem Wortlaut des IFRS 9 nach einzelne Finanzinstrumente des verbrieften Bestands auf die Erfüllung des Zahlungsstromkriteriums zu prüfen sind, kann in der Praxis auf eine aufwendige loan-by-loan-Prüfung aus Wirtschaftlichkeitsüberlegungen vor allem im hoch standardisierten Retailgeschäft verzichtet und stattdessen auf die Analyse der Eligibility Criteria in Verbindung mit einer stichprobenartigen Durchsicht von Einzelverträgen abgestellt werden.[607] Bei komplexeren bzw. weniger standardisierten Portfolien wie etwa bei Projektfinanzierungen muss ggf. eine einzelvertragliche Prüfung erfolgen.[608]

5.1.4.2.3.4 Kreditrisikotest der Tranche

Sind die Zahlungsstromanforderungen an die Tranche und das zugrunde liegende Referenzvermögen erfüllt, ist im letzten Schritt zu prüfen, ob das Kreditrisiko der erworbenen Tranche

604 Vgl. Struffert/Nagelschmitt, WPg 2012, 924, 933.
605 Vgl. Nemet/Khrebtishchev, IRZ 2011, 91, 91.
606 Vgl. Lotz/Gryshchenko, PiR 2011, 149, 152.
607 Vgl. Lotz/Gryshchenko, PiR 2011, 149, 152, Struffert/Nagelschmitt, WPg 2012, 924, 934.
608 Vgl. Struffert/Nagelschmitt, WPg 2012, 924, 934.

nicht über dem Kreditrisiko des Referenzvermögens liegt.[609] Alle Verbriefungstranchen mit Ausnahme der ranghöchsten Tranche leisten Kreditunterstützung für höherrangige Wertpapiere und sind damit einer Form von Hebelwirkung ausgesetzt.[610] Das ökonomische Rationale des Kreditrisikotests besteht darin, dass nur Tranchen, die einer risikoerhöhenden Hebelwirkung unterliegen, aus der Bewertung zu fortgeführten Anschaffungskosten ausgeschlossen werden. Eine risikoneutrale oder gar -mindernde Wirkung der Subordination soll dagegen nicht mit der Pflicht zur Fair Value-Bewertung „bestraft" werden.

Beim Erwerb der ranghöchsten oder der rangniedrigsten Verbriefungstranche erübrigt sich ein quantitativer Kreditrisikotest. Das Kreditrisiko der ranghöchsten Verbriefungstranche ist stets gleich (falls es nur eine Tranche gibt) oder niedriger als das Kreditrisiko des Referenzvermögens. Der Kreditrisikotest kann folglich als bestanden angesehen werden. Im Umkehrschluss kann die rangniedrigste Tranche den Kreditrisikotest nicht bestehen und muss somit zum Fair Value bilanziert werden. IFRS 9 gibt keine bestimmte Methode der Kreditrisikomessung vor. In der *Basis for Conclusions* wird die Expected Loss-Methode lediglich beispielhaft genannt.[611] Dabei handelt es sich um die bereits in Kapitel 4.6.4 für die Beurteilung des Übergangs der Risiken und Chancen angewandte Methode, bei der das Kreditrisiko als Erwartungswert der angenommenen Verlustverteilung definiert wird. Eine Simulation der gesamten Verlustverteilung ist zur Durchführung des Kreditrisikotests ebenfalls nicht zwingend notwendig.[612] Für den Originator, der in eigene Verbriefungstitel investiert, eignet sich die Expected Loss-Methode besonders gut, sofern sie auch im Rahmen der Ausbuchungsprüfung zur Anwendung kommt.

Vor dem Hintergrund der restriktiven Anforderungen des IAS 39.20(a) (IFRS 9.3.2.6(a)) an einen Risikoübergang (>90%) kann der Originator jedoch ausschließlich in höherrangige und sehr risikoarme Tranchen investieren, ohne dabei einen Vollabgang der Forderungen aus der Bilanz zu gefährden. Ein Vollabgang der Forderungen dürfte daher – vorbehaltlich der Erfüllung der Anforderungen an das Geschäftsmodell sowie an die Zahlungsstromeigenschaften der Tranche und des Referenzvermögens – regelmäßig mit der Qualifikation der erworbenen Verbriefungstitel für eine Bewertung zu fortgeführten Anschaffungskosten einhergehen. Von

---

609 Vgl. IFRS 9.B4.1.21(c).

610 Vgl. Glischke/Grominski/Struffert/Lellmann, KoR 2011, 513, 516.

611 Vgl. IFRS 9.BC4.35(f). Zu weiteren Methoden vgl. Glischke/Grominski/Struffert/Lellmann, KoR 2011, 513, 520 ff.

612 Vgl. Glischke/Grominski/Struffert/Lellmann, KoR 2011, 513, 519.

praktischer Bedeutung dürfte die Durchführung eines quantitativen Kreditrisikotests für den Originator daher nur bei einem gescheiterten Abgang der Forderungen sein.[613] Dies setzt jedoch eine Aktivierung der Verbriefungstitel voraus.[614]

5.1.5 Anhangangaben bei Vollausbuchung: zwischen Informationsfunktion und Informationsoverload

In seiner ursprünglichen Fassung vor 2010 sah IFRS 7 „Finanzinstrumente: Angaben" keine Angabepflichten im Falle einer vollständigen Ausbuchung vor. Allenfalls bei bedeutenden Übertragungen, die für das Verständnis des Abschlusses relevant sind, wäre eine allgemeine Angabe nach Maßgabe des IAS 1.15 i.V.m. IAS 1.112 zu erwägen.[615] Erst nachdem der durch die Finanzkrise beschleunigte und schließlich 2009 vom IASB vorgelegte Standardentwurf „Derecognition – Proposed amendments to IAS 39 and IFRS 7" von der überwiegenden Mehrheit der Stellung Bezogenen abgelehnt wurde, beschloss man eine Erweiterung der Anhangangaben als Kompromisslösung gegenüber einer vollständigen Überarbeitung der Ausbuchungsvorschriften des IAS 39. Das Ergebnis dieser notgedrungenen und von der Finanzkrise sicherlich angehauchten Maßnahme lässt sich sehen: Anstatt wie bisher gar keiner Angaben sieht IFRS 7 nun im Vergleich zum Fall einer Teil- und Nichtausbuchung mit Abstand umfangreichste Angabepflichten vor. Begründet wird die massive Ausweitung der Anhangangaben damit, dass die beim Übertragenden trotz der vollen Ausbuchung verbleibenden Risiken aus nicht bilanzierten bzw. nicht separat ausgewiesenen Vermögenswerten und Schulden für die Abschlussadressaten bis dato nicht zu erkennen waren.[616] In seiner Begründung knüpft der IASB somit unmittelbar an die risikoorientierte Zielsetzung von IFRS 7 an.

Angabepflichten bei Vollausbuchung sieht IFRS 7 immer dann vor, wenn der Übertragende ein anhaltendes Engagement an dem ausgebuchten Vermögenswert hat. Das anhaltende Engagement wird dabei abweichend von dem gleichnamigen Begriff in IAS 39/IFRS 9 als jedes Recht bzw. jede Verpflichtung definiert, die der Übertragende aus dem ausgebuchten Vermögenswert behält bzw. neu erlangt.[617] Davon ausgenommen sind analog zur Prüfung der Über-

---

613 Bei einem Teilabgang der Forderungen stellt sich die Frage nach der Klassifizierung der Verbriefungstitel nicht. Vgl. Kapitel 5.1.4.2.3.1 sowie 5.3.2.1.
614 Vgl. Kapitel 5.2.2.2
615 Vgl. Bardens/Meurer, WPg 2011, 618, 621.
616 Vgl. IFRS 7.BC65J sowie Bardens/Meurer, WPg 2011, 618, 621.
617 Vgl. IFRS 7.42C.

tragung der Risiken und Chancen nach IAS 39.20 (IFRS 9.3.2.6) neben gewöhnlichen Zusicherungen und Gewährleistungen des Übertragenden (*representations and warranties*) zum Fair Value ausübbare Rückübertragungsvereinbarungen sowie qualifizierte Durchleitungsvereinbarungen i.S.v. IAS 39.19 (IFRS 9.3.2.5). Weiter konkretisiert wird der Begriff des anhaltenden Engagements in IFRS 7.B30. Demnach liegt kein anhaltendes Engagement vor, wenn der Übertragende künftig weder an der Wertentwicklung des übertragenen finanziellen Vermögenswerts beteiligt ist, noch zu Zahlungen in Bezug auf den übertragenen finanziellen Vermögenswert verpflichtet werden kann. Damit wird die Definition des anhaltenden Engagements praktisch dahingehend beschnitten, dass darunter nur Rechte und Verpflichtungen fallen, die zur Entstehung eines Risikos bzw. einer Chance für das Unternehmen führen können.

Angesichts der bei Verbriefungen auf dem Weg zur Vollausbuchung zu überwindenden Risikoschwelle (>90%) dürfte der Umfang des angabepflichtigen anhaltenden Engagements des Originators begrenzt sein. Dazu können beispielsweise höherrangige Verbriefungstitel, unwesentliche Ausfallgarantien, Zins- und Währungsswaps sowie seltener Servicing-Rechte und nicht zum Fair Value ausübbare Rückübertragungsvereinbarungen wie Clean-up Calls gehören. Für jede Art des anhaltenden Engagements fordern IFRS 7.42E-G neben einer qualitativen Beschreibung eine quantitative Erläuterung der Auswirkungen auf die Bilanz und die Gewinn- und Verlustrechnung.[618] Die geforderten Angaben überschneiden sich dabei zum Teil mit den allgemeinen Angaben des IFRS 7. Ähnlich wie nach IFRS 7.25 sind nach IFRS 7.42E(a)-(b) Angaben zum Buchwert und zum beizulegenden Zeitwert der in der Bilanz des Unternehmens angesetzten Vermögenswerte und Verbindlichkeiten zu machen. Gleiches gilt für die Angaben in IFRS 7.42E(c)-(e): Diese decken sich überwiegend mit den allgemeinen Angabepflichten des IFRS 7 zu Ausfall- und Liquiditätsrisiken.[619]

Fragwürdig erscheint ferner der Mehrwert der Angaben zu den aus dem anhaltenden Engagement in der Berichtsperiode sowie kumulativ erzielten Erträgen und Aufwendungen. Möglicherweise soll ein unverhältnismäßig hoher Gewinn oder Verlust beispielsweise aus Ausfallgarantien oder Verwaltungsgebühren einen Hinweis zu nicht nur unwesentlichen Chancen und Risiken geben, denen der Übertragende aus außerbilanziellen Geschäften ausgesetzt ist. Gleiches gilt wohl auch für die Angabe des maximalen Verlustrisikos aus dem anhaltenden

---

618 Die Angaben können nach den gemäß IFRS 7.6 gebildeten Klassen gegliedert werden.

619 Vgl. IFRS 7.36 und IFRS 7.39 i.V.m. IFRS 7.B9 ff.

Engagement gemäß IFRS 7.42E(c). Die Pflicht zur Offenlegung des Maximalrisikos besteht nach IFRS 7 ohnehin unabhängig davon, ob dieses in Verbindung mit einer Übertragung steht oder nicht, sowohl für bilanzierte als auch für außerbilanzielle Finanzinstrumente einschließlich der Finanzgarantien und Kreditzusagen.[620]

Sicherlich sinnvoll ist dagegen die Angabe des zum Zeitpunkt der Übertragung erzielten Gewinns oder Verlusts.[621] Wünschenswert wäre aber auch die Angabe des im Berichtsjahr ausgebuchten Betrags, um nicht nur die Ergebniswirkung, sondern auch das Ausmaß der erfolgten Bilanzverkürzung kenntlich zu machen.[622] Anders als ursprünglich im Standardentwurf „Derecognition – Proposed amendments to IAS 39 and IFRS 7" vorgesehen,[623] besteht nach IFRS 7 eine solche Angabepflicht nicht. Sie wurde vom IASB offenbar als impraktikabel erachtet und aus dem finalen Standard schließlich entfernt. Einige Stellungnehmenden wiesen diesbezüglich auf die Schwierigkeiten bei der Informationsbeschaffung zu nicht in der Bilanz enthaltenen Vermögenswerten hin.[624] Da die Forderungsverwaltung in Verbriefungstransaktionen regelmäßig beim Originator verbleibt, wäre eine solche Angabepflicht zumindest denkbar.[625] Neben der Buchwertangabe wäre m.E. auch die Angabe zum beizulegenden Zeitwert der in der Berichtsperiode ausgebuchten finanziellen Vermögenswerte eine sinnvolle Ergänzung. Ein über dem Buchwert liegender Fair Value kann häufig ein Indiz für bilanzpolitische Motive einer Übertragung insbesondere für mögliche *„cherry picking"*-Praktiken des berichtenden Unternehmens sein. Dies wäre beispielsweise dann der Fall, wenn das Unternehmen überdurchschnittlich festverzinsliche Forderungen oder Wertpapiere (Fair Value > Buchwert) gewinnbringend verkauft.[626]

Nicht eindeutig geregelt war in der ursprünglichen Neufassung des IFRS 7, ob Servicing-Vereinbarungen als anhaltendes Engagement anzusehen sind. Diese Frage wurde vom IASB im Rahmen des jährlichen Verbesserungsprozesses (*Annual Improvements*) aufgegriffen. Klarstellung soll dabei der neu aufzunehmende Paragraph IFRS 7.B30A zur Differenzierung

---

620 Vgl. IFRS 7.B10 zum maximalen Ausfallrisiko.

621 Vgl. IFRS 7.42G(a) i.V.m. IFRS 7.B38.

622 Auch die von *Struffert* befragten Praktiker sehen die Angaben zum Einfluss einer Verbriefungstransaktion auf die Bilanz des Originators als sinnvoll an. Vgl. Struffert, Asset Backed Securities-Transaktionen und Kreditderivate nach HGB und IFRS, 2006, 339.

623 Vgl. ED/2009/3.42D(d).

624 Vgl. z.B. Stellungnahmen zum Exposure Draft ED/2009/3: Derecognition – Proposed amendments to IAS 39 and IFRS 7 vom IDW, Seite 8, Mortgage Bankers Association, Seite 5.

625 Dies gilt auch für Factoring-Transaktionen wie Inhouse-Factoring mit Verbleib der Forderungsverwaltung beim Übertragenden.

626 Vgl. Barth/Taylor, Journal of Accounting and Economics 2010, 26, 28 f.

verschiedener Typen von Servicing-Vereinbarungen bringen.[627] Kein anhaltendes Engagement stellen demnach nur Servicing-Vereinbarungen dar, die nicht von der Wertentwicklung des übertragenen finanziellen Vermögenswerts abhängen. Nicht angabepflichtig sind damit nur fixe und bereits gezahlte Verwaltungsgebühren. Alle anderen Verwaltungsgebühren sind unabhängig davon, ob sie eine angemessene Kompensierung[628] darstellen oder nicht, als anhaltendes Engagement zu qualifizieren und offenzulegen.

Insgesamt ist die Angemessenheit des Umfangs der geforderten Anhangangaben in Zusammenhang mit einer vollständigen Ausbuchung kritisch zu sehen. Vor allem der Umfang der Angaben zum anhaltenden Engagement erweckt den Eindruck, den Abschlussadressaten damit ein Werkzeug zur Anzweiflung der Richtigkeit der vom Bilanzierenden getroffenen Ausbuchungsentscheidung in die Hand legen zu wollen, was über die eigentliche Erläuterungs- und Ergänzungsfunktion des Anhangs hinausgeht. Wirklich entscheidungsnützliche Informationen wie das (bilanzpolitische) Motiv, der Ausbuchungsumfang und die Ergebniswirkung einer Übertragung drohen dagegen in einem von übermäßigen Details überladenen Bericht schlichtweg unterzugehen.[629] Beim Bilanzierenden wird dadurch eine Checklistenmentalität gefördert,[630] die zur Unfähigkeit führt, wirklich relevante und entscheidungsnützliche Informationen zu erkennen und der Erfüllung der Angabepflichten nach eigener pragmatischer Auslegung nachzukommen.

5.2 Bilanzierung bei Nichtausbuchung

5.2.1 Allgemeine Bilanzierungsfolgen und erste konzeptionelle Würdigung aus bilanzieller Sicht

Behält der Originator im Wesentlichen alle mit dem Eigentum der Forderungen verbundenen Risiken und Chancen, muss er gemäß IAS 39.20(b) (IFRS 9.3.2.6(b)) die Forderungen weiterhin vollständig in seiner Bilanz erfassen sowie eine verbundene finanzielle Verbindlichkeit i.H.d. erhaltenen Kaufpreises passivieren.[631] Man spricht daher von einer Bilanzierung als

---

[627] Vgl. Schreiber, WPg 2014, 520, 524 mit Verweis auf den Standardentwurf ED/2013/11.

[628] Vgl. zur Definition vorstehendes Kapitel.

[629] Vgl. zur allgemeinen Overload-Problematik Hoffmann/Lüdenbach, Der Betrieb 2007, 2213, 2214.

[630] Vgl. EFRAG, Stellungnahme zum Exposure Draft ED/2009/3: Derecognition – Proposed amendments to IAS 39 and IFRS 7, 26.

[631] Eine Saldierung der nicht ausgebuchten Forderungen und der verbundenen Verbindlichkeit sowie der dazugehörigen Erträge und Aufwendungen ist gemäß IAS 39.36 (IFRS 9.3.2.22) i.V.m. IAS 32.42 nicht gestattet.

besicherter Kredit, obwohl die Verbindlichkeit kein Darlehen, sondern vielmehr eine Herausgabe- bzw. Weiterleitungsverpflichtung widerspiegelt. Übersteigen die vereinnahmten Forderungszahlungen die Höhe des erhaltenen Kaufpreises, müssen aufgrund des rechtlichen Verkaufs der Forderungen dennoch alle zugeflossenen Zins- und Tilgungszahlungen an die Zweckgesellschaft weitergeleitet werden. Im Umkehrschluss beschränkt sich die Weiterleitungsverpflichtung des Originators auf den tatsächlich vereinnahmten, um etwaige Forderungsausfälle verminderten Betrag.[632]

Bilanziell unberücksichtigt bleiben indes die im Zusammenhang mit dem Forderungsverkauf vertraglich eingeräumten Rechte und Verpflichtungen des Originators insbesondere Derivate,[633] sodass der Verkaufsvorgang als besicherte Kreditaufnahme bilanziert wird. Hier kommt also der in Kapitel 3.3.3 dargestellte Predominant Characteristics Approach in seiner Ausprägung als Risk and Rewards Approach zum Tragen, wonach unterstellt wird, dass eine Verbriefungstransaktion, in der im Wesentlichen alle Risiken und Chancen weiterhin vom Originator getragen werden, nicht die Charakteristika eines Forderungsverkaufs, sondern vielmehr eines besicherten Kredits aufweist und damit als solcher zu bilanzieren ist. Die IFRS-Kriterien für den Ansatz von (finanziellen) Vermögenswerten und Schulden in der Bilanz folgen hingegen dem Control Approach, sodass ein konzeptioneller Konflikt in der Bilanz des Originators schlichtweg unvermeidbar ist.[634] Diesem Konflikt in der Bilanz des Originators widmet sich i.d.R. die Kritik der Verfechter von Financial Components Approach. Im weiteren Verlauf dieses Kapitels sollen die allgemeinen Folgen der bilanziellen Abbildung als besicherte Kreditaufnahme diskutiert werden, bevor in Kapitel 5.2.4 eine abschließende Beurteilung erfolgt.

Ein erstes konzeptionelles Problem bei der Abbildung einer Verbriefungstransaktion als besicherte Kreditaufnahme besteht aus rein bilanzieller Sicht in dem hieraus regelmäßig resultierenden Verstoß gegen den Grundsatz der glaubwürdigen Darstellung (*faithful representation*).[635] Nach Meinung der IASB-Mitglieder, die der Verabschiedung des IAS 39 nicht zugestimmt haben, führt „diese Art der Bilanzierung zum Ansatz von Vermögenswerten..., die nicht die Definition von Vermögenswerten erfüllen, und zum Ansatz von Schulden, die nicht

632 Vgl. Flick/Flick, WPg 2009, 828, 830.
633 Vgl. IAS 39.AG49 (IFRS 9.B3.2.14).
634 Vgl. auch Reiland, Derecognition – Ausbuchung finanzieller Vermögenswerte, 2006, 192.
635 Vgl. F.QC12.

die Definition von Schulden erfüllen".[636] Während der Originator Forderungen ausweist, deren Gläubiger er nicht mehr ist, bucht die Zweckgesellschaft diese trotz der Erlangung der Gläubigerstellung nicht ein. Nach Ansicht von *Feld* macht gerade diese fehlende Geschlossenheit des Zu- und Abgangskonzepts des IAS 39 die Sonderregelungen in IAS 39.AG34 i.V.m. IAS 39.AG50 (IFRS 9.B3.1.1 i.V.m. IFRS 9.B3.2.15) zur Sicherstellung einer spiegelbildlichen Bilanzierung bzw. Vermeidung einer gleichzeitigen Erfassung ein und desselben finanziellen Vermögenswerts beim Verkäufer und Erwerber notwendig.[637]

Ebenso wenig spiegelt die Passivierung einer verbundenen Verbindlichkeit i.H.d. erhaltenen Kaufpreises die Höhe und Wahrscheinlichkeit der künftigen Zahlungsverpflichtungen des Originators aus den gestellten Credit Enhancements wider. Übernimmt der Originator beispielsweise infolge der Gewährung einer Ausfallgarantie i.H.v. 5% des Forderungsvolumens im Wesentlichen alle Risiken und Chancen und erhält einen dem Nennwert der Forderungen entsprechenden Kaufpreis i.H.v. 100, so muss er eine Verbindlichkeit i.H.v. 100 ansetzen, obwohl er lediglich eine Zahlungsverpflichtung von max. 5 eingegangen ist und der Forderungsgegenwert durch den endgültig gezahlten Kaufpreis bereits realisiert wurde.[638] Die Passivierung einer Verbindlichkeit i.H.d. zugeflossenen Kaufpreises lässt sich einzig und allein dann rechtfertigen, wenn auch in dieser Höhe mit einer Inanspruchnahme aus der Ausfallgarantie gerechnet wird.[639] Der Fair Value der Ausfallgarantie bleibt indes gemäß IAS 39.AG49 (IFRS 9.B3.2.14) bilanziell unberücksichtigt. Im Ergebnis wird weder das Einzahlungs- noch das Auszahlungspotenzial des Originators in der Bilanz korrekt abgebildet.

Folgerichtig erhebt sich die Frage nach der Ermittlung der tatsächlichen Vermögenslage des Originators nach der Durchführung einer Verbriefungstransaktion. Die Nettovermögensposition des Letzteren wird nach Auffassung von *Feld* – wenn auch nur näherungsweise – erst nach „gedanklicher Saldierung" des Buchwerts der verbrieften Forderungen mit der verbundenen Verbindlichkeit für die Abschlussadressaten ersichtlich. Dies gilt jedoch nur, wenn das Saldierungsergebnis dem Fair Value der gestellten Ausfallgarantie bzw. anderer nicht separat

---

636 Vgl. IAS 39.BC.DO3.

637 Vgl. Feld, Bilanzierung von ABS-Transaktionen im IFRS Abschluss, 2007, 259.

638 Vgl. Feld, Bilanzierung von ABS-Transaktionen im IFRS Abschluss, 2007, 253, 258.

639 Vgl. Reiland, Derecognition – Ausbuchung finanzieller Vermögenswerte, 2006, 217 f.

bilanzierter Credit Enhancements[640] entspricht.[641] Die für die Ermittlung der Nettovermögensposition erforderlichen Buchwerte der nicht ausgebuchten Forderungen und der verbundenen Verbindlichkeit können den Anhangangaben entnommen werden. Diese waren bereits nach der Altfassung des IFRS 7 in IFRS 7.13(c)[642] gefordert.

Feld spricht zurecht von einer nur näherungsweisen Methode zur Ermittlung des Fair Value der Nettovermögensposition des Originators. Ursächlich hierfür ist insbesondere das aktuell geltende Wertminderungsmodell des IAS 39, welches abweichend von den allgemeinen Grundsätzen der Fair Value-Bewertung keinem expected loss- sondern einem sog. incurred loss-Anatz folgt.[643] Die Bildung einer Risikovorsorge erfolgt demnach erst mit dem Eintritt eines Ausfallereignisses (*loss event* bzw. *trigger event*). Eine Wertminderung zum Zeitpunkt des Zugangs der Forderung bzw. bei der Kreditvergabe (*day one loss*) kommt somit nicht in Betracht.[644] Erwartete Kreditverluste können nach den Bestimmungen des IAS 39 nur begrenzt – als Kreditereignisse, die zwar eingetreten, jedoch zum Bilanzstichtag noch nicht bekannt sind (*incurred but not reported*) – berücksichtigt werden. Pauschalierte Wertberichtigungen analog zu Pauschalwertberichtigungen nach HGB oder „*general loan loss provisions*" unter US GAAP sind dagegen unzulässig.[645]

Positive Veränderungen hinsichtlich der Aussagekraft des fortgeführten Forderungsbestands und mithin der die Nettovermögensposition des Originators zum Ausdruck bringenden Saldierung mit der verbundenen Verbindlichkeit sind indes mit dem Übergang vom incurred loss-Modell des IAS 39 hin zum expected loss-Modell im Rahmen des IFRS 9 zu erwarten. Im expected loss-Modell sollen zukünftige Kreditausfälle unabhängig vom Eintritt eines Ausfallereignisses explizit berücksichtigt werden. Dennoch ist auch ein dergestalt verbessertes Wertminderungsmodell nicht mit einer den IFRS-Anforderungen genügenden Fair Value-Bewertung gleichzusetzen, zumal die Berücksichtigung der erwarteten Verluste teilweise auf einen zwölfmonatigen Zeithorizont beschränkt bleiben soll.[646] Das Fair Value-Modell der

---

640 Dies gilt insb. für einen residualen Auszahlungsanspruch des Originators (Excess Spread), der aufgrund seines derivatähnlichen Charakters nach IAS 39.AG49 (IFRS 9.B3.2.14) ebenfalls nicht aktivierungsfähig und mithin für die Abschlussadressaten nicht unmittelbar ersichtlich ist.

641 Vgl. Feld, Bilanzierung von ABS-Transaktionen im IFRS Abschluss, 2007, 257.

642 Entspricht IFRS 7.42D(e) in der Neufassung.

643 Vgl. Haaker, ZfbF 2012, 71, 88.

644 Vgl. Lüdenbach/Hoffmann/Freiberg, Haufe IFRS Kommentar, 2014, § 38, Rz. 49.

645 Vgl. PwC, IFRS für Banken, 2012, 426.

646 Zum Expected Credit Loss-Modell vgl. Eckes/Flick/Schüz, WPg 2013, 939 ff., Gehrer/Krakuhn/Theiss, IRZ 2013, 431 ff.

IFRS geht indes einen Schritt weiter, indem neben der Schätzung bonitätsgetriebener Zahlungsausfälle alle weiteren Risiken, darunter das Marktzinsniveau, Credit Spreads und Liquiditätsrisiken, aber auch unerwartete Verluste in die vorzunehmende Barwertbetrachtung einfließen.[647] Der Fair Value einer Ausfallgarantie in dem hier untersuchten Fall eines gescheiterten Bilanzabgangs würde demnach mehr als 90% aller – nicht nur erwarteten, sondern auch unerwarteten – Risiken umfassen. Inwiefern auch unerwartete Risiken berücksichtigt werden, für deren Ermittlung es eines Kreditportfoliomodells mit seinen Annahmen bedarf, ist indes fraglich.[648]

Vor dem Hintergrund der Nichtbilanzierung von Derivaten beim Originator bemängelt *Feld* ferner, dass der zum Erstverbuchungszeitpunkt ermittelte Saldo zwischen Forderungs- und Verbindlichkeitsbuchwert, der, wie eben dargelegt, ohnehin begrenzt aussagekräftig sein dürfte, bei der Folgebewertung weiter an Aussagekraft einbüßt. Dies ist laut Verfasser auf die der Anwendung der Effektivzinsmethode geschuldete Entwicklung des bilanzierten Forderungsbestands und der verbundenen Verbindlichkeit zurückzuführen. Dem ggf. um die aufgelaufenen Zinsen zu erhöhenden Forderungsbuchwert steht dabei der Buchwert der verbundenen Verbindlichkeit gegenüber, die ebenfalls effektivzinsgerecht sukzessive aufgestockt wird. Wegen der höheren periodischen Aufzinsung der Verbindlichkeit kommt es sodann zu einer kontinuierlichen Verringerung des Saldos zwischen Forderungs- und Verbindlichkeitsbuchwert, sodass die beiden Buchwerte am Ende der Transaktion übereinstimmen und der Saldo schließlich bei null steht.[649]

Beispiel 4: Folgebilanzierung als besicherte Kreditaufnahme nach *Feld*

Verbrieft wird ein Portfolio endfälliger Darlehensforderungen mit einer Laufzeit von drei Jahren, einem Buchwert von 100 MEUR und einer durchschnittlichen Verzinsung von 10% (=Effektivzins, jährlich fällig). Der variable Kaufpreis beträgt 80 MEUR. 20 MEUR stehen dem Originator nach Abzug der im Portfolio eingetretenen Ausfälle am Ende der Transaktion als residualer Auszahlungsanspruch (Excess Spread) zu. Aus Vereinfachungsgründen wird angenommen, dass keine Ausfälle im Portfolio auftreten.

---

647 Vgl. Bär, KoR 2010, 289, 290.

648 Vgl. Großkord/Mach/Reher, in: Lifetime Expected Loss – Anwendungsfelder und Berechnungsmethoden, Deloitte White Paper Nr. 58, 2013, 3.

649 Vgl. Feld, Bilanzierung von ABS-Transaktionen im IFRS Abschluss, 2007, 257 f.

Vereinfachte Bilanz des Originators zum Veräußerungszeitpunkt			
Darlehensforderungen	100	Eigenkapital	100
Kasse	80	Verbundene Verbindlichkeit	80

Jährliche Eingang und Weiterleitung der Zinszahlungen (erfolgsneutral)				
Zinsforderung	10	an	Verbindlichkeit ggü. SPE	10
Kasse	10	an	Zinsforderung	10
Verbindlichkeit ggü. SPE	10	an	Kasse	10

Aufzinsung der verbundenen Verbindlichkeit über drei Jahre[650]				
Aufwand	5,5	an	Verbundene Verbindlichkeit	5,5
Aufwand	6,6	an	Verbundene Verbindlichkeit	6,6
Aufwand	7,9	an	Verbundene Verbindlichkeit	7,9

Damit entspricht der Saldo zwischen dem Buchwert der Darlehensforderungen und der verbundenen Verbindlichkeit im ersten Jahr 14,5 MEUR (100 – 85,5), im zweiten Jahr lediglich 7,9 MEUR (100-92,1) und im dritten Jahr (vor Tilgung) null, obwohl der Auszahlungsanspruch des Originators mangels eingetretener Ausfälle weiterhin 20 MEUR beträgt.

650 Unter Zugrundelegung eines Effektivzinssatzes von 19,41%.

Vereinfachte Bilanz des Originators vor Tilgung			
Darlehensforderungen	100	Eigenkapital	80*
Kasse	80	Verbundene Verbindlichkeit	100

* nach Abzug des in den Jahren 1 bis 3 erfassten Gesamtaufwands i.H.v. 20 MEUR.

Tilgung der Darlehensforderungen und Weiterleitung an SPE				
Kasse	100	an	Darlehensforderungen	100
Verbundene Verbindlichkeit	100	an	Kasse	100
Aktivierung und Auszahlung des Excess Spread				
Excess Spread	20	an	Ertrag	20
Kasse	20	an	Excess Spread	20

Die von *Feld* beschriebene und hier beispielhaft veranschaulichte Vorgehensweise orientiert sich offenbar an den für unbedingte Rückübertragungsvereinbarungen geltenden Bilanzierungsgrundsätzen. So wird z.B. bei echten Wertpapierpensionsgeschäften der Unterschiedsbetrag zwischen dem bei Übertragung erhaltenen und dem bei Rückübertragung zu leistenden Betrag dem Buchwert der beim Pensionsgeber erstmalig erfassten Verbindlichkeit nach der Effektivzinsmethode über die Laufzeit des Pensionsgeschäfts erfolgswirksam zugeschrieben.[651] Eine solche bilanzielle Behandlung soll dabei den Zinscharakter des Unterschiedsbetrags widerspiegeln[652] und damit eine periodengerechte Aufwandserfassung sicherstellen. Im Ergebnis führt eine effektivzinsgerechte Aufstockung der Verbindlichkeit dazu, dass deren Buchwert zum Rückübertragungszeitpunkt genau dem vertraglich vorgesehenen Rückkauf-

651 Vgl. IDW RS HFA 9, Rz. 208.

652 Vgl. IDW RS HFA 9, Rz. 225 f.

preis entspricht. Mit Blick auf unbedingte Rückübertragungsvereinbarungen schlussfolgert *Reiland* daher zurecht, dass die bilanzielle Abbildung als besicherte Kreditaufnahme die tatsächliche Situation des Übertragenden weitgehend realistisch wiedergibt.[653]

Gegen eine analoge Anwendung derselben bilanziellen Vorgehensweise auf Verbriefungstransaktionen spricht allerdings der Wortlaut des IAS 39.47(b) (IFRS 9.4.2.1(b)), der finanzielle Verbindlichkeiten, die bei einer nicht zur Ausbuchung berechtigenden Übertragung eines finanziellen Vermögenswerts entstehen, ausdrücklich von der Bewertung zu fortgeführten Anschaffungskosten unter Anwendung der Effektivzinsmethode ausnimmt. Eine mögliche Erklärung hierfür ist laut *Reiland* die bestehende Unsicherheit hinsichtlich der Höhe und der zeitlichen Verteilung der künftig vom Originator zu leistenden Auszahlungen aus den gestellten Credit Enhancements, die eine Bestimmung des Effektivzinssatzes und damit eine Aufzinsung der verbundenen Verbindlichkeit über die Transaktionslaufzeit verhindert.[654] Kurzum, der zinsbedingte Anteil am Kaufpreisabschlag lässt sich nicht von dem bonitätsbedingten Anteil abgrenzen. Wie genau die verbundene Verbindlichkeit in der Folgezeit zu bewerten ist, lässt *Reiland* allerdings offen.

Für Zwecke der Folgebewertung der verbundenen Verbindlichkeit im Falle einer Nichtausbuchung oder einer Bilanzierung nach Maßgabe des anhaltenden Engagements rekurriert IAS 39.47(b) (IFRS 9.4.2.1(b)) auf IAS 39.29 und IAS 39.31 (IFRS 9.3.2.15 und IFRS 9.3.2.17). Der Verweis auf den sehr allgemein gehaltenen IAS 39.29 (IFRS 9.3.2.15), wonach „in den folgenden Perioden... alle Aufwendungen für die finanzielle Verbindlichkeit zu erfassen" sind, schafft wenig Klarheit über die gewollte Folgebewertung. Fraglich ist indes, ob der Verweis auf IAS 39.31 (IFRS 9.3.2.17), der eigentlich die Folgebewertung im Rahmen des Continuing Involvement-Ansatzes regelt, auch bei vollständiger Nichtausbuchung einschlägig sein sollte. Da für die verbundene Verbindlichkeit weder eine Folgebewertung zu fortgeführten Anschaffungskosten unter Anwendung der Effektivzinsmethode noch eine Zuführung der erfolgswirksamen Fair Value-Bewertung als Handelspassiva oder durch die Ausübung der Fair Value-Option in Frage kommen,[655] stellt möglicherweise der Verweis des IAS 39.47(b) (IFRS 9.4.2.1(b)) auf die Bilanzierung gemäß IAS 39.29 **und** IAS 39.31 (IFRS 9.3.2.15 und

---

653 Vgl. Reiland, Derecognition – Ausbuchung finanzieller Vermögenswerte, 2006, 219. Zur buchhalterischen Erfassung vgl. auch Buchungsbeispiel in IDW RS HFA 9, Rz. 227.

654 Vgl. Reiland, Derecognition – Ausbuchung finanzieller Vermögenswerte, 2006, 219.

655 Vgl. zur Kategorisierung von finanziellen Verbindlichkeiten PwC, IFRS für Banken, 2012, 349 ff., Lauer, Fair-Value-Bewertung von Schulden, 2014, 57 ff.

IFRS 9.3.2.17) kein redaktionelles Versehen, sondern Absicht dar. In der Tat hätte der IASB die Anwendung des IAS 39.31 nur auf die Bilanzierung nach dem Continuing Involvement-Ansatz klarer beschränken können, indem der Wortlaut in IAS 39.47(b) (IFRS 9.4.2.1(b)) „Paragraphs 29 and 31 apply to the measurement of such financial liabilities" um den Zusatz „respectively" (auf Deutsch „beziehungsweise") hätte ergänzt werden können.[656] Mangels Eindeutigkeit ist nicht auszuschließen, dass die verbundene Verbindlichkeit ebenso wie im Rahmen des Continuing Involvement-Ansatzes abweichend von den allgemeinen Bewertungsvorschriften nach Maßgabe der Sonderregelung des IAS 39.31 (IFRS 9.3.2.17) zu bilanzieren ist.[657]

Neben dem vermeintlichen Verstoß gegen den Grundsatz der glaubwürdigen Darstellung wird gegen die Bilanzierung als besicherte Kreditaufnahme zudem die Verletzung der Vergleichbarkeit[658] vorgebracht. Da die allgemeinen Ansatzvorschriften für Finanzinstrumente beim Originator außer Kraft gesetzt werden, unterscheidet sich die Erfassung – oder präziser – Nichterfassung von Credit Enhancements (einschließlich einbehaltener ABS) beim Originator von der im Allgemeinen gebotenen Bilanzierung beim Sicherungsgeber. Zwei wertmäßig identische Credit Enhancements würden dadurch in der Bilanz des Garantiegebers in Abhängigkeit davon, ob er zugleich Originator ist oder nicht, unterschiedlich abgebildet. Nicht die wirtschaftliche Substanz, sondern die Entstehungsgeschichte bestimmt damit die Bilanzierung.[659]

5.2.2 Auslegung und Bilanzierungsfolgen des IAS 39.AG49/IFRS 9.B3.2.14 im IFRS-Einzelabschluss des Originators

5.2.2.1 Praktische Relevanz

Wie vorstehend bereits angedeutet, sind im Zusammenhang mit dem Forderungsverkauf eingeräumte Rechte und Pflichten des Originators gemäß IAS 39.AG49 (IFRS 9.B3.2.14) nicht gesondert als Derivate zu bilanzieren, wenn ein Ansatz des Derivats einerseits und der veräu-

---

656 Auf Deutsch würde der Satz dann wie folgt lauten: Bei der Bewertung derartiger finanzieller Verbindlichkeiten ist nach Paragraphen 29 bzw. 31 zu verfahren.

657 Vgl. Kuhn, Die bilanzielle Abbildung von Finanzinstrumenten in der Rechnungslegung nach IFRS, 2007, 219 f.

658 Vgl. F.QC20 ff.

659 Vgl. Schipper/Yohn, Accounting Horizons 2007, 59, 66, Reiland, Derecognition – Ausbuchung finanzieller Vermögenswerte, 2006, 173, 192, Feld, Bilanzierung von ABS-Transaktionen im IFRS Abschluss, 2007, 260.

ßerten Forderungen bzw. der aus dem Verkauf stammenden Verbindlichkeit andererseits zu einer Doppelerfassung derselben Rechte und Pflichten führen würde. Da das Engagement des Originators in einer Verbriefungstransaktion auch nicht derivative Finanzinstrumente beispielsweise in Gestalt nicht derivativer Credit Enhancements, darunter insbesondere einbehaltener (nachrangiger) ABS umfassen kann, stellt sich die Frage, ob sich das Ansatzverbot nur auf Derivate oder auch auf originäre Finanzinstrumente erstreckt.

Eine nicht unerhebliche praktische Bedeutung erlangte diese Problemstellung besonders im Zuge der Finanzmarktkrise. Neue ABS-Emissionen ließen sich wegen des massiven Vertrauensverlusts, der nicht nur Subprime-Produkte, sondern den gesamten Verbriefungsmarkt erfasste, i.V.m. einer engen Liquiditätslage im Interbankengeschäft kaum noch am Markt platzieren. Als Reaktion entschieden sich immer mehr Originatoren, die eigenen ABS-Emissionen teilweise oder gar vollumfänglich zurück zu erwerben, um diese anschließend im Rahmen von Offenmarktgeschäften mit der EZB als Sicherheiten zur Liquiditätsbeschaffung einzureichen.[660] Nach Angaben der DZ Bank betrug das einbehaltene Emissionsvolumen der ABS auf dem europäischen Markt im Jahr 2008 641 Mrd. EUR, während nur 8 Mrd. EUR am Markt platziert werden konnten. Die Vermarktungsquote stieg zwar in den Folgejahren sukzessive an, erreichte jedoch auch im Jahr 2012 lediglich knapp 38%. Für 2013 rechnete die DZ Bank mit einem leichten Anstieg der Vermarktungsquote auf etwa 40%.[661] Die Mehrheit der emittierten ABS verbleibt damit weiterhin in den Büchern europäischer Banken.

5.2.2.2 Weite Auslegung des IAS 39.AG49/IFRS 9.B3.2.14 und ihre Grenzen am Beispiel einbehaltener Verbriefungstitel

5.2.2.2.1 Ansatz der Verbriefungstitel

Die eigentliche Aussage der Regelung des IAS 39.AG49 (IFRS 9.B3.2.14) besteht im Verbot einer bilanziellen Doppelerfassung von Rechten und Pflichten des Originators im Falle einer fehlgeschlagenen Ausbuchung verbriefter Forderungen. Ob diese Rechte oder Pflichten nun die Gestalt eines Derivats i.S.v. IAS 39.9 (IFRS 9, Anhang A) oder andere nicht derivative

---

660 Zu Anforderungen an die EZB-Fähigkeit von ABS vgl. Europäische Zentralbank, Durchführung der Geldpolitik im Euro-Währungsgebiet, 2012, http://www.bundesbank.de/Redaktion/DE/Downloads/Veroeffentlichungen/EZB_Publikationen/2012/2011_01_01_durchfuehrung_geldpolitik.html, abgerufen am 15.12.2014.

661 Vgl. DZ Bank, ABS and Structured Credits – Rückblick 2012 / Ausblick 2013, 2, 16 f., http://www.true-sale-international.de/fileadmin/tsi_downloads/ABS_Aktuelles/Verbriefungsmarkt/ABS_Outlook_2013_de.pdf, abgerufen am 15.12.2014.

Formen annehmen, kann insofern nicht entscheidend sein.[662] Andernfalls würden wirtschaftlich identische Sachverhalte wie etwa eine geschriebene Verkaufsoption und eine Wertpapiertranche, die beide Erstverlustpositionen des Originators darstellen, entgegen dem Grundsatz einer glaubwürdigen Darstellung und der Vergleichbarkeit der Abschlüsse unterschiedlich bilanziert werden.

Laut *Struffert/Wolfgarten* dürfen jegliche Sicherungsmaßnahmen des Originators und in den eigenen Bestand übernommenen Verbriefungstitel aufgrund einer Doppelerfassung der Risiken bzw. Chancen neben den weiter zu bilanzierenden Forderungen nicht angesetzt werden. In Höhe der nicht aktivierten Verbriefungstitel muss eine Verminderung der verbundenen Verbindlichkeit erfolgen.[663] Dabei dürften im Falle der einbehaltenen ABS die Ansatzkriterien für (finanzielle) Vermögenswerte wie auch nach HGB nicht zuletzt aufgrund des Erwerbs von der Zweckgesellschaft als einem Dritten erfüllt sein.[664] Die spezielle Vorschrift des IAS 39.AG49 (IFRS 9.B3.2.14) überlagert damit das Vollständigkeitsgebot des IFRS-Rahmenkonzepts.[665] Aus Sicht des Originators erübrigen sich damit die Fragen der Kategorisierung, der Erst- und Folgebewertung sowie die entsprechenden Angabepflichten für Finanzinstrumente. Diese Vorgehensweise entspricht nach Ansicht der Autoren der derzeit vielfach präferierten Auslegung des Regelungsinhalts des IAS 39.AG49 (IFRS 9.B3.2.14).[666]

Die von *Struffert/Wolfgarten* vertretene Auffassung einer weiten Auslegung des IAS 39.AG49 (IFRS 9.B3.2.14) zielt darauf ab, eine Doppelerfassung der forderungsinhärenten Ausfall- bzw. Bonitätsrisiken durch Nichtbilanzierung von Credit Enhancements einschließlich einbehaltener ABS im IFRS-Einzelabschluss des Originators zu vermeiden. Fraglich ist allerdings, ob ein Abstellen allein auf das Ausfallrisiko immer zutreffend ist. Nach *Struffert/Wolfgarten* käme es bei enger Auslegung des IAS 39.AG49 (IFRS 9.B3.2.14) zur Erfassung auch anderer mit den Verbriefungstiteln verbundenen Risiken, z.B. der Liquiditätsrisiken.[667] Auf die Problematik der Abbildung weiterer Risiken, mitunter solcher, die im Gegensatz zu Liquiditätsrisiken nicht nur auf vorübergehende Wertschwankungen zurückzufüh-

---

662 So auch Käufer, Übertragung finanzieller Vermögenswerte nach HGB und IFRS, 2009, 235, Lüdenbach/Hoffmann/Freiberg, Haufe IFRS Kommentar, 2014, § 28, Rz. 73.

663 Vgl. Struffert/Wolfgarten, WPg 2010, 371, 376, 378.

664 Vgl. Flick/Flick, WPg 2009, 828, 830.

665 Vgl. Struffert/Wolfgarten, WPg 2010, 371, 376. Das Kriterium der Vollständigkeit ist Bestandteil einer glaubwürdigen Darstellung i.S.d. Rahmenkonzepts. Vgl. F.QC12 f.

666 Vgl. Struffert/Wolfgarten, WPg 2010, 371, 376, 378.

667 Vgl. Struffert/Wolfgarten, WPg 2010, 371, 378.

ren sind, gehen die Verfasser jedoch nicht ein. Zu klären bleibt daher, ob eine Aktivierung der Verbriefungstitel auch dann sachgerecht ist, wenn keine Deckungsgleichheit zwischen den forderungs- und ABS-inhärenten Risiken besteht.

In Kapitel 4.6.2 wurde bereits auf die Abweichungen zwischen dem Risikobegriff für Zwecke der Ausbuchung nach IAS 39/IFRS 9 und für Konsolidierungszwecke nach SIC-12 hingewiesen. Dabei wurde festgehalten, dass bei der Beurteilung der Konsolidierungspflicht neben residual- bzw. eigentümertypischen Risiken explizit auch Risiken aus der Geschäftstätigkeit der Zweckgesellschaft zu berücksichtigen sind. Während die Stellung von Credit Enhancements vorwiegend der Übernahme der mit dem Eigentum der Forderungen verbundenen Ausfallrisiken dient, können mit dem Erwerb der von der Zweckgesellschaft emittierten Schuldverschreibungen zusätzliche Risiken übernommen werden, die sich allein aus der Geschäftstätigkeit der Zweckgesellschaft ergeben. Darunter sind vor allem Zinsänderungs- und Währungsrisiken als Folge der von der Zweckgesellschaft regelmäßig kontrahierten Zins- und Währungsswaps aufzufassen. Als Swap Counterparty kann dabei sowohl der Originator selbst als auch ein unabhängiger Dritter fungieren.

Die bilanzielle Ansatzfähigkeit der zwischen Originator und Zweckgesellschaft abgeschlossenen Derivate sowie der vom Originator erworbenen Verbriefungstitel bleibt aufgrund der hier zu diskutierenden Einzelabschlussperspektive davon unberührt, ob es sich bei der Zweckgesellschaft um ein verbundenes Unternehmen des Originators handelt oder nicht. Solche Geschäftsvorfälle sind im IFRS-Einzelabschluss des Originators stets als Vereinbarungen mit einem Dritten zu behandeln und erfüllen damit die formalen Ansatzkriterien gemäß IAS 39.14 (IFRS 9.3.1.1). Gleichzeitig dürfte das Ansatzverbot des IAS 39.AG49 (IFRS 9.B3.2.14) weder auf die Swaps noch auf die vom Originator erworbenen Verbriefungstitel Anwendung finden, denn dadurch getragene Zins- bzw. Währungsrisiken werden im Gegensatz zu Ausfallrisiken nicht bereits bei der Bilanzierung der verbrieften Forderungen berücksichtigt.[668] Das Problem einer Doppelerfassung ein und derselben Rechte und Pflichten bzw. Chancen und Risiken stellt sich insofern nicht. Mit dem Erwerb der ABS wie auch mit dem Abschluss

---

[668] Eine mögliche Ausnahme stellen jedoch in fremder / nicht funktionaler Währung notierte Forderungen dar. Fremdwährungsrisiken wird in diesem Fall bereits im Wege der Umrechnung in die funktionale Währung gemäß IAS 21.21 i.V.m. IAS 21.23(a) Rechnung getragen, wobei Umrechnungsdifferenzen erfolgswirksam erfasst werden (IAS 21.28). Vgl. Kuhn/Scharpf, Rechnungslegung von Financial Instruments nach IFRS, 2006, 165 ff.

eines Zins- oder Währungsswaps mit der Zweckgesellschaft liegen ansatzfähige Finanzinstrumente beim Originator vor.

Ungeachtet der Erfüllung formaler Ansatzkriterien des IAS 39/IFRS 9 liegt jedoch mit dem Erwerb der Verbriefungstitel durch den Originator ein kompensierendes Geschäft zu dem Abschluss eines Zins- bzw. Währungsswaps vor. Handelsrechtlich wird in solchen Fällen ein Verzicht auf die Bildung einer Drohverlustrückstellung aus dem Swap unter Beachtung des Saldierungsbereichs bzw. unter Berücksichtigung der Ausgestaltung der gesamten Transaktion und nicht nur der Swap-Vereinbarung für sachgerecht erachtet.[669] Analog zum HGB wäre auch für IFRS-Zwecke die Möglichkeit einer Saldierung der gegenläufigen Ansprüche und Verpflichtungen aus dem Swap und den ABS zu prüfen. Fraglich ist allerdings, ob die Kriterien des IAS 32 hier als erfüllt angesehen werden können.

Als kritisch kann sich bereits die Erfüllung des Erfordernisses des IAS 32.42(a) nach einem unbedingten und rechtlich durchsetzbaren Recht zur Aufrechnung erweisen. Das Vertragswerk einer konventionellen Verbriefungstransaktion sieht eine Aufrechnung einzelner Zahlungsansprüche und -verpflichtungen i.d.R. nicht vor. Vielmehr müssen alle Zahlungen einschließlich etwaiger Ausgleichszahlungen aus dem Swap zunächst den obligatorischen Zahlungswasserfall durchlaufen, um anschließend an die Zahlungsempfänger ausgekehrt zu werden. Auch wenn die Zahlungstermine der Swaps und der ABS meist übereinstimmen, wäre mangels eines vertraglichen Anrechts auf Aufrechnung formalrechtlich eine Bruttodarstellung geboten.

In wirtschaftlicher Hinsicht werden mit dem Abschluss eines Swaps i.V.m. dem Erwerb der Verbriefungstitel jedoch kaum Zins-, Währungs- oder sonstige andere als aus dem Ausfall der Forderungsschuldner resultierende Risiken vom Originator getragen. Im Extremfall, nämlich bei Übernahme sämtlicher ABS in den eigenen Bestand, verändert sich die Nettorisikoposition des Originators überhaupt nicht, zumal auch vom Kontrahentenrisiko mangels persönlicher Bonität der Zweckgesellschaft abstrahiert werden kann.[670] Zu überlegen ist daher, ob entgegen der formalen Bilanzierungsfähigkeit auf den Ansatz eines Derivats mangels tatsächlicher Zins-, Währungs- und Kontrahentenrisiken zu verzichten wäre. Zu unterlassen wäre gemäß

---

[669] Vgl. Flick/Flick, WPg 2009, 828, 832.

[670] Vgl. Flick/Flick, WPg 2009, 828, 832. Die mangelnde persönliche Bonität der Zweckgesellschaft ist auf ihre Insolvenzferne und Insolvenzfestigkeit zurückzuführen. Vgl. dazu Kammel, in: Zerey, Zweckgesellschaften: Rechtshandbuch, 2013, § 5, 81, 94, 96.

IAS 39.AG49 (IFRS 9.B3.2.14) auch die Aktivierung der ABS, die unter Annahme ökonomisch nicht vorhandener Zins-, Währungs- sowie Kontrahentenrisiken als lediglich mit Bonitätsrisiken behaftet anzusehen wären, welche bereits im Wege der Bilanzierung der verbrieften Forderungen beim Originator Berücksichtigung finden.

Anders stellt sich die Problematik der Bilanzierung der ABS im Einzelabschluss des Originators dar, wenn die Zins- bzw. Währungsabsicherung des Verbriefungsvehikels mit einer anderen Transaktionspartei als Originator durchgeführt wird bzw. durchgeführt werden muss. Die Durchführung der Währungsabsicherung mit einer vom Originator unabhängigen Drittpartei kann etwa dann notwendig sein, wenn die Verbriefungsstruktur die Voraussetzungen der Notenbankfähigkeit erfüllen soll. So schließt die EZB explizit das Einreichen von ABS als notenbankfähige Sicherheiten durch den Originator aus, wenn zur Währungsabsicherung für die Verbriefungstitel eine Währungsabsicherungsvereinbarung mit dem Originator eingegangen wurde.[671]

Wird das Hedging in einer Verbriefungstransaktion über eine Drittpartei abgewickelt, kann den mit dem Erwerb der Verbriefungstitel durch den Originator einhergehenden Währungs- bzw. Zinsänderungsrisiken mangels eines ansatzfähigen Derivats beim Originator nur im Wege der Aktivierung der Wertpapiere Rechnung getragen werden. Die Ausnahmevorschrift des IAS 39.AG49 (IFRS 9.B3.2.14) greift indes nicht, denn mit dem Erwerb der Verbriefungstitel werden – anders als im oben behandelten Fall eines zwischen Originator und Zweckgesellschaft abgeschlossenen Swaps – nicht nur formal, sondern auch ökonomisch vorhandene Währungs- bzw. Zinsänderungsrisiken getragen. Ein Verzicht auf die Aktivierung der ABS erscheint selbst bei Abschluss eines Back-to-Back Swaps zwischen Originator und Hedge Counterparty, mit dem die Risiken auf den Originator zurückübertragen werden, kaum zulässig, da dies eine Aufrechnung von gegenüber unterschiedlichen Vertragsparteien (Hedge Counterparty und Zweckgesellschaft) bestehenden finanziellen Vermögenswerten und Verbindlichkeiten bedeuten würde. Folglich sind die vom Originator in den eigenen Bestand übernommenen ABS zu aktivieren.

Mit einem Verzicht auf den Ansatz der Verbriefungstitel beim Originator sind ferner weitere Zweifelsfragen verbunden. Besonders interessant ist dabei die Frage der Abbildung von

---

671 Vgl. Leitlinie der Europäischen Zentralbank vom 20. September 2011 über geldpolitische Instrumente und Verfahren des Eurosystems (EZB/2011/14), veröffentlicht im Amtsblatt der EU am 14.12.2011, L 331/36.

Marktrisiken. Das Marktrisiko (*market risk*) umfasst neben dem Preisrisiko (*price risk*) das Währungs- und das Marktzinsänderungsrisiko. Die letzten beiden Risiken wirken sich unmittelbar auf den Fair Value der Finanzinstrumente aus und können daher auch als zins- bzw. wechselkursinduziertes Fair Value-Risiko aufgefasst werden. Ein zinsinduziertes Fair Value-Risiko (*fair value interest risk*) ist dabei von dem zinsinduzierten Cashflow-Risiko (*cash flow interest risk*) zu unterscheiden, welches ausschließlich Auswirkungen auf die vertraglich festgelegten Zahlungsströme hat.[672] Ein Fair Value-Risiko besteht demnach bei festverzinslichen (zinsinduziert) sowie in Fremdwährung ausgegebenen (wechselkursinduziert) Verbriefungstiteln. Von dem zinsinduzierten Cashflow-Risiko sind hingegen variabel verzinsliche ABS betroffen.

Bei Verzicht auf den Ansatz von in Fremdwährung notierten ABS in der Bilanz des Originators bleibt die Frage offen, wie potenzielle Änderungen des Wechselkurses zu erfassen sind. Für Fremdwährungsposten sieht IAS 21.24 eine zweistufige Vorgehensweise vor. Zunächst ist eine Bewertung der Posten in Fremdwährung gemäß den jeweils einschlägigen IFRS vorzunehmen. Anschließend erfolgt eine für monetäre Posten erfolgswirksame stichtagsbasierte Umrechnung in die funktionale Währung und damit eine unmittelbar erfolgswirksame Erfassung der wechselkursinduzierten Fair Value-Änderungen.[673] Vorgreifend auf die im nachfolgenden Abschnitt behandelte Klassifizierung der Verbriefungstitel wäre im Falle einer Abwertung der Fremdwährung bei zu fortgeführten Anschaffungskosten bewerteten Wertpapieren zu buchen: Per Währungsverlust an Wertpapier. Bei den zum Fair Value bewerteten Wertpapieren wäre zudem die in Fremdwährung ermittelte und zum Stichtag umgerechnete Fair Value-Änderung in der Gewinn und Verlustrechnung bzw. im sonstigen Ergebnis („*available for sale*") zu erfassen.[674] Wie unter Verzicht auf die Aktivierung der Verbriefungstitel buchhalterisch zu verfahren wäre, bleibt dagegen irrespektive der vorgenommenen Kategorisierung der Verbriefungstitel unklar.

Bei festverzinslichen Verbriefungstiteln, die einem zinsinduzierten Fair Value-Risiko unterliegen, hat der Anstieg des allgemeinen Marktzinsniveaus eine Abnahme des beizulegenden

---

672 Vgl. PwC, IFRS für Banken, 2012, 381, 384.

673 Vgl. Kuhn, Die bilanzielle Abbildung von Finanzinstrumenten in der Rechnungslegung nach IFRS, 2007, 217.

674 Zu einer beispielhaften Darstellung der Währungsumrechnung bei Wertpapieren der Kategorie „*available for sale*" sowie „*at fair value through profit or loss*" vgl. PwC, IFRS für Banken, 2012, 514 ff.

Zeitwerts zur Folge.[675] Bei einem vom Originator abweichenden ABS-Investor würde sich eine Minderung des Fair Value je nach Klassifizierung der Wertpapiere entweder unmittelbar in der Bilanz oder in den Anhangangaben niederschlagen. Bilanzwirksam wäre die Abnahme bei den erfolgswirksam oder erfolgsneutral zum Fair Value bewerteten Verbriefungstiteln. Bei den zu fortgeführten Anschaffungskosten bewerteten Wertpapieren wäre hingegen keine Buchwertanpassung erforderlich. Ein objektiver Hinweis auf eine dauerhafte Wertminderung ist mit einem Anstieg der Marktzinsen nicht gegeben.[676]

Stattdessen muss bei zu fortgeführten Anschaffungskosten bewerteten Finanzinstrumenten über die Veränderungen der beizulegenden Zeitwerte im Anhang berichtet werden. Die Angaben zum beizulegenden Zeitwert sind gemäß IFRS 7.25 ff. für jede einzelne Klasse von finanziellen Vermögenswerten und Verbindlichkeiten so zu machen, dass ein Vergleich mit den entsprechenden Buchwerten möglich ist. Bei den Angabepflichten zum beizulegenden Zeitwert stellt IFRS 7 somit ausdrücklich auf bilanzwirksame Finanzinstrumente ab. Nach IFRS 7.6 müssen die Klassen von Finanzinstrumenten in ihrer Darstellung eine Überleitungsrechnung auf die in der Bilanz ausgewiesenen Posten ermöglichen. Durch den Verzicht auf die Aktivierung der Verbriefungstitel würden die Änderungen des Fair Value – und mithin des Ertragspotenzials der Wertpapiere – entgegen dem Gebot der Vollständigkeit den Abschlussadressaten sowohl in der Bilanz als auch im Anhang vorenthalten werden. Die den Verbriefungstiteln zugrunde liegenden und weiterhin bilanzierten Forderungen, die annahmegemäß variabel verzinslich sind und damit einem zinsinduzierten Cashflow-Risiko unterliegen, geben indes keine Auskunft über die vom Originator tatsächlich getragenen Marktrisiken. Über die Existenz von Marktrisiken könnten die Abschlussadressaten allenfalls aus den nach IFRS 7.31 ff. vorgesehenen Angaben Kenntnis erlangen.

Ein genereller und vorbehaltloser Verzicht auf die Aktivierung der vom Originator in den eigenen Bestand übernommenen Verbriefungstitel unter Rückgriff auf die Vorschrift des IAS 39.AG49 (IFRS 9.B3.2.14) erscheint somit nicht sachgerecht. Im Gegensatz zu Derivaten, auf die das Doppelerfassungsverbot des IAS 39.AG49 (IFRS 9.B3.2.14) primär abzielt, können ABS neben dem Ausfallrisiko des verbrieften Forderungsbestands auch mit weiteren Risiken wie zins- oder wechselkursinduzierten Fair Value-Risiken behaftet sein. Deren Be-

---

[675] Der Fair Value variabel verzinslicher Wertpapiere bleibt hingegen von Änderungen der Marktzinsen grundsätzlich unbeeinflusst.

[676] Vgl. IAS 39.60.

rücksichtigung kann, wie oben aufgezeigt, eine Aktivierung durch den Originator erfordern. Zur Vermeidung einer unterschiedlichen Auslegung des Regelungsinhalts von IAS 39.AG49 (IFRS 9.B3.2.14) in der Praxis wäre eine Klarstellung seitens der Standardsetter wünschenswert. Abhilfe könnte hier auch eine entsprechende Angabe im Anhang zur Bilanzierung bzw. Nichtbilanzierung von einbehaltenen Verbriefungstiteln schaffen. Ein generelles Aktivierungsgebot wäre – analog zum HGB – ebenfalls denkbar und stünde zudem im Einklang mit dem Vollständigkeitsgebot des IFRS-Rahmenkonzepts.

5.2.2.2.2 Folgebewertung der Verbriefungstitel

Mit der Bejahung der Frage des Ansatzes der Verbriefungstitel in der Bilanz des Originators muss anschließend die Frage der Folgebewertung der zu aktivierenden Wertpapiere geklärt werden. Die Folgebewertung richtet sich dabei wie bei allen Finanzinstrumenten nach der zum Zugangszeitpunkt vorgenommenen Kategorisierung bzw. Klassifizierung nach IAS 39/IFRS 9.[677] Da auf die Klassifizierungsvorschriften nach IFRS 9 bereits in Kapitel 5.1.4.2 eingegangen wurde, sollen vorliegend lediglich die Regelungen des IAS 39 kurz beleuchtet werden. Da Verbriefungstitel i.d.R. eine feste Laufzeit und eine bestimmbare Vergütung in Form einer fixen oder variablen Verzinsung zuzüglich Spread aufweisen, kommt nach IAS 39 eine Zuordnung zu den Kategorien *„held to maturity“* und *„loans and receivables“* in Betracht, wobei eine Kategorisierung als *„loans and receivables“* nur dann zulässig ist, wenn die Verbriefungstitel nicht auf einem aktiven Markt notiert sind.[678] Dies ist vielfach wegen der fehlenden Börsennotierung bzw. fehlenden Börsenumsätze u.a. in Deutschland der Fall.[679] Eine Einordnung in die Kategorie *„held to maturity“* setzt ferner die Absicht und die Fähigkeit voraus, die Wertpapiere bis zur Endfälligkeit zu halten.[680] Für den Fall, dass der Originator die Verbriefungstitel nur vorübergehend in den eigenen Bestand übernimmt, um sie kurz- oder mittelfristig wieder am Markt zu platzieren, scheidet eine Kategorisierung als *„held to maturity“* per definitonem aus. Unschädlich für eine Designation als *„held to maturity“* ist hingegen die Verleihung von Wertpapieren bzw. deren Verpfändung als Sicherheiten, solange

---

677 Vgl. PwC, IFRS für Banken, 2012, 329, Kuhn/Scharpf, Rechnungslegung von Financial Instruments nach IFRS, 2006, 270.

678 Vgl. IDW, Positionspapier des IDW zu Bilanzierungs- und Bewertungsfragen im Zusammenhang mit der Subprime-Krise, 2007, 3, http://www.idw.de/idw/download/Subprime-Positionspapier.pdf?id=424920, abgerufen am 15.12.2014.

679 Vgl. Struffert, in: Deloitte, Asset Securitisation in Deutschland, 2012, 59, 72.

680 Vgl. IAS 39.9 (IFRS 9, Anhang A).

der Originator die Wertpapiere weiterhin bilanziert und den Zugriff darauf behält bzw. wiedererlangt.[681]

Im Gegensatz zu Wertpapieren der Kategorie „*held to maturity*" können nicht börsennotierte Verbriefungstitel ungeachtet der Absicht des Originators, die Wertpapiere bis zur Endfälligkeit zu halten, als „*loans and receivables*" bewertet werden.[682] Gleichwohl kann die Absicht, die Wertpapiere unverzüglich bzw. kurzfristig zu veräußern einer Einordnung als „*loans and receivables*" entgegenstehen.[683] Beim Vorliegen einer kurzfristigen Wiederveräußerungsabsicht kommt daher eine Designation der erworbenen ABS als „*held for trading*" oder als „*available for sale*" in Betracht. Die Ausübung der Fair Value Option dürfte dagegen kaum in Betracht kommen.

Bei der Folgebilanzierung stellt sich weiter die Frage nach der angemessenen Risikoerfassung. Da mit den weiterhin aktivierten Forderungen sowie in Form der Verbriefungstitel „abschreibbares Potential" vorliegt, muss sichergestellt werden, dass die Ausfallrisiken, die sowohl den Forderungen als auch den Wertpapieren zugrunde liegen, nicht doppelt berücksichtigt werden.[684] Handelsrechtlich kommen folgende zwei Alternativen der Risikoerfassung nach *Struffert/Wolfgarten* in Frage:[685]

(1) Risikoerfassung im Wege der Fortführung der bisherigen Wertberichtigungssystematik bei den weiterhin aktivierten Forderungen.

(2) Risikoerfassung allein im Rahmen der Bewertung der erworbenen Verbriefungstitel bei gleichzeitiger Herausnahme der verbrieften Forderungen aus der bisherigen Wertberichtigungssystematik.

Für eine Risikoerfassung wie bei unverbrieften Forderungen gemäß Alternative (1) spricht die nahezu unveränderte Risikolage des Originators durch die Verbriefung im Hinblick auf Ad-

---

681 Vgl. PwC, IFRS für Banken, 2012, 341.
682 Vgl. IAS 39.AG68.
683 Vgl. Struffert, Asset Backed Securities-Transaktionen und Kreditderivate nach IFRS und HGB, 2006, 111, Kuhn/Scharpf, Rechnungslegung von Financial Instruments nach IFRS, 2006, 122.
684 Vgl. Struffert/Wolfgarten, WPg 2010, 371, 374.
685 Vgl. Struffert/Wolfgarten, WPg 2010, 371, 374 und 376 f.

ressenausfallrisiken: Die ohne Verbriefung bestehenden Kapitalrisiken werden dabei lediglich in Ertragsrisiken aus den erworbenen Verbriefungstiteln umgewandelt.[686]

Demgegenüber wird im Rahmen der Alternative (2) auf die Bildung von Wertberichtigungen für die verbrieften Forderungen verzichtet, weil diese angesichts der erfolgten Veräußerung als gesichert betrachtet und deswegen nicht mehr laufend bewertet werden. Die Erfassung der Ausfallrisiken erfolgt dafür im Wege der Wertberichtigung aktivierter Wertpapiere entsprechend der vom Wasserfall der Transaktion vorgesehenen Reihenfolge der Verlustübernahme.[687]

Analog zum HGB wäre auch nach IFRS zwischen den oben aufgezeigten Varianten der Risikoerfassung zu entscheiden. *Struffert/Wolfgarten* befürworten zurecht die Anwendung der Alternative (1) im handelsrechtlichen Abschluss. Grund dafür ist die mit der Alternative (2) oftmals einhergehende Verletzung des handelsrechtlichen Vorsichtsprinzips. Werden Erstverluste über einen Excess Spread abgedeckt, der nach dem Realisationsprinzip nicht aktiviert werden kann, so kommen auch keine Abschreibungen auf den entsprechenden Betrag in Betracht. Forderungsausfälle werden dadurch nicht unmittelbar, sondern erst mit der Ausschüttung geringerer oder im Extremfall gar keiner Zahlungsüberschüsse an den Originator schlagend. Die Abbildung der Ausfallrisiken wird dadurch in die Zukunft verlagert.[688]

Aufgrund seines derivativen Charakters wäre die Aktivierung eines Excess Spread laut IAS 39.AG49 (IFRS 9.B3.2.14) ebenfalls unzulässig, sodass die Alternative (2) auch nach IFRS zu einer vollständigen Risikoverlagerung in die Zukunft führen würde. Zwar nimmt das Vorsichtsprinzip in der IFRS-Rechnungslegung einen weitaus geringeren Stellenwert als im deutschen Handelsrecht ein.[689] Gleichwohl ist zu bezweifeln, dass im vorliegend diskutierten Fall im Wesentlichen aller vom Originator zurückbehaltenen Ausfallrisiken eine andere Risikoerfassung als vor der Verbriefung sachgerecht wäre. Fraglich ist ferner, ob mit der Umstel-

686 Vgl. Struffert/Wolfgarten, WPg 2010, 371, 375.

687 Vgl. Struffert/Wolfgarten, WPg 2010, 371, 374.

688 Vgl. Struffert/Wolfgarten, WPg 2010, 371, 375.

689 Mit der zuletzt erfolgten Überarbeitung des Rahmenkonzepts ist Vorsicht (*prudence*) nicht mehr Bestandteil der glaubwürdigen Darstellung. Nach Ansicht des IASB stellt das Vorsichtsprinzip sogar einen Verstoß gegen die Neutralität der im Abschluss enthaltenen Informationen dar. Vgl. F.BC3.27 ff.

lung auf eine zeitlich versetzte Risikoerfassung den Informationsbedürfnissen der Abschlussadressaten i.S.d. Bereitstellung entscheidungsnützlicher Informationen genüge getan wird.[690]

Zutreffender erscheint insofern die Alternative (1) und damit die Fortführung der bisherigen Wertberichtigungssystematik bei den weiterhin aktivierten Forderungen. Für Zwecke einer glaubwürdigen Darstellung und der Vergleichbarkeit der Abschlüsse ist diese Methode unabhängig von der Aktivierbarkeit der vom Originator gestellten Credit Enhancements bzw. erworbener Verbriefungstitel anzuwenden. Zur Vermeidung einer doppelten Erfassung von forderungsinhärenten Ausfallrisiken kommen laut *Flick/Flick* zwei Methoden in Betracht:[691]

(1) **Bruttomethode:** Eine aufwandswirksame Wertminderung der Verbriefungstitel in Verbindung mit einer kompensierenden ertragswirksamen Verminderung der Verbindlichkeit gegenüber der Zweckgesellschaft.[692]

(2) **Nettomethode:** Eine aufwandsneutrale Wertminderung der Verbriefungstitel über eine Verminderung der Verbindlichkeit gegenüber der Zweckgesellschaft.

Der handelsrechtlichen Argumentation von *Flick/Flick* folgend stellt auch in Bezug auf die IFRS die Nettomethode keinen Verstoß gegen das allgemeine Verrechnungsverbot dar.[693] Im Gegenteil: die Nettobilanzierung ist der Bruttobilanzierung in konzeptioneller Hinsicht eindeutig vorzuziehen. Schließlich wird im Rahmen der Bruttomethode der Wertberichtigungsaufwand auf die Wertpapiere zusätzlich zu der bereits für die verbrieften Forderungen gebildeten Risikovorsorge erfasst, um dann durch einen entsprechenden Ertrag aus der Verminderung der Verbindlichkeit gegenüber der Zweckgesellschaft korrigiert zu werden. Bei der Nettomethode erübrigt sich eine solche Fehlerkorrektur, da den forderungsbezogenen Ausfallrisiken richtigerweise nur einmal – nämlich bei der Bewertung der Forderungen – Rechnung getragen wird. Eine unnötige Aufblähung der Gewinn- und Verlustrechnung wird dadurch vermieden.

---

690 Vgl. F.OB1 ff. Zur handelsrechtlichen Diskussion vgl. Struffert/Wolfgarten, WPg 2010, 371, 375.

691 Vgl. Flick/Flick, WPg 2009, 828, 832.

692 Zur einer beispielhaften Darstellung der Bruttomethode vgl. auch Struffert, Asset Backed Securities-Transaktionen und Kreditderivate nach IFRS und HGB, 2006, 121 f.

693 Vgl. IAS 1.32.

Beim Vorliegen eines objektiven Hinweises auf eine Wertminderung der zu fortgeführten Anschaffungskosten bewerteten bzw. als „*available for sale*“ kategorisierten Verbriefungstitel müsste somit nach der Nettomethode eine außerplanmäßige Abschreibung gegen die Verbindlichkeit gegenüber der Zweckgesellschaft gebucht werden. Bei erfolgswirksam zum Fair Value bewerteten Wertpapieren wäre die Buchung gegen die Verbindlichkeit in Höhe der bei der Bewertung bestehenden Ausfallrisiken vorzunehmen. In Bezug auf die Erfassung der übrigen Risiken wie etwa der Zinsänderungs- oder Liquiditätsrisiken ist dagegen keine Anpassung erforderlich. Solche Risiken sind entsprechend der Klassifizierung der Wertpapiere nach IAS 39 bzw. IFRS 9 – ergebniswirksam, ergebnisneutral im sonstigen Ergebnis oder gar nicht – zu erfassen. Die Entscheidung zugunsten einer der beiden Methoden wird in der Praxis aber nicht nur von den rein konzeptionellen Überlegungen, sondern nicht zuletzt auch von der Praktikabilität bzw. der technischen/systemseitigen Umsetzbarkeit abhängen.

5.2.3 Anhangangaben bei Nichtausbuchung

Bereits die Altfassung des IFRS 7 enthielt Angabepflichten für nicht für eine Ausbuchung nach IAS 39 qualifizierende Übertragungen, die ursprünglich aus dem IAS 39.94 übernommen wurden.[694] Dazu zählen Angaben zu der Art der übertragenen Vermögenswerte (z.B. Forderungen aus LuL), der zurückbehaltenen Risiken und Chancen sowie die Buchwerte der übertragenen Vermögenswerte und der zugehörigen Verbindlichkeiten. Bis auf redaktionelle Änderungen wurden diese Anforderungen beibehalten. Neben der Angabe der Art der Vermögenswerte sollte sinnvollerweise auch die Art des Übertragungsgeschäfts (z.B. Factoring oder Verbriefung) genannt werden. Da es sich bei der Angabe der Art der Risiken und Chancen um eine qualitative Angabe handelt, ist hier zu erläutern, ob der Bilanzierende beispielsweise Ausfall-, Zins- oder Währungsrisiken trägt.[695] Dabei beziehen sich die Angabepflichten im neugefassten IFRS 7 nicht mehr auf die Risiken und Chancen, die für das Unternehmen **weiterhin** bestehen, sondern auf bestehende Risiken und Chancen, was sinngemäß wohl auch im Rahmen der Übertragung neu entstandene Risiken und Chancen einschließt.[696] Bei Verbriefungstransaktionen dürften vor allem vom Originator eingegangene Zins- und Währungsswaps mit der Zweckgesellschaft unter diese quasi-neue Angabepflicht fallen.

---

694 Vgl. Kuhn/Scharpf, Rechnungslegung von Financial Instruments nach IFRS, 2006, 249.
695 Vgl. PwC, IFRS für Banken, 2012, 1597.
696 Vgl. Bardens/Meurer, WPg 2011, 618, 620 f.

IFRS 7 in der Fassung von 2010 sieht darüber hinaus zwei weitere Angabepflichten vor, die der Bilanzierung als besicherte Kreditaufnahme Rechnung tragen sollen.[697] Mit IFRS 7.42D(c) wird nach einer Beschreibung der Art der Beziehung zwischen den übertragenen finanziellen Vermögenswerten und den zugehörigen Verbindlichkeiten verlangt. Dabei ist insbesondere darauf einzugehen, ob der Bilanzierende die übertragenen Vermögenswerte weiterhin uneingeschränkt nutzen kann. Bei Verbriefungstransaktionen ist somit stets auf die Einschränkung der Nutzungsrechte an den verbrieften Forderungen hinzuweisen, um eine systematische Überschätzung der Vermögensposition des Originators durch die Abschlussadressaten zu vermeiden.[698]

Eine weitere zusätzliche Angabepflicht wurde mit IFRS 7.42D(d) aufgenommen. Sofern der Erwerber zur Befriedigung seiner Ansprüche nur auf die übertragenen Vermögenswerte zurückgreifen kann, sind gemäß IFRS 7.42D(d) der Fair Value der übertragenen Vermögenswerte und der zugehörigen Verbindlichkeiten sowie der daraus entstehenden Nettoposition offenzulegen. Dieser Angabepflicht, ebenso wie der nach 7.42D(c), dürften Verbriefungstransaktionen ausnahmslos unterliegen.[699] Der Fair Value der weiterhin bilanzierten finanziellen Vermögenswerte insbesondere der Forderungen kann hingegen, wenn auch nur bedingt, zur Präzisierung der Nettovermögensposition des Übertragenden herangezogen werden. Wie die Ausführungen in Kapitel 5.2.1 gezeigt haben, bildet die Differenz zwischen dem Buchwert der nicht ausgebuchten Forderungen und der verbundenen Verbindlichkeit nur näherungsweise den Fair Value der gestellten Credit Enhancements und damit auch die wahre Nettovermögensposition des Originators ab. Dabei kann der vermeintlich präzisierende Effekt vor allem bei den vom Marktzins nicht unabhängigen festverzinslichen Forderungen durch zinsbedingte Fair Value-Änderungen nivelliert werden.

Bei der Konzernrechnungslegung wird bezüglich der oben dargestellten Angabepflichten der Buchwert der verbundenen Verbindlichkeit beim Originator im Zuge der Schuldenkonsolidierung mit der Kaufpreisforderung der Zweckgesellschaft verrechnet. An die Stelle der Verbindlichkeiten aus der Übertragung der Forderungen treten im Konzernabschluss daher Ver-

---

697 Vgl. Bardens/Meurer, WPg 2011, 618, 621.

698 Vgl. Bardens/Meurer, WPg 2011, 618, 621, Gryshchenko/Lotz, in: Deloitte, Asset Securitisation in Deutschland, 2012, 37, 55.

699 Anders jedoch Bardens/Meurer, WPg 2011, 618, 621, die die Angabepflicht vor allem bei Übertragungen in Form einer Durchleitungsvereinbarung sehen.

bindlichkeiten aus der Begebung der Verbriefungstitel.[700] Formal gesehen liegt aus Konzernsicht allenfalls bei der Erfüllung der Voraussetzungen für eine Durchleitungsvereinbarung i.S.v. IAS 39.18(b) i.V.m. IAS 39.19 (IFRS 9.3.2.4(b) i.V.m. IFRS 9.3.2.5) überhaupt eine Übertragung eines finanziellen Vermögenswerts vor. Insofern ist fraglich, ob die verbrieften Forderungen und die dazugehörigen Verbindlichkeiten aus der Begebung der Verbriefungstitel unter die Angabepflichten des IFRS 7.42D fallen sollen. Hier ist der IASB angehalten, für mehr Klarheit zu sorgen. Meines Erachtens sollten die Vorschriften des IFRS 7.42D für Zwecke eines besseren Verständnisses der Vermögensposition des Originators unabhängig davon anzuwenden sein, ob eine verbundene Verbindlichkeit aus dem Erhalt der Kaufpreiszahlung oder Begebung der Verbriefungstitel besteht.

Insgesamt ist der recht schlank gehaltene und zugleich ausreichend aussagekräftige Umfang der Anhangangaben bei Nichtausbuchung vor dem Hintergrund der auf die Erläuterung und Ergänzung ausgerichteten Zielsetzung des Anhangs positiv zu bewerten. Für Zwecke des Konzernabschlusses sollte jedoch klargestellt werden, dass nicht nur etwa Factoring- und andere als Übertragungen qualifizierende Transaktionen, sondern auch Verbriefungen unter die Angabepflichten des IFRS 7.42D fallen. Aus Sicht des IFRS-Einzelabschlusses ist negativ anzumerken, dass IFRS 7 keine Angaben zur Bilanzierung bzw. Nichtbilanzierung der vom Originator einbehaltenen nichtderivativen Rechte und Pflichten, einschließlich der in den eigenen Bestand übernommenen Verbriefungstitel, vorsieht. Die Adressaten eines IFRS-Einzelabschlusses können daher weiterhin nur Vermutungen anstellen, wie der Bilanzierende den Regelungsinhalt des formal nur auf Derivate beschränkten IAS 39.AG49 (IFRS 9.B3.2.14) auslegt und ob eine Bilanzverlängerung vorliegt oder nicht.

5.2.4 Abschließende Beurteilung der Bilanzierung als besicherte Kreditaufnahme

5.2.4.1 Bestehende Kritik

Aus rein bilanzieller Sicht wird der Behandlung als besicherte Kreditaufnahme ein Verstoß gegen die qualitativen Anforderungen der IFRS-Rechnungslegung an entscheidungsnützliche Informationen – insbesondere gegen die Grundsätze der glaubwürdigen Darstellung und der Vergleichbarkeit – entgegengehalten. Kritisiert wird insbesondere, dass die wahre Vermögensposition des Originators in der Bilanz nicht richtig abgebildet wird und die Bilanzierung

---

[700] Vgl. Kapitel 4.2.6.4.

der Credit Enhancements von der sonst üblichen Bilanzierung bei dem Sicherungsgeber abweicht.[701] Ursächlich für die mit der Bilanzierung als besicherte Kreditaufnahme einhergehenden Verwerfungen ist die bestehende Asymmetrie zwischen den Ansatz- und Ausbuchungsvorschriften für (finanzielle) Vermögenswerte. Schuld daran ist die aktuelle Ausbuchungskonzeption des IAS 39/IFRS 9, die neben dem Begriff „Verfügungsmacht" an den Begriff „Risiko" knüpft. Der Letztere wird jedoch weder in den allgemeinen Ansatzkriterien des IFRS-Rahmenkonzepts noch in den speziellen Ansatzvorschriften für finanzielle Vermögenswerte explizit erwähnt.

5.2.4.2 Reputationsrisiko als fehlendes Glied?

Es wird argumentiert: Die Bilanzierung als besicherte Kreditaufnahme geht mit dem Ausweis fiktiver Vermögenswerte und Schulden und sich daraus vermeintlich ergebenden Verletzung der glaubwürdigen Darstellung einher. Dem ist zunächst entgegenzuhalten: Der Grundsatz der glaubwürdigen Darstellung zielt nicht primär auf die formale Einhaltung der IFRS-Ansatzkriterien ab. Vielmehr bedeutet glaubwürdige Darstellung, „dass Finanzinformationen die Substanz eines wirtschaftlichen Vorgangs darstellen und nicht nur seine rechtliche Form."[702] Darüber, ob die Substanz einer Verbriefungstransaktion eher einem echten Verkauf oder einer besicherten Kreditaufnahme entspricht, lässt sich sicherlich streiten. Nach einigen empirischen Studien sehen jedoch die Abschlussadressaten Verbriefungstransaktionen aus Risiko- und Renditegesichtspunkten als besicherte Kreditaufnahmen an.

So stellen *Landsman/Peasnell/Shakespeare* fest, dass der Markt die Vermögenswerte und Schulden einer Verbriefungszweckgesellschaft dem Originator zurechnet, indem diese in seinem Marktpreis bzw. Aktienkurs eingepreist werden. Für die untersuchte Stichprobe konnte dieses Ergebnis zudem unabhängig von dem Ausmaß der Risikotragung (*retained interests*) des Originators bestätigt werden.[703] Auch nach *Niu/Richardson* werden Verbriefungstransaktionen von Investoren als besicherte Kreditaufnahmen (*secured borrowings*) behandelt.[704] Sie finden heraus, dass die in Zusammenhang mit einer Verbriefung entstehenden außerbilanziellen Schulden eine ähnliche Erklärungskraft bei der Bestimmung des systematischen Risikos (Betafaktor) des Originators besitzen wie auch seine bilanzierten Schulden. Die beiden Stu-

---

701 Vgl. Kapitel 5.2.1.
702 Vgl. F.BC3.26 (Fassung 2010) sowie ähnlich F.35 (Fassung 1989).
703 Vgl. Landsman/Peasnell/Shakespeare, The Accounting Review 2008, 1251, 1265 ff.
704 Vgl. Niu/Richardson, Contemporary Accounting Research 2006, 1105 ff.

dien haben US-amerikanische Unternehmen und mithin US GAAP-Anwender zum Gegenstand. Die kontrollbasierte Abgangsregelung der US GAAP kennt den Risikobegriff nicht und ermöglicht bei entsprechender Strukturierung der Transaktion in aller Regel eine Ausbuchung der verbrieften Forderungen. In der US GAAP-Praxis gilt die Bilanzierung einer Verbriefungstransaktion als besicherte Kreditaufnahme sogar als äußerst ungewöhnlich.[705] Hinsichtlich der wirtschaftlichen Zuordnung der verbrieften Forderungen gehen die Meinungen der Investoren und der US-Standardsetter offenbar auseinander.

Neben Investoren als Abschlussadressaten gehen im Übrigen auch Kreditanalysten wie Moody's von einer Zuordnung der verbrieften Forderungen zum Originator im Falle eines unzureichenden Risikotransfers aus: „If a securitization fails to transfer meaningful risk, the securitized assets and debt are added back to the originator's balance sheet and several financial and cash flow ratios are adjusted accordingly. In effect, Moody's views the securitization as the equivalent of an on-balance-sheet secured financing."[706] Gleiche Auffassung vertritt auch Standard & Poor's: „If a company retains the subordinated piece of a transaction, or retains a level of recourse close to the expected level of loss… there is no point analyzing such a company differently from the way it would be analyzed if it had kept the receivables on the balance sheet."[707]

Der Markt scheint bei der Bewertung der Vermögensposition des Originators nicht (nur) auf den Fair Value der vom Originator eigentlich einbehaltenen Risikopositionen, sondern vielmehr auf den Gesamtbuchwert der verbrieften Forderungen abzustellen. Nach vielfach vertretener Auffassung liegt der Grund dafür häufig im Reputationsrisiko des Originators. Dieses wird oft auch als „implicit recourse" oder „implicit guarantee", also implizite bzw. außervertragliche oder auch „de facto"-Garantie[708] bzw. Haftungsverpflichtung bezeichnet und ist umso höher, je häufiger bzw. regelmäßiger das Unternehmen Verbriefungstransaktionen durchführt. Erste empirische Belege gehen hier auf *Gorton/Pennacci* zurück, die einen Zusammenhang zwischen der Verzinsung der Commercial Paper und der Bonität des Originators nach-

---

705 Vgl. Dechow/Myers/Shakespeare, Journal of Accounting and Economics 2010, 2, 5.

706 Vgl. Moody's, Demystifying Securitization for Unsecured Investors, 2003, 7, https://www.moodys.com/sites/products/AboutMoodysRatingsAttachments/2001700000415918.pdf, abgerufen am 15.12.2014.

707 Vgl. Niu/Richardson, Contemporary Accounting Research 2006, 1105, 1107.

708 Vgl. Higgins/Mason, Journal of Banking & Finance 2004, 875, 876.

gewiesen haben.[709] *Gorton/Souleles* bestätigen einen Zusammenhang zwischen Zinsaufschlägen der emittierten ABS und der Bonität des Originators bei Verbriefungen von Kreditkartenforderungen.[710] Sie beweisen zudem spieltheoretisch den Anreiz des Originators in einem wiederholten Spiel zur außervertraglichen Haftungsübernahme. Die Studie von *Chen/Liu/Ryan* bestätigt zwar eine positive Korrelation zwischen dem Aktienrisiko des Originators und seinen bilanzierten vertraglichen Risikopositionen bei nicht revolvierenden Verbriefungen von Hypothekendarlehen und Konsumentenkrediten.[711] Bei revolvierenden Verbriefungstransaktionen erwies sich diese Korrelation dagegen als insignifikant. Eine signifikante Korrelation ließ sich jedoch zwischen dem Aktienrisiko des Originators und den ausgebuchten verbrieften Forderungen nachweisen.

Dieser Zusammenhang spiegelt offenbar die Markterwartung wider, wonach der Originator vor allem in einer revolvierenden Verbriefungstransaktion zur Übernahme der Verluste über seine vertraglichen Verpflichtungen hinaus bereit ist. Angesichts der Bedeutung revolvierender Verbriefungen für die Liquidität und Reputation des Originators spricht *Levitin* sogar von einer „symbiotischen Beziehung" zwischen Originator und Zweckgesellschaft: Keiner kann überleben ohne den anderen.[712] *Higgins/Mason* bestätigen den Markt in seiner Erwartungshaltung: Zwischen 1987 und 2001 erfolgte im Rahmen der Verbriefungen von Kreditkartenforderungen lediglich in zwei von neunzehn Fällen keine de facto-Unterstützung durch den Originator bei Eintritt eines vorzeitigen Rückzahlungsereignisses (*early redemption/amortization*[713]).[714]

Beachtenswert sind ferner die in Kapitel 4.2.4.1.2.2 bereits dargestellten empirischen Befunde von *Vermilyea/Webb/Kish* sowie *Trinkaus*.[715] Beide Studien bestätigen nicht nur die These, der zufolge der Originator Anreize zur Gewährung einer außervertraglichen Unterstützung

---

709 Vgl. Gorton/Pennacci, Journal of Accounting, Auditing & Finance 1989, 125, 125 ff.

710 Vgl. Gorton/Souleles, in: Carey/Stulz, The Risks of Financial Institutions, 2006, Special Purpose Vehicles and Securitization, 549 ff.

711 Vgl. Chen/Liu/Ryan, The Accounting Review 2008, 1181 ff.

712 Vgl. Levitin, The George Washington Law Review 2013, 813, 847.

713 Zu einer vorzeitigen Rückzahlung der Verbriefungstitel kann es insb. kommen, wenn die tatsächliche Performance der Transaktion hinter der vertraglich definierten Benchmark zurückbleibt. Ausführlicher zu *early amortization* bei revolvierenden Transaktionen vgl. Kothari, Securitization: The Financial Instrument of the Future, 2006, 893 ff.

714 Vgl. Higgins/Mason, Journal of Banking & Finance 2004, 875, 879.

715 Vgl. Vermilyea/Webb/Kish, Journal of Banking & Finance 2007, 1198 ff., Trinkaus, Performance and regulatory effects of non-compliant loans in German synthetic mortgage-backed securities transactions, 2010.

hat. Sie zeigen zudem, dass eine solche de facto-Unterstützung nicht zwingend publik werden muss, sondern auch auf diskretem Wege etwa durch den „Non-Compliance Mechanismus" erfolgen kann.

Insgesamt gilt:

- Der Originator hat aus Gründen der Reputationspflege häufig einen Anreiz zur Übernahme der Risiken über seine vertraglichen Verpflichtungen hinaus und
- die Risikoübernahme kann maßgeblich nach seinem Ermessen und in Diskretion erfolgen.

Damit ist die Beziehung zwischen Originator und Investoren regelmäßig von Informationsasymmetrie geprägt. Infolgedessen verlässt sich der Markt, wie die empirischen Befunde in den USA belegen, nicht allein auf den Fair Value der bilanzierten Rechte und Pflichten des Originators, sondern preist vielmehr die ausgebuchten Forderungen und nicht bilanzierten Verbindlichkeiten in den Aktienkurs des Originators mit ein. Damit behandeln die Marktteilnehmer eine Verbriefungstransaktion de facto als besicherte Kreditaufnahme und nicht als echten Verkauf. Einem höheren Reputationsrisiko sind dabei regelmäßig bzw. häufig verbriefende Unternehmen sowie Originatoren in revolvierenden Verbriefungstransaktionen unterworfen. Da Verbriefungstransaktionen aufgrund der i.d.R. damit einhergehenden – im Vergleich etwa zum Factoring – höheren Kosten selten als Einmaltransaktionen aufgesetzt werden, ist das Reputationsrisiko aus der Verbriefungsbranche kaum wegzudenken. Das Reputationsrisiko stellt m.E. daher das häufig in der Argumentationskette gegen die Bilanzierung von Verbriefungstransaktionen als besicherte Kreditaufnahme bzw. für die Bilanzierung nach dem Financial Components Approach fehlende Glied dar.

5.2.4.3 Ergänzende Funktion des Anhangs

Zur Entschärfung der Kritik an der Bilanzierung als besicherte Kreditaufnahme ist ferner anzumerken: Es handelt sich bei den dadurch vermeintlich verletzten Grundsätzen der IFRS-Rechnungslegung um qualitative Anforderungen an den Abschluss bzw. Finanzbericht (financial report) und nicht an die Bilanz als Berichtsinstrument.[716] Entscheidungsnützlich soll also der Abschluss in seiner Gesamtheit sein. Einen integralen Bestandteil des Abschlusses stellt

[716] Vgl. F.QC1.

gemäß IAS 1.10 neben der Bilanz u.a. der Anhang dar. Abschlüsse beruhen – so der IASB im Rahmenkonzept – in großem Umfang auf Schätzungen und Beurteilungen des Managements, weshalb zur Bilanz notwendigerweise der Anhang zum Verständnis herangezogen werden muss.[717] Auch im aktuellen Diskussionspapier zur Überarbeitung des Rahmenkonzepts bestätigt der IASB das fehlende Primat für ein einzelnes Berichtsinstrument. Nur sämtliche Informationen des Abschlusses können dem Nutzer zu einem Gesamtüberblick verhelfen.[718]

Die Anhangangaben stellen somit bei Nichtausbuchung der Forderungen eine sinnvolle Ergänzung zur Bilanzierung als besicherte Kreditaufnahme dar. Insbesondere wird dadurch das Ausmaß der eingetretenen Bilanzverlängerung sichtbar, sodass bei Bedarf eine „Bereinigung" der Bilanz für Vergleichszwecke vorgenommen werden kann. Auch die Ermittlung der Nettovermögensposition des Originators als Saldo aus dem Buchwert der übertragenen Forderungen und der verbundenen Verbindlichkeiten ist bei Heranziehung der Anhangangaben möglich. Ob diese Ermittlungsmethode auch im Transaktionsverlauf aussagekräftig bleibt, hängt insbesondere davon ab, ob die Folgebewertung der verbundenen Verbindlichkeit unter Anwendung der Effektivzinsmethode stattfindet. Hier könnte der IASB für mehr Klarheit sorgen.

Trotz der Ergänzungsfunktion der Anhangangaben zur bilanziellen Abbildung einer Verbriefungstransaktion stellt sich die Frage, ob die Nettovermögensposition des Originators nicht bereits unmittelbar aus der Bilanz ohne Rückgriff auf die Anhangangaben ablesbar sein kann bzw. muss. Dazu müssten angesichts der im vorhergehenden Kapitel gemachten Ausführungen die für die Investoren zur Wiederherstellung der ursprünglichen Bilanz erforderlichen Informationen im Anhang offengelegt werden. Damit stellt sich die Frage, welche der folgenden beiden Alternativen entscheidungsnützlicher und/oder praktikabler ist:

(1) **Ausbuchung der Forderungen** bei gleichzeitiger Erfassung der neuen Rechte und Pflichten in Verbindung mit umfangreichen Anhangangaben zur Wiederherstellung der Vermögens- und Ertragslage gemäß (2), als hätte die Ausbuchung nicht stattgefunden; oder

(2) **Bilanzierung als besicherte Kreditaufnahme** in Verbindung mit Anhangangaben zum Buchwert der ausgebuchten Forderungen und der verbundenen Verbindlichkeiten

717 Vgl. Kühnberger, zfbf 2014, 428, 429 f.
718 Vgl. Kühnberger, zfbf 2014, 428, 430.

zur näherungsweisen Ableitung der unter (1) in der Bilanz erfassten Nettovermögensposition des Originators.

Dabei ist eine Wiederherstellung der Bilanz in (1) mithilfe der aktuell nach IFRS 7 bestehenden Angaben nicht möglich, da der Standard keine Offenlegung der ausgebuchten Beträge vorsieht.[719] Das Manko der Alternative (2) liegt in der nur näherungsweise möglichen Ermittlung der Nettovermögensposition des Originators, wie in Kapitel 5.2.1 beschrieben.

Unterstellt man dennoch, dass die Kombination aus Bilanz und Anhang unabhängig von der Wahl der Alternative (1) oder (2) zum gleichen Informationsbild führt, wäre die Entscheidung zugunsten einer der beiden Alternativen allein in Abhängigkeit davon zu treffen, welche Informationen in welchem Teil des Abschlusses aus Sicht der Adressaten entscheidungsnützlicher sind. Auch der IASB unterstellt offenbar einen informationsineffizienten Kapitalmarkt und geht davon aus, dass der Ort und das Format der Publikation eine wesentliche Rolle spielen können.[720] Aus diesem Grund hat der Board ein Performance-Projekt zur Verbesserung der Entscheidungsnützlichkeit der im Abschluss veröffentlichten Informationen angestoßen.[721] Eine aktuelle Studie zum Verhalten und zu Präferenzen deutscher Aktionäre von *Pellens/Schmidt* bringt diesbezüglich interessante Erkenntnisse ans Licht. Demnach gaben 88% der 2013 befragten institutionellen Anleger an, den Anhang intensiv oder sehr intensiv zu nutzen. Die Nutzungsintensität bei den angloamerikanischen Investoren lag sogar bei 95%. Damit rangierte der Anhang sogar erstmalig vor der Bilanz, deren Nutzungsintensität bei 85% lag.[722] Ernüchternd ist dagegen die Nutzungsintensität des Anhangs durch private Anleger. Lediglich 17% gaben an, den Anhang intensiv zu nutzen, während die Bilanz immerhin von jedem zweiten intensiv genutzt wurde.[723] Ursächlich für die geringe Nutzung des Anhangs durch Privatanleger könnte nach Ansicht von *Pellens/Schmidt* einerseits die wörtliche Bezeichnung „Anhang" bzw. „Notes" sein. Einem unerfahrenen Privatanleger ohne Rechnungslegungskenntnisse wird dadurch suggeriert, dass es sich dabei lediglich um „weitergehende, ergänzende" Informationen handelt. Andererseits tragen sicherlich auch die Komplexität und

---

719 Vgl. Kapitel 5.1.5.

720 Vgl. Kühnberger/Thurmann, KoR 2013, 281, 283, Kühnberger, zfbf 2014, 428, 442.

721 Vgl. Kühnberger/Thurmann, KoR 2013, 281, 283.

722 Vgl. Pellens/Schmidt, Verhalten und Präferenzen deutscher Aktionäre, 2014, 65.

723 Vgl. Pellens/Schmidt, Verhalten und Präferenzen deutscher Aktionäre, 2014, 39 f. Zur geringeren Nutzungsintensität des Anhangs gegenüber den Bilanzgrößen vgl. auch Hodge/Kennedy/Maines, The Accounting Review 2004, 687 ff.

der ständig wachsende Umfang der Anhangangaben dazu bei, dass diese auch von durchschnittlich versierten Privatanlegern kaum noch verstanden werden.[724]

Angesichts der vergleichbar hohen Nutzungsintensität von Bilanz und Anhang durch erfahrene institutionelle Anleger in Verbindung mit ihren i.d.R. überdurchschnittlichen Rechnungslegungskenntnissen dürfte die Wahl der Alternative (1) oder (2) für diese Adressatengruppe kaum entscheidungsrelevante Folgen haben - vorausgesetzt die Anhangangaben sind genauso zuverlässig und nicht weniger streng geprüft als Daten des Zahlenwerks.[725] Dies gilt jedoch nicht für weniger erfahrene Privatanleger, deren Informationsverhalten hier eine deutliche Schieflage zulasten der Nutzung vom Anhang zeigt. Damit preisen die Privatinvestoren die Informationen des Anhangs kaum bis gar nicht in die Aktienkurse ein und laufen damit Gefahr, falsche Entscheidungen zu treffen. Nach den Ausführungen im vorigen Kapitel werden Verbriefungstransaktionen von Investoren und Kreditanalysten als besicherte Kreditaufnahmen behandelt. Demzufolge wäre die Bilanzierung als besicherte Kreditaufnahme gemäß Alternative (2) aus Sicht der bilanzorientierten Privatanleger als entscheidungsnützlichere Alternative vorzuziehen.

5.2.4.4 Financial Components Approach als Alternative?

Der Financial Components Approach besticht vor allem durch seine Einfachheit. Ein finanzieller Vermögenswert wird mit der Übertragung der Rechte auf die Cashflows ausgebucht und alle bei der Übertragung zurückbehaltenen oder erworbenen Rechte und Verpflichtungen werden angesetzt. Die Anwendung des Financial Components Approach in seiner Reinform führt damit stets zur Konsistenz zwischen der Ansatz- und Abgangsentscheidung.[726] Anwendungsschwierigkeiten und bilanzkonzeptionelle Mängel einer auf Risiken und Chancen basierenden Ausbuchungskonzeption – insbesondere die „Klebrigkeit" und der damit einhergehende Ausweis fiktiver Vermögenswerte und Schulden in der Bilanz des Originators – werden damit beseitigt. Als bilanzorientierter Ansatz steht der Financial Components Approach zudem im Einklang mit der aktuell in den IFRS zu beobachtenden Hinwendung zur statischen bzw. bilanzorientierten Rechnungslegung.[727] Er entspricht im Wesentlichen dem vom IASB

---

[724] Vgl. Pellens/Schmidt, Verhalten und Präferenzen deutscher Aktionäre, 2014, 78 f.
[725] Vgl. Kühnberger, zfbf 2014, 428, 442.
[726] Vgl. Feld, Bilanzierung von ABS-Transaktionen im IFRS Abschluss, 2007, 349.
[727] Vgl. Kapitel 3.1.

im Standardentwurf ED/2009/3 „Derecognition – Proposed amendments to IAS 39 and IFRS 7“ vorgeschlagenen Alternativansatz zur Ausbuchung finanzieller Vermögenswerte.[728]

Mit dem Financial Components Approach wird der Ausbuchungsvorgang als solcher jedoch in den Hintergrund und die Ansatzfähigkeit der Vermögenswerte, so wie sie im Rahmenkonzept definiert wird, in den Vordergrund gerückt.[729] Die Abschlussadressaten scheinen jedoch nicht zwingend eine konzeptionell einwandfreie aber vom Risiko losgelöste Bilanz als entscheidungsnützlich zu empfinden, wie dies von den vorhin diskutierten empirischen Studien belegt wird. Vielmehr bezieht der Markt in seine Entscheidungsfindung Risiken, darunter sogar implizite Reputationsrisiken, ein. Wozu eine alleinige Ausrichtung der Ausbuchungskonzeption an der Konformität mit den Ansatzkriterien führt, wird am Beispiel der echten Pensionsgeschäfte besonders deutlich. Ein Wertpapier, das im Rahmen eines echten Pensionsgeschäfts (Repo) übertragen wird, wäre nach dem Financial Components Approach stets aus- und die Rückkaufverpflichtung einzubuchen. Dabei handelt es sich bei echten Pensionsgeschäften nach vorherrschender Meinung um keinen Verkauf im ökonomischen Sinne, sondern um eine besicherte Kreditaufnahme.[730] Gleiches gilt auch für einen Verkauf in Verbindung mit dem Abschluss eines Total Return Swaps. Das Bilanzierungsergebnis unter Anwendung des Financial Components Approach spiegelt damit die Form und nicht die wirtschaftliche Substanz des Übertragungsvorgangs wider. Es wäre daher zu bezweifeln, dass eine Ausbuchung des originären Vermögenswerts in solchen Fällen der Entscheidungsfindung der Abschlussadressaten zugutekommt.[731]

Anzumelden sind aber auch allgemeine Zweifel an der Entscheidungsnützlichkeit der Abschlüsse unter Anwendung des Financial Components Approach. Die eigentliche Tugend dieser Ausbuchungskonzeption, die in der Zerlegung originärer Vermögenswerte in einzelne sekundäre Rechte und Verpflichtungen besteht, muss sich nicht notwendigerweise in einer höheren Aussagekraft für die Abschlussadressaten niederschlagen. Insbesondere ist fraglich, ob die Abschlussadressaten eine Verdrängung originärer und leicht verständlicher Vermögenswerte wie Forderungen durch solche sekundären, darunter in hohem Maße derivativen

---

728 Vgl. Kapitel 1 sowie Anlage Nr. 2 im Anhang.

729 Vgl. Doleczik/Färber, Der Betrieb 2009, 1193, 1192.

730 Vgl. PwC, Stellungnahme zum Exposure Draft ED/2009/3: Derecognition – Proposed amendments to IAS 39 and IFRS 7, 3, PwC, IFRS für Banken, 2012, 659. Anders jedoch Käufer, Übertragung finanzieller vermögenswerte nach HGB und IFRS, 2009, 45.

731 Vgl. Grant Thornton, Stellungnahme zum Exposure Draft ED/2009/3: Derecognition – Proposed amendments to IAS 39 and IFRS 7, 4.

Rechte und Pflichten in der Bilanz des Übertragenden als entscheidungsnützlich erachten.[732] Erschwerend kommt hinzu, dass der Fair Value solcher Rechte und Pflichten mangels eines aktiven Marktes vielfach auf Bewertungsmodellen basiert. Mit dem Financial Components Approach ist damit neben einer generellen Ausweitung des Fair Value-Accounting eine Ausweitung der komplexeren und ermessensbehafteteren dritten Stufe der Fair Value-Hierarchie verbunden.[733]

Die mit dem Financial Components Approach einhergehende leichte Ausbuchungsfähigkeit macht ihn ferner anfällig für Bilanzkosmetik (*window-dressing*). Auch hier lohnt sich ein Blick nach Übersee. Die umfassende empirische Studie von *Dechow/Shakespeare*, in der über 11.000 US-Amerikanische Verbriefungstransaktionen über acht verschiedene Forderungsklassen zwischen 1987 und 2005 untersucht wurden, ergab, dass 41% der Transaktionen im dritten Quartalsmonat stattfanden, wovon fast die Hälfte auf die letzten fünf Tage des Quartals entfiel.[734] Der Verschuldungsgrad (*leverage ratio*) wurde dabei durchschnittlich um über 40% gesenkt.[735] Der Financial Components Approach kann daher erheblich zur Erhöhung der Bilanzvolatilität beitragen[736] und die auf Bilanzkennzahlen gestützte Entscheidungsfindung erschweren.

Nicht weniger fragwürdig sind auch die Auswirkungen des Financial Components Approach auf die Ertragslage. Eine weitere seiner Schwächen offenbart sich mit Blick auf das nach IAS 39 ebenso wie nach IFRS 9 zur Anwendung kommende *mixed model* der Folgebewertung von Finanzinstrumenten. Die Möglichkeit einer leicht zu erreichenden Ausbuchung kann Anreize zur Sachverhaltsgestaltung bzw. zur „echten" Ergebnissteuerung (*real earnings management*) durch die Hebung stiller Reserven bei den zu fortgeführten Anschaffungskosten bilanzierten Vermögenswerten schaffen.[737] Ein Beispiel dafür stellen etwa festverzinsliche Forderungen dar, deren Zinssatz über dem aktuellen Marktzins liegt. Von einer „unechten"

---

732 Vgl. EFRAG, Stellungnahme zum Exposure Draft ED/2009/3: Derecognition – Proposed amendments to IAS 39 and IFRS 7, 4.

733 Vgl. Barth/Taylor, Journal of Accounting and Economics 2010, 26, 28, Stellungnahmen zum Exposure Draft ED/2009/3: Derecognition – Proposed amendments to IAS 39 and IFRS 7 von Citigroup, Seite 2 sowie KPMG, Seite 15.

734 Vgl. Dechow/Shakespeare, The Accounting Review 2009, 99, 99.

735 Vgl. Dechow/Shakespeare, The Accounting Review 2009, 99, 102, 131.

736 Vgl. CEBS, Stellungnahme zum Exposure Draft ED/2009/3: Derecognition – Proposed amendments to IAS 39 and IFRS 7, 5.

737 Vgl. dazu auch Stellungnahmen zum Exposure Draft ED/2009/3: Derecognition – Proposed amendments to IAS 39 and IFRS 7 von Deloitte, Seite 11 f., PwC, Seite 2 f., DRSC, Seite 7, Allianz, Seite 5, BNP Paribas, Seite 9, Kühnberger, zfbf 2014, 428, 442.

Ergebnissteuerung spricht man dagegen, wenn die Fair Value-Bewertung im Interesse des Bilanzierenden manipuliert wird.[738] Laut *Dechow/Myers/Shakespeare* berichteten 76% aller untersuchten US-Unternehmen einen Gewinn aus der Verbriefung von Forderungen, während nur 15% einen Verlust meldeten.[739] Der Gewinn aus Verbriefungstransaktionen erwies sich dabei laut *Dechow/Shakespeare* häufig als groß genug, um die Gewinnerwartungen zu treffen. Verluste aus Verbriefungstransaktionen führten hingegen eher selten zur Verfehlung der Gewinnerwartungen.[740] Wie viel davon tatsächlich auf die Aufdeckung stiller Reserven und wie viel auf zu optimistische Annahmen bei der Fair Value-Bewertung entfällt, geht aus der Studie jedoch nicht hervor. *Pavel/Phillis* sowie *Karaoglu* fanden aber heraus, dass Banken, die über Wettbewerbsvorteile bei der Kreditvergabe verfügen und somit eher mit Verbriefungsgewinnen rechnen können, tatsächlich häufiger zur Verbriefung von Kreditforderungen greifen.[741] Nach *Karaoglu* sind deshalb Gewinne aus Verbriefungstransaktionen neben der Fair Value-Bewertung dem *„cherry picking"* von Krediten mit einem über dem Buchwert liegenden Marktwert geschuldet. Angesichts der unter einem *mixed model* bestehenden Anreize zur „echten" Ergebnissteuerung ist eine arbitragefreie Anwendung des Financial Components Approach nur in einem *full fair value*-Bewertungssystem denkbar, bei dem nicht realisierte Gewinne bereits im Wertansatz enthalten sind.[742]

Die Entscheidungsfindung in einem gemischten Modell der Folgebewertung kann unter Anwendung des Financial Components Approach zusätzlich deshalb erschwert werden, weil die Marktteilnehmer nicht immer zwischen der „echten" und „unechten" Ergebnissteuerung unterscheiden können. Gemischte Erkenntnisse liefern dazu auch die empirischen Befunde aus den USA. Laut der Studie von *Niu* werden Gewinne aus Verbriefungstransaktionen genauso wie Erträge des Originators in seinen Aktienkurs eingepreist.[743] Der Markt sieht diese scheinbar als wertrelevant an. Andererseits finden *Niu/Richardson* heraus, dass die Wertrelevanz der aus Verbriefungstransaktionen entstandenen Gewinne im Vergleich zu anderen Ertragskomponenten geringer war.[744] Die unterschiedliche Wahrnehmung von Verbriefungsgewinnen

---

738 Vgl. Barth/Taylor, Journal of Accounting and Economics 2010, 26, 29.
739 Vgl. Dechow/Myers/Shakespeare, Journal of Accounting and Economics 2010, 2, 10.
740 Vgl. Dechow/Shakespeare, The Accounting Review 2009, 99, 125 ff., 131.
741 Vgl. Pavel/Phillis, Economic Perspectives 1987, 3 ff., Karaoglu, Regulatory capital and earnings management in banks: The case of loan sales and securitizations, 2005.
742 Vgl. Wagenhofer, Der Schweizer Treuhänder 2014, 539, 544, BNP Paribas, Stellungnahme zum Exposure Draft ED/2009/3: Derecognition – Proposed amendments to IAS 39 and IFRS 7, 9,
743 Vgl. Niu, Review of Accounting and Finance 2007, 195, 195 ff.
744 Vgl. Niu/Richardson, Contemporary Accounting Research 2006, 1105 ff.

kann u.a. daher rühren, dass der Markt diese nicht isoliert, sondern im Kontext der Gesamtunternehmensentwicklung beurteilt. Nach einer Studie von *Cheng* wurden die Aktien von Banken, die eine niedrigere Risikovorsorge in Kombination mit höheren Gewinnen aus Verbriefungstransaktionen auswiesen, vom Markt abbestraft.

Insgesamt relativieren die Folgen der praktischen Umsetzung des Financial Components Approach die Einfachheit und die vermeintliche konzeptionelle Überlegenheit dieses Ansatzes. Die Komplexität der Ausbuchungsentscheidung nimmt zwar ab, die Entscheidungsnützlichkeit für die Abschlussadressaten nimmt aber angesichts der höheren Bilanz- und Ergebnisvolatilität und der Ausweitung der Fair Value-Bewertung nicht unbedingt zu.[745] Aufgrund des unvollständigen Fair Value Accounting der IFRS werden zudem Anreize für realwirtschaftliche Entscheidungen (sachverhaltsgestaltende Bilanzpolitik[746]) gesetzt, die nicht im Interesse der Gläubiger sein müssen.[747] Zumindest solange der IASB an dem *mixed model* der Folgebewertung von Finanzinstrumenten weiterhin festhält, ist der Financial Components Approach als Ausbuchungskonzeption m.E. abzulehnen.

5.3 Continuing Involvement oder Bilanzierung „eigener Art“

5.3.1 Praktische Relevanz

Die Voraussetzungen für eine Teilausbuchung nach Maßgabe des in IAS 39/IFRS 9 definierten Continuing Involvement-Ansatzes sind dann erfüllt, wenn (1) so gut wie alle forderungsinhärenten Risiken und Chancen weder als übertragen noch als behalten gelten und (2) der Originator weiterhin die Verfügungsmacht über die Forderungen besitzt.[748] Da die Verfügungsmacht über die verbrieften Forderungen regelmäßig dem Originator zugesprochen wird[749] und der Übergang so gut wie aller Risiken und Chancen in der Praxis äußerst selten vorkommt,[750] werden die meisten Verbriefungstransaktionen entweder als besicherte Kreditaufnahme oder eben als Continuing Involvement bilanziert.[751] Sofern sich in der Verbrie-

---

745 Vgl. Ricken, Kreditrisikotransfer europäischer Banken, 2007, 127 zur kritischen Haltung der Aktienanalysten.
746 Vgl. Kapitel 2.3.
747 Vgl. Kühnberger, zfbf 2014, 428, 439.
748 Vgl. IAS 39.20(c)(ii) (IFRS 9.3.2.6(c)(ii)).
749 Vgl. Kapitel 4.7.1.
750 Vgl. Kapitel 5.1.1.
751 Vgl. Deloitte, Securitization Accounting, 2010, 92, Gryshchenko/Lotz, in: Deloitte, Asset Securitisation in Deutschland, 2012, 37, 38 f.

fungspraxis überhaupt die Frage nach einem Bilanzabgang stellt, ist damit in aller Regel ein Teilabgang entsprechend dem Umfang des Continuing Involvment bzw. des anhaltenden Engagements des Originators gemeint.

5.3.2 Bilanzierung bei Teilausbuchung

5.3.2.1 Bilanzielle Darstellung

Nach dem Continuing Involvement-Ansatz hat der Originator die verbrieften Forderungen in dem Umfang weiter zu bilanzieren, in dem er noch Wertänderungen und mithin Risiken und Chancen der verbrieften Forderungen ausgesetzt ist (*„continuing exposure to the risks and rewards"*).[752] Damit ist der Continuing Involvement-Ansatz auf den Grundgedanken des Components Approach zurückzuführen, wonach ein entsprechend zu qualifizierender Teil des originären finanziellen Vermögenswerts bilanziert wird.[753] Dieser Teil muss dabei auch im Falle einer Portfolioübertragung dem Grundsatz der Einzelbewertung genügen. Darf der Originator etwa 90% des Forderungsportfolios nach Maßgabe seines anhaltenden Engagements ausbuchen, muss er 10% an jeder einzelnen Forderung als Aktivposten weiterhin bilanzieren. Die Bestimmung der Höhe dieses Aktivpostens wird in IAS 39.30 (IFRS 9.3.2.16) beispielhaft erklärt.[754] Demnach entspricht das Continuing Involvment in Form einer Ausfallgarantie dem niedrigeren Wert aus (a) dem Buchwert der Forderungen und (b) dem Höchstbetrag der Garantiezahlungen. Besteht das Continuing Involvement des Originators hingegen in einer geschriebenen und/oder einer erworbenen Option auf die Forderungen, so ist dieses i.H.d. Betrags der Forderungen weiter zu bilanzieren, der vom Originator zurückerworben werden kann. Kein anhaltendes Engagement liegt dagegen vor, wenn die Option zum Fair Value ausübbar ist. Dies ist häufig bei Clean-up Calls der Fall. Mit einer solchen Option können zu keiner Zeit Risiken und Chancen der verbrieften Forderungen auf den Originator übertragen werden. Sämtliche anderen, noch so weit aus dem Geld liegenden Kauf- und Rückkaufoptionen sind als anhaltendes Engagement zu behandeln. Sobald also die Anwendung des Continuing Involvement-Ansatzes etwa durch andere risikoreichere Credit Enhancements ausgelöst wird, erhöht sich der Umfang der nicht auszubuchenden Forderungen um das Nominalvolumen solcher Optionen.

---

752 Vgl. IAS 39.30 (IFRS 9.3.2.16) i.V.m. IAS 39.BC67.

753 Vgl. Scharenberg, Die Bilanzierung von wirtschaftlichem Eigentum in der IFRS-Rechnungslegung, 2009, 123.

754 Vgl. IAS 39.AG48(a) und (b) (IFRS 9.B3.2.13(a) und (b)).

Der Bilanzierung eines finanziellen Vermögenswerts i.H.d. anhaltenden Engagements des Originators ist nach IAS 39.31 (IFRS 9.3.2.17) die Passivierung einer damit verbundenen Verbindlichkeit (*associated liability*) gegenüberzustellen und – ungeachtet der Bewertungsvorschriften des IAS 39 bzw. IFRS 9 – so zu bewerten, dass der Nettobetrag aus Aktiv- und Passivposten die beim Originator bestehenden Rechte und Verpflichtungen reflektiert.[755] Damit wäre im Falle einer Ausfallgarantie des Originators der Zugangswert der verbundenen Verbindlichkeit in Höhe des maximalen Garantiebetrags – solange dieser den Buchwert der garantierten Forderungen nicht übersteigt – zuzüglich des Fair Value der Garantieverpflichtung zu erfassen.[756]

Abgesehen von Ausfallgarantien und Optionen enthält IAS 39/IFRS 9 keine weiteren Beispiele zur Bilanzierung anderer Formen von Credit Enhancements. Dies ist bemerkenswert und enttäuschend zugleich, denn ausgerechnet Ausfallgarantien und Optionen stellen diejenigen Credit Enhancements dar, die eine Teilausbuchung der Forderungen aus der Konzernbilanz und damit die Anwendung des Continuing Involvement-Ansatzes regelmäßig verhindern. Schließlich verstoßen solche über die Cashflows der verbrieften Forderungen hinausgehenden Zahlungsverpflichtungen gegen das Vorliegen einer Durchleitungsvereinbarung i.S.v. IAS 39.19 (IFRS 9.3.2.5).[757] Praxisrelevant sind die vorhandenen Anwendungsbeispiele daher leider nur für den IFRS-Einzelabschluss. Die Erst- und Folgebewertung von Vereinbarungen mit einem residualen Rückzahlungsanspruch des Originators sowie der einbehaltenen Verbriefungstitel wird in IAS 39/IFRS 9 indes überhaupt nicht konkretisiert, obwohl sie doch die einzigen mit der Anwendung des Continuing Involvement-Ansatzes auf Konzernebene nicht konfligierenden Credit Enhancements repräsentieren.[758] Lediglich in den Anwendungsleitlinien, nämlich in IAS 39.AG52 (IFRS 9.B3.2.17), findet sich ein Anhaltspunkt für die Bilanzierung eines offenbar zu aktivierenden residualen Rückzahlungsanspruchs des Übertragenden. Dieser Auffassung folgt auch das IDW in der Stellungnahme des Hauptfachausschusses, wonach eine ausstehende Restkaufpreisforderung des Originators zu aktivieren ist.[759] Das in IAS 39.AG52 (IFRS 9.B3.2.17) sowie vom IDW ausgesprochene Aktivierungsgebot widerspricht allerdings dem Regelungsinhalt des vorhin bereits ausführlich diskutierten

---

755 Vgl. IDW RS HFA 9, Rz. 141.
756 Vgl. dazu Beispiel 1 in IDW RS HFA 9, Rz. 142.
757 Vgl. Kapitel 4.8.2.
758 Die IDW-Stellungnahme enthält einen allgemeinen Hinweis zur Folgebewertung bei einem variablen Kaufpreisabschlag. Vgl. IDW RS HFA 9, Rz. 146.
759 Vgl. IDW RS HFA 9, Rz. 145 ff.

IAS 39.AG49 (IFRS 9.B3.2.14). Ein gesonderter Ansatz von Derivaten ist hiernach nicht gestattet, wenn es dadurch zu einer Doppelerfassung der bereits im Wege der Bilanzierung nicht ausgebuchter Forderungen oder der aus der Übertragung resultierenden Verbindlichkeit kommen würde.[760] Genau dazu führt aber die Aktivierung einer (derivativen) Forderung auf Auszahlung des Restkaufpreises. Behält der Käufer, wie im IDW-Beispiel, 100 GE von dem Kaufpreis i.H.v. 1000 GE ein, so ergibt sich unter Annahme einer Ausfallerwartung von 80 GE folgende Buchung:[761]

	Soll	Haben
Kasse	900	-
Forderungen	-	900
Restkaufpreisforderung	100	-
Verbundene Verbindlichkeit	-	100 + 80
Veräußerungsverlust	80	-
	1.080	1.080

Damit erfasst der Verkäufer neben den weiter bilanzierten Forderungen i.H.v. 100 GE eine weitere Forderung auf Auszahlung des Restkaufpreises von 100 GE, obwohl er nur mit Einzahlungen i.H.v. maximal 100 GE rechnen kann. Infolge eines gesonderten Ansatzes der Restkaufpreisforderung kommt es also zu einer doppelten Erfassung der Rechte des Verkäufers auf Erhalt von Forderungszahlungen. Richtiggestellt wird die Nettovermögensposition des Verkäufers erst dadurch, dass auch die Verpflichtung zur Übernahme der Erstverluste doppelt – nämlich in Höhe des maximalen Garantiebetrags (100 GE) zuzüglich des Fair Value der Garantieverpflichtung (80 GE) – passiviert wird. Die Nettovermögensposition des Originators lässt sich hier als Differenz aus dem Buchwert der weiterhin bilanzierten Forderungen

760 Die Regelung des IAS 39.AG49 (IFRS 9.B3.2.14) gilt - der Überschrift „*All transfers*" nach zu urteilen - für alle Übertragungen. Ebenso Kropp/Klotzbach, WPg 2002, 1010, 1015.

761 Vgl. IDW RS HFA 9, Rz. 146.

zuzüglich des Buchwerts der aktivierten Restkaufpreisforderung und abzüglich des Betrags der verbundenen Verbindlichkeit ermitteln. Für die Ermittlung der Nettovermögensposition des Originators bedarf es damit Angaben zu drei verschiedenen Bilanzposten.[762] Unter Beachtung des Doppelerfassungsverbots des IAS 39.AG49 (IFRS 9.B3.2.14) wäre dagegen wie folgt zu buchen:

	Soll	Haben
Kasse	900	-
Forderungen	-	900
Verbundene Verbindlichkeit	-	80
Veräußerungsverlust	80	-
	980	980

Die obige Buchungslogik dürfte im Übrigen auch im Falle der vom Originator in den eigenen Bestand übernommenen Verbriefungstitel analog und damit wohl unter Missachtung des Doppelerfassungsverbots des IAS 39.AG49 (IFRS 9.B3.2.14) anzuwenden sein. Sollte der Originator beispielsweise die ranghöchste Verbriefungstranche für 300 GE erwerben, wäre das Buchungsbeispiel wie folgt zu ergänzen:

	Soll	Haben
Kasse	900	300
Forderungen	-	900 - 300
Wertpapiere	300	

762 Vgl. Feld, Bilanzierung von ABS-Transaktionen im IFRS Abschluss, 2007, 266.

Restkaufpreisforderung	100	-
Verbundene Verbindlichkeit	-	100 + 80 + 300 + 0
Veräußerungsverlust	80	-
	1.380	1.380

Der bilanzverlängernde Effekt des Continuing Involvement-Ansatzes kommt auch hier zum Tragen: neben den zusätzlich in der Bilanz verbleibenden Forderungen i.H.v. 300 GE werden im gleichen Umfang erworbene Verbriefungstitel aktiviert. Die verbundene Verbindlichkeit ist ebenfalls um 300 GE aufzustocken, da der Fair Value der Subordination angesichts der hohen Seniorität der erworbenen Tranche gegen Null tendiert. Die Ermittlung des Nettoauszahlungsanspruchs des Originators (20 GE) erfordert hier ebenfalls Buchwertangaben zu drei verschiedenen Bilanzposten: nicht ausgebuchte Forderungen (400 GE), Restkaufpreisforderung (100 GE) und die verbundene Verbindlichkeit (480 GE).

Unter Beachtung des IAS 39.AG49 (IFRS 9.B3.2.14) in seiner engen Auslegung und damit unter Verzicht auf den Ansatz der derivativen Restkaufpreisforderung wäre dagegen zu buchen:

	Soll	Haben
Kasse	900	300
Forderungen	-	900 - 300
Wertpapiere	300	
Verbundene Verbindlichkeit	-	80 + 300 + 0
Veräußerungsverlust	80	-
	1.280	1.280

Denkbar wäre zudem auch folgende Buchung nach Maßgabe der weiten Auslegung des IAS 39.AG49 (IFRS 9.B3.2.14) und damit auch unter Verzicht auf die Aktivierung der Wertpapiere:

	Soll	Haben
Kasse	900	300
Forderungen	-	900 - 300
Verbundene Verbindlichkeit	-	80 + 0
Veräußerungsverlust	80	-
	980	980

Was die tatsächliche Bilanzierungspraxis angeht, so kann nur gemutmaßt werden, ob die nach dem Continuing Involvement-Ansatz bilanzierenden Unternehmen dem Vorschlag des IAS 39.AG52 (IFRS 9.B3.2.17) bzw. – sofern es sich um deutsche Unternehmen handelt – der IDW-Stellungnahme folgen oder aber unter Einhaltung des wie auch immer im Einzelfall ausgelegten Doppelerfassungsverbots des IAS 39.AG49 (IFRS 9.B3.2.14) bilanzieren.

Mit Blick auf die Folgebewertung der einbehaltenen Verbriefungstitel ist ferner fraglich, ob diese bei Zugang nach den allgemeinen Vorschriften des IAS 39 bzw. IFRS 9 zu klassifizieren und in der Folge entsprechend zu bewerten sind. Für die Folgebewertung gilt nach IAS 39.31 (IFRS 9.3.2.17) derselbe Grundsatz wie auch für den Erstansatz: Der übertragene Vermögenswert und die damit verbundene Verbindlichkeit sind so zu bewerten, dass den vom Unternehmen behaltenen Rechten und Verpflichtungen Rechnung getragen wird. Der Bewertungsmaßstab der behaltenen Rechte und Verpflichtungen richtet sich gemäß IAS 39.31(a) (IFRS 9.3.2.17(a)) dabei nach dem Bewertungsmaßstab der übertragenen Vermögenswerte. Werden diese zu fortgeführten Anschaffungskosten bewertet – was bei Forderungen regelmäßig der Fall ist – muss auch der Nettobetrag aus den Aktivposten und der verbundenen Verbindlichkeit den fortgeführten Anschaffungskosten der vom Originator behaltenen Rechte und Verpflichtungen entsprechen. Damit scheidet eine Bewertung der Verbriefungstitel zum Fair

Value aus. Eine bei Zugang vorzunehmende Klassifizierung der Wertpapiere nach IAS 39 bzw. IFRS 9 erübrigt sich damit.

Die in IAS 39.31(a) (IFRS 9.3.2.17(a)) vorgegebene Bewertung zu fortgeführten Anschaffungskosten dürfte im Einklang mit den allgemeinen Bewertungsvorschriften des IAS 39 für die als „*held to maturity*“ oder „*loans and receivables*“ kategorisierten Verbriefungstitel stehen.[763] Nach IFRS 9 wird eine „at cost“-Bewertung dagegen nicht mehr ohne Weiteres möglich sein. Insbesondere werden einige nachrangige, darunter u.a. als Erstverlustposition dienende Verbriefungstitel am Kreditrisikotest des IFRS 9.B4.1.21(c) scheitern und sich nicht für eine Bewertung zu fortgeführten Anschaffungskosten qualifizieren.[764] Mit der Anwendung von IFRS 9 wird sich die Kluft zwischen den allgemeinen Bewertungsvorschriften für finanzielle Vermögenswerte und der Bilanzierung nach dem Continuing Involvement-Ansatz daher weiter vergrößern.

5.3.2.2 Spezialfall: Teilausbuchung bei Teilübertragung – eine Fehleranalyse

Vermutlich nicht zuletzt wegen der Komplexität und Eigenartigkeit des Continuing Involvement-Ansatzes entschied sich der IASB, dessen Anwendung auf Übertragungen eines Teils eines finanziellen Vermögenswerts an einem Zahlenbeispiel zu veranschaulichen. Im Folgenden soll das vom IASB gewählte Beispiel in IAS 39.AG52 (IFRS 9.B3.2.17) kritisch untersucht werden. Auf die Veränderung der Zahlenparameter wird zwecks besserer Vergleichbarkeit mit dem Originalbeispiel in der *Application Guidance* bewusst verzichtet.

Bank A (Originator) besitzt ein Portfolio vorzeitig rückzahlbarer, mit 10% verzinslicher Kreditforderungen mit einem Buchwert von 10.000 TEUR. Gegen eine Zahlung von 9.115 TEUR überträgt der Originator das Recht auf Bezug von 9.000 TEUR Tilgungsbeträge zuzüglich eines darauf entfallenden Zinssatzes von 9,5% an eine Zweckgesellschaft (Erwerber). Damit behält die Bank die Rechte an den Tilgungsbeträgen in Höhe von 1.000 TEUR zuzüglich eines Zinssatzes von 10% sowie einer 0,5%-igen Überschussspanne an dem veräußerten Kapitalbetrag von 9.000 TEUR. Der Fair Value des gesamten Kreditportfolios zum Übertragungszeitpunkt wird auf 10.100 TEUR geschätzt. Der geschätzte Fair Value der Überschussspanne von 0,5% soll 40 TEUR betragen. Zum Schutz des Erwerbers gegen Ausfallrisiken wird eine

---

763 Vgl. Kapitel 5.2.2.2.2.

764 Vgl. zum Kreditrisikotest Kapitel 5.1.4.2.3.4.

Subordination des beim Originator verbleibenden Forderungsteils zugunsten des übertragenen Teils vereinbart. Damit werden sämtliche Kreditausfälle zunächst dem Anteil des Originators belastet, bis dieser vollständig erschöpft ist. Aufgrund der Übertragung der als wesentlich angenommenen Vorauszahlungs-, nicht jedoch der Ausfallrisiken, wird unterstellt, dass die eigentümertypischen Risiken und Chancen weder übertragen noch zurückbehalten werden. Mangels eines Übergangs der Verfügungsmacht auf die Zweckgesellschaft kommt der Continuing Involvement-Ansatz zur Anwendung.

Zunächst ist gemäß IAS 39.16 (IFRS 9.3.2.2) der Ausbuchungsgegenstand zu identifizieren. Implizit wird in IAS 39.AG52 (IFRS 9.B3.2.17) unterstellt, dass die Transaktion einen 90%-igen Anteil an den Cashflows des gesamten Kreditportfolios zum Gegenstand hat. Vielmehr überträgt der Originator aber 90% der Tilgungsbeträge sowie einen auf diesen 90%-igen Tilgungsanteil entfallenden Zinsanspruch in Höhe von 9,5%.[765] Angesichts der vereinbarten Nachordnung des zurückbehaltenen zugunsten des übertragenen Anteils ist von einer Übertragung eines ungleichrangigen Teils eines finanziellen Vermögenswerts im Sinne von IAS 39.16(b)(i) (IFRS 9.3.2.2(b)(i)) auszugehen. Damit sind die Ausbuchungsvorschriften auf das Kreditportfolio in seiner Gesamtheit und nicht nur auf den übertragenen Teil anzuwenden.[766]

Da dem Originator weiterhin das Recht auf Erhalt einzelner Cashflows aus dem Kreditportfolio zusteht, muss eine Übertragung der vertraglichen Rechte im Sinne von IAS 39.18(a) (IFRS 9.3.2.4(a)) verneint werden. Eine Teilausbuchung kann somit nur beim Vorliegen einer Durchleitungsvereinbarung erreicht werden. Das Beispiel in IAS 39.AG52 (IFRS 9.B3.2.17) lässt indes keine Prüfung auf das Vorliegen einer Durchleitungsvereinbarung erkennen. Da es sich vorliegend um eine Übertragung mit einem Residualanspruch, nicht aber mit einer Garantieverpflichtung des Übertragenden handelt,[767] dürfte damit zumindest die Bedingung des IAS 39.19(a) (IFRS 9.3.2.5(a)) erfüllt sein. Eine Durchleitungsvereinbarung wäre daher denkbar.

Das Bestehen einer Durchleitungsvereinbarung vorausgesetzt muss anschließend der Bilanzansatz des beim Originator weiterhin verbleibenden Portfolioanteils bestimmt werden. Zu

---

765 Vgl. Ernst & Young, International GAAP 2013, 2013, 3379.

766 Anders jedoch Reiland, Derecognition – Ausbuchung finanzieller Vermögenswerte, 2006, 226.

767 Vgl. zur Abgrenzung Kapitel 4.8.2.

diesem Zweck ist der ursprüngliche Buchwert des gesamten Kreditportfolios zwischen dem übertragenen und dem zurückbehaltenen Teil auf Grundlage ihrer Fair Values am Übertragungstag aufzuteilen.[768] Damit entspricht diese Aufteilung der sonst nach IAS 39.27 (IFRS 9.3.2.13) erforderlichen Zerlegung in einen übertragenen und einen zurückbehaltenen Anteil, die insbesondere bei *servicing assets* oder Zinsstrips des Originators außerhalb des Continuing Involvement-Ansatzes zur Anwendung kommt.[769] Das Aufteilungserfordernis gilt im Übrigen unabhängig davon, ob der übertragene Anteil oder der gesamte Vermögenswert als Ausbuchungsgegenstand gemäß IAS 39.16 (IFRS 9.3.2.2) qualifiziert wird.[770] Dafür spricht der Wortlaut des IAS 39.27 (IFRS 9.3.2.13), der lediglich beispielhaft auf als Ausbuchungsgegenstand einzustufende Teilübertragungen im Sinne von IAS 39.16(a) (IFRS 9.3.2.2(a)) verweist. Zudem bezieht sich der Begriff „finanzieller Vermögenswert" laut IAS 39.16 (IFRS 9.3.2.2) nur in Paragraphen 17 bis 23 entweder auf einen Teil eines finanziellen Vermögenswerts, der den Anforderungen des IAS 39.16(a) (IFRS 9.3.2.2(a)) genügt, oder auf den finanziellen Vermögenswert insgesamt. Für IAS 39.27 (IFRS 9.3.2.13) gilt diese Einschränkung nicht. Damit kann die Grundfrage des IAS 39.27 (IFRS 9.3.2.13), ob der übertragene Vermögenswert Teil eines größeren Vermögenswerts ist, auch im hier diskutierten Beispiel bejaht werden.

Die Aufteilung des ursprünglichen Buchwerts des gesamten Vermögenswerts soll ausdrücklich auch *servicing assets* und Zinsstrips des Übertragenden umfassen. Überraschenderweise ordnet der IASB in IAS 39.AG52 (IFRS 9.B3.2.17) der dem Originator zustehenden Überschusspanne von 0,5% keinen anteiligen Buchwert zu. Stattdessen entspricht annahmegemäß die Überschussspanne einer für die Gewährung der Kreditsicherheit erhaltenen Gegenleistung. Dabei stellt die Überschussspanne genauso viel bzw. genauso wenig eine Gegenleistung für eine Kreditsicherheit wie der zurückbehaltene und ebenso nachrangige Portfolioanteil des Originators dar.[771] Unklar bleibt zudem, ob nach Auffassung des IASB auch bei einem *servicing asset* auf eine Zuweisung des anteiligen Buchwerts analog zu einem Zinsstrip des Originators zu verzichten wäre. Da die Aufteilung des ursprünglichen Buchwerts des gesamten Vermögenswerts zwischen dem übertragenen und dem zurückbehaltenen Teil keine Beson-

768 Vgl. IAS 39.34 (IFRS 9.3.2.20).
769 Vgl. Kapitel 5.1.3.
770 Anders jedoch Reiland, Derecognition – Ausbuchung finanzieller Vermögenswerte, 2006, 226.
771 Vgl. Ernst & Young, International GAAP 2013, 2013, 3379.

derheit des Continuing Involvment-Ansatzes darstellt,[772] erscheint ein Verzicht auf die Zuweisung eines anteiligen Buchwerts – sei es bei Zinsstrips oder *servicing assets* – wenig verständlich. Richtiger wäre es, den Buchwert des Kreditportfolios folgendermaßen aufzuteilen:

	Fair Value	Anteil in % am Fair Value	Zugewiesener Buchwert
Zurückbehaltener Anteil (1.000 TEUR mit 10% Verzinsung)	1.010	10%	1.000
Überschussspanne (0,5% auf 9.000 TEUR)	40	0,4%	40
Übertragener Anteil (9.000 TEUR mit 9,5% Verzinsung)	9.050	89,6%	8.960
Summe	10.100	100%	10.000

Zwar entspricht der der Überschussspanne zugewiesene Buchwert näherungsweise dem Fair Value und damit dem in IAS 39.AG52 (IFRS 9.B3.2.17) vorgeschlagenen Bilanzansatz, bei einem höheren anteiligen Fair Value der Überschussspanne wäre diese Übereinstimmung jedoch nicht mehr gegeben.[773] Der Ansatz zum Fair Value widerspricht zudem der Vorschrift des IAS 39.31 (IFRS 9.3.2.17), wonach sich die Bewertung der vom Übertragenden behaltenen Rechte und Verpflichtungen nach der bisherigen Bewertung des übertragenen Vermögenswerts zu richten hat. Konsequenter wäre an dieser Stelle daher ein Ansatz zu fortgeführten Anschaffungskosten.[774]

In einem weiteren Schritt muss der Transaktionserfolg ermittelt werden. Da der Fair Value des übertragenen Anteils 9.050 TEUR beträgt, der Originator jedoch einen Kaufpreis i.H.v. 9.115 TEUR erhält, entspricht das gezahlte Mehrentgelt von 65 TEUR der Gegenleistung für die Gewährung der Kreditsicherheit durch die Subordination des zurückbehaltenen Zins- und

[772] Vgl. Reiland, Derecognition – Ausbuchung finanzieller Vermögenswerte, 2006, 226.

[773] Einer Überschussspanne mit einem Fair Value von 240 TEUR wäre bspw. ein abweichender Buchwert von 237,6 TEUR zuzuweisen.

[774] Vgl. Deloitte, iGAAP 2014 – Financial Instruments, 2013, Volume B, 534.

Tilgungsanteils des Originators und der ihm zustehenden Überschussspanne von 0,5% zugunsten des Erwerbers. Damit steht dem anteiligen Buchwert des übertragenen Portfolioanteils i.H.v. 8.960 TEUR nach Abzug des dem Fair Value der Subordination entsprechenden Betrags von 65 TEUR (Ausfallerwartung) ein Kaufpreis i.H.v. 9.050 TEUR gegenüber. Hieraus resultiert nach IAS 39.34 (IFRS 9.3.2.20) ein Veräußerungsgewinn von 90 TEUR. Damit kann die Transaktion wie folgt gebucht werden:

	Soll	Haben
Kreditforderungen	-	9.000
Kasse	9.115	-
Forderung aus der Überschussspanne	40	-
Veräußerungsgewinn	-	90
Verbundene Verbindlichkeit	-	1.000 + 40 + 65
Aktivposten aus dem anhaltenden Engagement	1.040	-
	10.195	10.195

Abweichend von dem Originalbeispiel in IAS 39.AG52 (IFRS 9.B3.2.17) erscheint es sachgerechter, die verbundene Verbindlichkeit um den anteiligen Buchwert der Überschussspanne von 40 TEUR zu erhöhen. Schließlich soll die *associated liability* mit dem maximalen Garantiebetrag zuzüglich des Fair Value der Subordination angesetzt werden.[775] Der maximale Garantiebetrag umfasst im vorliegenden Beispiel neben dem nachgeordneten Portfolioanteil des Originators i.H.v. 1.000 TEUR auch die nachgeordnete Forderung aus der Überschussspanne i.H.v. 40 TEUR. Der nach Maßgabe des anhaltenden Engagements des Originators erfasste Aktivposten ist ebenfalls um 40 TEUR auf 1.040 TEUR aufzustocken, damit der Nettobuch-

---

[775] Vgl. IAS 39.AG48(a) (IFRS 9.B3.2.13(a)) sowie IDW RS HFA 9, Rz. 150.

wert aus dem Aktivposten und der verbundenen Verbindlichkeit den Fair Value der vom Originator gewährten Kreditsicherheit i.H.v. 65 TEUR widerspiegelt. Dieser Aktivposten ist allerdings nach Ansicht des IDW nicht als Restkaufpreisforderung des Originators, sondern „lediglich als Gegenposten (Posten *sui generis*) zu der *associated liability* zu verstehen".[776] Diese – wohlgemerkt wenig verständliche – Abgrenzung ändert jedoch nichts an der Doppelerfassung der Rechte und Verpflichtungen des Originators in beiden Fällen.[777]

Die hier vorgenommene Fehleranalyse wäre jedoch unvollständig ohne eine Überprüfung des Ergebnisses in IAS 39.AG52 (IFRS 9.B3.2.17) auf Übereinstimmung mit den allgemeinen Bewertungsvorschriften für Finanzinstrumente. Wie in Kapitel 4.3.2.1.2 bereits erörtert, schließen sowohl IAS 39 als auch IFRS 9 nachrangige bzw. residuale Forderungen von der Bewertung zu (fortgeführten) Anschaffungskosten ausdrücklich aus und schreiben eine Bewertung zum Fair Value vor.[778] Der Ansatz des zurückbehaltenen nachrangigen Forderungsanteils und des 0,5%-igen Zinsstrips mit dem jeweils zugewiesenen Buchwert in IAS 39.AG52 (IFRS 9.B3.2.17) verstößt damit gegen die Vorschriften des IAS 39 und IFRS 9.

5.3.3 Anhangangaben

Für die Bilanzierung nach Maßgabe des anhaltenden Engagements gelten dieselben Angabepflichten wie im Falle eines gescheiterten Bilanzabgangs, wobei nur die Anforderungen des IFRS 7.42D(a) bis (c) sinngemäß einschlägig sein dürften. Darüber hinaus sind nach IFRS 7.42D(f) der

- Gesamtbuchwert der ursprünglichen finanziellen Vermögenswerte vor der Übertragung, der
- Betrag der weiterhin bilanzierten Vermögenswerte sowie der
- Buchwert der verbundenen Verbindlichkeit

---

776 Vgl. IDW RS HFA 9, Rz. 150.
777 Vgl. Deloitte, iGAAP 2014 – Financial Instruments, 2013, Volume B, 533.
778 Vgl. zur speziellen Nachrangigkeit Kapitel 4.3.2.1.2.

offenzulegen. Diese Angaben sollen den Abschlussadressaten eine Korrektur der unter dem Continuing Involvement-Ansatz eintretenden Bilanzverlängerung und eine Ermittlung der Nettovermögensposition des Originators ermöglichen. Umso verwunderlicher ist, dass IFRS 7 nur die Offenlegung des Buchwerts der weiterhin bilanzierten Vermögenswerte („assets that the entity continues to recognize") und der verbundenen Verbindlichkeit verlangt. Damit werden Angaben lediglich zu zwei von drei möglichen Bilanzposten gefordert, die für die Ermittlung der Nettovermögensposition des Originators notwendig sein können. Die in IFRS 7.42D(f) vorgesehenen Angaben reichen indes nur dann aus, wenn der Originator eine Zahlungsverpflichtung etwa in Form einer Ausfallgarantie, nicht jedoch einen Auszahlungsanspruch in Gestalt einer residualen Restkaufpreisforderung oder einbehaltener Verbriefungstitel hat.[779] Ein solcher (derivativer) Auszahlungsanspruch stellt nämlich keinen weiterhin bilanzierten, sondern einen neu aktivierten Vermögenswert dar. Der in IFRS 7.42D(f) gewählte Wortlaut scheint daher etwas unglücklich gewählt zu sein und kann zu unvollständigen bzw. unbrauchbaren Anhangangaben führen.

So ist dem Geschäftsbericht der CLAAS Gruppe für das Jahr 2013 zu entnehmen, dass das Unternehmen im Rahmen eines ABS-Programms Forderungen mit einem Nominalvolumen von 134,1 MEUR veräußerte. Dabei bilanzierte das Unternehmen für die teilweise zurückbehaltenen Ausfallrisiken Vermögenswerte i.H.v. 10,9 MEUR sowie damit verbundene Finanzschulden i.H.v. 19,8 MEUR.[780] Dabei ist allerdings unklar, ob mit 10,9 MEUR bilanzierter Vermögenswerte nur der Betrag der weiterhin bilanzierten Vermögenswerte, also Forderungen, oder der Betrag sämtlicher einschließlich neu angesetzter Vermögenswerte gemeint ist, die das anhaltende Engagement von CLAAS widerspiegeln. Das Saldierungsergebnis der beiden Buchwerte deutet zunächst darauf hin, dass die Nettovermögensposition des Unternehmens einer Nettozahlungsverpflichtung i.H.v. 8,9 MEUR entspricht. Dieses Ergebnis macht jedoch insofern keinen Sinn, als jede über die Cashflows der verbrieften Forderungen hinausgehende Zahlungsverpflichtung von CLAAS gegen das Vorliegen einer Durchleitungsvereinbarung gemäß IAS 39.19 (IFRS 9.3.2.5) verstoßen und damit einen Teilabgang der Forderungen aus der Konzernbilanz erst gar nicht ermöglichen würde.[781]

---

779 Vgl. Buchungsbeispiele in Kapitel 5.3.2.1.
780 Vgl. CLAAS, Geschäftsbericht 2013, 105.
781 Vgl. Kapitel 4.8.2.

Offenbar wurde hier die Vorschrift des IFRS 7.42D(f) wortwörtlich interpretiert mit der Folge eines Verzichts auf die Buchwertangabe zu einem oder mehreren neu angesetzten Aktivposten. Damit wird die Zielsetzung der ausbuchungsbezogenen Anhangangaben verfehlt: Die Abschlussadressaten werden nicht in die Lage versetzt, „die Beziehung zwischen übertragenen, aber nicht vollständig ausgebuchten finanziellen Vermögenswerten und dazugehörigen Verbindlichkeiten nachzuvollziehen“.[782] Dazu müssen die Abschlussadressaten den Cashflow-Bedarf des Bilanzierenden beurteilen können.[783] Demgegenüber suggerieren die Anhangangaben im vorliegend diskutierten Fall fälschlicherweise einen erwarteten Zahlungsmittelabfluss von 8,9 MEUR statt eines hier wohl anzunehmenden und nur dem Bilanzierenden selbst bekannten Zahlungsmittelzuflusses. Zur Vermeidung von Fehlinterpretationen ist der IASB daher aufgefordert, den Wortlaut des IAS 7.42D(f) eindeutiger zu formulieren.

5.3.4 Konzeptionelle und bilanzpraktische Würdigung

Gegen den Continuing Involvement-Ansatz werden teils dieselben Kritikpunkte wie auch gegen die Bilanzierung als besicherte Kreditaufnahme vorgebracht.[784] Dies ist nicht überraschend, handelt es sich bei der Bilanzierung als Continuing Involvement doch um eine Mischform aus besicherter Kreditaufnahme und Vollausbuchung.[785] Dieser Mischformcharakter entstammt im Gegensatz zur Bilanzierung als besicherte Kreditaufnahme allerdings viel weniger einem klaren theoretischen Konzept, sondern vielmehr dem Wunsch nach einer Kompromisslösung zwischen der Bilanzierung als True Sale und besicherte Kreditaufnahme.

Im Ergebnis bilanziert der Originator ein Forderungssurrogat, das dem „garantierten Betrag“[786] und mithin dem nominellen Umfang der gestellten Credit Enhancements entspricht. Damit bringt das Continuing Involvement entgegen der eigenen Zielsetzung nicht das Ausmaß der getragenen Risiken (*„continuing exposure to the risks and rewards“*), sondern vielmehr das maximale Risiko des Originators im Worst-Case-Szenario zum Ausdruck.[787] Infolgedessen unterscheiden sich die Bilanzen verschiedener Originatoren mit vergleichbaren Risikopositionen allein deswegen, weil ihre Credit Enhancements nominell voneinander abwei-

---

782 Vgl. IFRS 7.42B(a).
783 Vgl. IFRS 7.BC65E.
784 Vgl. Kapitel 5.2.1 sowie 5.2.4.1.
785 Vgl. Reiland, Derecognition – Ausbuchung finanzieller Vermögenswerte, 2006, 229.
786 Vgl. IAS 39.30(a) (IFRS 9.3.2.16(a)).
787 Vgl. Kropp/Klotzbach, WPg 2002, 1010, 1018.

chen.[788] Dennoch vermittelt diese Art von Bilanzierung nach Überzeugung des IASB im Vergleich zur Vollausbuchung entscheidungsnützlichere Informationen über das Ausmaß der vom Übertragenden einbehaltenen Risiken und Chancen.[789] Diese offensichtlich überalterte Begründung, die etwas an den handelsrechtlichen Vorsichtsgedanken erinnert, stammt jedoch aus der Zeit, als IFRS 7 noch keine Angabepflichten für den Fall einer vollständigen Ausbuchung insbesondere zum Maximalrisiko enthielt. Diese Lücke wurde nun mit IFRS 7.42E(c) geschlossen. Insofern ist fraglich, ob und wie eine derart konzeptionell fragwürdige und von den allgemeinen Bewertungsvorschriften abweichende „vorsichtige" Bilanzierung aktuell noch zu rechtfertigen ist.

Die mangelnde Prinzipienorientierung des Continuing Involvement-Ansatzes versucht IAS 39/IFRS 9 auf kasuistischem Wege mit zusätzlichen Erläuterungen und Anwendungsbeispielen zu kompensieren.[790] Konzeptionelle Defizite – wie etwa die Verletzung des allgemeingültigen Doppelerfassungsverbots des IAS 39.AG49 (IFRS 9.B3.2 14) sowie Anwendungsschwierigkeiten wie bei der Folgebewertung und sogar Normenkonflikte wie etwa bei Teilübertragungen – werden damit jedoch nicht ausgeräumt. Insgesamt lässt die Operationalisierung des Continuing Involvement-Ansatzes zu wünschen übrig. Eine einigermaßen einheitliche und fehlerfreie Bilanzierung in der Praxis ist derzeit kaum vorstellbar. Dies gilt gleichermaßen für die Erst- und Folgebewertung aber auch für die Bilanzierung von Teilübertragungen, die zwar in IAS 39.AG52 (IFRS 9.B3.2.17) beispielhaft veranschaulicht wurde, sorgt m.E. aber für genauso viele Fragen wie Antworten.

Aufgrund seiner im Vergleich zur Vollausbuchung höheren praktischen Relevanz für die Verbriefungsbranche kann der Continuing Involvement-Ansatz aktuell als zentrale Konzeption zur Abbildung des Bilanzabgangs nach IFRS angesehen werden. Umso weniger zufriedenstellend ist, dass diese Bilanzierungsmethode dermaßen komplex ist und so viele Defizite aufweist. Aus dem Regelwerk der IFRS for SMEs wurde der Continuing Involvement-Ansatz gerade wegen seiner kaum zumutbaren Komplexität gestrichen.791 Da sich der IASB vorerst für eine Übernahme der bestehenden Ausbuchungsvorschriften des IAS 39 in das Regelwerk des IFRS 9 entschieden hat, ist wohl kaum mit einer zeitnahen Abschaffung des Continuing

---

788 Vgl. Feld, Bilanzierung von ABS-Transaktionen im IFRS Abschluss, 2007, 268.
789 Vgl. IAS 39.BC67.
790 Vgl. Ernst & Young, International GAAP 2013, 2013, 3366.
791 Vgl. Lüdenbach, IFRS, 2013, 375.

Involvement-Ansatzes zu rechnen. Gegebenfalls wäre eine Klarstellung der wichtigsten mit der Bilanzierung nach diesem Ansatz verbundenen Zweifelsfragen durch den Board bzw. das Interpretations Committee als Interimslösung zu erwägen.

6 Eigener Ausbuchungsansatz

6.1 Vorbemerkung

Momentan ist weder abzusehen, wann die bestehende Ausbuchungskonzeption des IAS 39 bzw. IFRS 9 überarbeitet noch welchen konzeptionellen Weg der IASB dabei einschlagen wird. Mit der Verabschiedung des neuen Konsolidierungspakets und der Erweiterung der konsolidierungs- und ausbuchungsbezogenen Angabepflichten wurde zunächst für eine teilweise Entschärfung der Ausbuchungsproblematik und eine höhere Konvergenz mit US GAAP auf Konzernebene gesorgt. Ein Dorn im Auge ist und bleibt dabei allerdings der Continuing Involvement-Ansatz, der eine Teilausbuchung trotz der Konsolidierung der Zweckgesellschaft ermöglicht und überdies zu einer mit zahlreichen Zweifelsfragen verbundenen Bilanzierung führt. Aufbauend auf den bisherigen Ergebnissen dieser Arbeit wird im Folgenden ein eigener Lösungsansatz zur Ausbuchung von finanziellen Vermögenswerten nach IFRS vorgestellt. Grundprämissen sind dabei die qualitative Ausrichtung sowie die komplementäre Wirkung gegenüber den Konsolidierungsvorschriften des IFRS 10.

6.2 Das Konzept der aufgegebenen Kontrolle

Ausgangspunkt für die Beurteilung der Ausbuchungsfähigkeit eines finanziellen Vermögenswerts stellt die Identifikation des Ausbuchungsgegenstands dar. Diesbezüglich empfiehlt es sich, an den geltenden Kriterien des IAS 39.16 (IFRS 9.3.2.2) weiterhin festzuhalten. Sie genügen den allgemeinen Bedürfnissen der Verbriefungspraxis und erweisen sich zudem als durchaus prinzipienorientiert: Ein als Ausbuchungsgegenstand qualifizierender Teil enthält demnach ausschließlich werttreibende Ausstattungsmerkmale des ursprünglichen bzw. des gesamten finanziellen Vermögenswerts.[792] Der Ausschluss ungleichrangiger Teilübertragungen erscheint ferner vor dem Hintergrund der Bewertungsvorschriften des IAS 39/IFRS 9 sachgerecht. Dadurch wird eine Ausweitung der verpflichtenden Fair Value-Bewertung auf Forderungen vermieden.[793] Unverändert bleibt weiterhin das Ausbuchungsgebot des IAS 39.17(a) (IFRS 9.3.2.3(a)) für finanzielle Vermögenswerte, deren vertragliche Rechte auf Erhalt von Cashflows erloschen bzw. ausgelaufen sind.

---

792 Vgl. Kapitel 4.3.2.1.1.

793 Vgl. Kapitel 4.3.2.1.2.

Änderungen soll hingegen die Definition einer Übertragung erfahren. Diese soll der engen, auf die Übertragung vertraglicher Rechte auf den Bezug von Cashflows abstellenden Definition in IAS 39.18(a) (IFRS 9.3.2.4(a)) entsprechen. Bloße Verpflichtungen zur Weiterleitung der Cashflows stellen indes keinen Tatbestand der Ausbuchung dar. Sie sind im Wege der Passivierung einer finanziellen Verbindlichkeit abzubilden. Des Weiteren ist die Definition einer Übertragung in Übereinstimmung mit den Anforderungen des IAS 32[794] an die Saldierung von Finanzinstrumenten in der Bilanz um das Erfordernis der Insolvenzfestigkeit zu ergänzen.

Als Grundvoraussetzung für die Ausbuchung eines finanziellen Vermögenswerts gilt die Aufgabe der Kontrolle durch den Übertragenden. Damit wird unmittelbar auf die Kontrolle als Ansatzkriterium in der Bilanz im Sinne des IFRS-Rahmenkonzepts abgestellt.[795] Die Aufgabe der Kontrolle muss folglich mit der Aufgabe der mit einem Vermögenswert verbundenen wirtschaftlichen Vorteile (*benefits*) einhergehen. Dieser Lösungsansatz kann daher als **Konzept der aufgegebenen Kontrolle** bezeichnet werden. Als unwiderlegbar aufgegeben gilt die Kontrolle dann, wenn der Übertragende kein anhaltendes Engagement an dem übertragenen finanziellen Vermögenswert mehr hat. Der Begriff „anhaltendes Engagement" entspricht dabei der weit gefassten Definition des IFRS 7.42C und umfasst sämtliche zurückbehaltenen sowie neu entstandenen vertraglichen Rechte und Verpflichtungen darunter auch Verwaltungsrechte einschließlich jener im Geltungsbereich des IFRS 7.B30A.[796] Hat der Übertragende ein anhaltendes Engagement an dem übertragenen finanziellen Vermögenswert, besitzt er weiterhin Entscheidungsmacht und gilt damit weiterhin – wenn auch widerlegbar – als Kontrollinhaber. Für Zwecke der Erhöhung der Entscheidungsnützlichkeit separater IFRS-Abschlüsse wäre zudem zu erwägen, nicht allein die Sicht des Übertragenden, sondern ggf. die des übergeordneten Konzerns zugrunde zu legen, um einer Sachverhaltsgestaltung mittels Common Control Transactions vorzubeugen.[797] Diese Empfehlung wäre im Übrigen auch für den handelsrechtlichen Einzelabschluss auszusprechen.

Mit der Bejahung eines anhaltenden Engagements ist zunächst zu prüfen, ob dieses zur Wiedererlangung der Kontrolle über den Ausbuchungsgegenstand oder einen Teil dessen im We-

---

794 Vgl. IAS 32.42(a) i.V.m. IAS 32.AG38B(b)(iii).
795 Vgl. Kapitel 3.2.1.
796 Vgl. dazu Kapitel 5.1.3.
797 Vgl. Kapitel 4.6.8.

ge einer Rückübertragung führen kann. Dieser Prüfungsschritt entstammt dem kontrollbasierten, jedoch zu eng greifenden Ausbuchungsansatz der US GAAP. Demnach gilt die Kontrolle als behalten, wenn der Übertragende oder der Erwerber in der Lage ist, den Übertragungsvorgang etwa im Wege der Ausübung einer Put- oder Call-Option ganz oder teilweise rückgängig zu machen.[798] Als schädlich gelten nach der Regelung der US GAAP jedoch nur Rückübertragungsvereinbarungen, die *„deeply in the money"* sind, d.h. deren Ausübung höchst wahrscheinlich ist. Im Sinne der Entwicklung eines qualitativen Ausbuchungsansatzes ist ein derartiges Quantifizierungserfordernis abzulehnen. Stattdessen sollte jede Rückübertragungsoption, deren Ausübungspreis von dem Fair Value zum Zeitpunkt der Rückübertragung abweicht, gegen die Aufgabe der Kontrolle durch den Übertragenden sprechen. Dadurch sollte eine einheitliche und ermessensfreie Anwendung gewährleistet werden.

Besteht keine Möglichkeit einer Rückübertragung des Ausbuchungsgegenstands ist im nächsten Schritt zu prüfen, ob der Übertragende durch sein anhaltendes Engagement weiterhin *benefits* ziehen kann bzw. variablen Rückflüssen (*variable returns*) analog zur Definition des IFRS 10 aus dem Ausbuchungsgegenstand ausgesetzt ist. Unbedenklich dürfte demnach beispielsweise die Übernahme der fix vergüteten Forderungsverwaltung durch den Originator sein. Unter Wesentlichkeitsgesichtspunkten wäre zudem ein auf die Erfüllung der regulatorischen Selbstbehaltsanforderungen beschränktes Engagement des Originators (mit Ausnahme der *first loss retention*) als unschädlich anzusehen. Jedes darüber hinausgehende Engagement – sei es die Erstverlustposition oder die ranghöchste Verbriefungstranche – würde hingegen zur Bejahung der Variabilität der Rückflüsse und damit zur Nichtausbuchung führen. Ein Bilanzabgang wird daher i.d.R. nur dann möglich sein, wenn der Übertragende lediglich als Agent handelt. Dieses Ergebnis deckt sich folglich mit den Anforderungen des IFRS 10 an eine Nichtkonsolidierung. Konzeptionell scheint eine – wenn auch nur teilweise – Annäherung des Ausbuchungs- und Konsolidierungsergebnisses durchaus gerechtfertigt, handelt es sich doch bei der Konsolidierung einer Zweckgesellschaft um nichts anderes als eine Nichtausbuchung der von ihr gehaltenen Vermögenswerte aus der Konzernbilanz. Ein – ebenfalls nur partieller – Gleichlauf zwischen der Konsolidierungs- und Ausbuchungsentscheidung bestand im Übrigen bereits unter Anwendung von IAS 39 und SIC-12. Sachgerechterweise betont *Reiland* an dieser Stelle die positive Anreizwirkung einer „Bruttobilanzierung" im Einzelabschluss. Eine nur unter restriktiven Anforderungen vermeidbare Bruttobilanzierung im

798 Vgl. ASC 860-10-40-5(c).

Einzelabschluss – etwa in Form einer besicherten Kreditaufnahme – verringert Anreize zur Umgehung der Konsolidierungspflicht von Zweckgesellschaften durch Sachverhaltsgestaltungen. Schließlich wird die Vermögensposition des Übertragenden dadurch vielfach bereits im Einzelabschluss weitgehend zutreffend dargestellt.[799]

Im Ergebnis führt das Konzept der aufgegebenen Kontrolle nur dann zu einer Ausbuchung, wenn der Übertragende weder Kontrolle noch *benefits* und mithin auch keinen Vermögenswert im Sinne des IFRS-Rahmenkonzepts besitzt. Abbildung 7 fasst den Ablauf der Ausbuchungsprüfung zusammen.

Der hier vorgestellte Ausbuchungsansatz ist zum Teil an den Hauptausbuchungsansatz des IASB aus dem Standardentwurf ED/2009/3[800] angelehnt. Er weist jedoch zwei wesentliche Unterschiede auf:

1) Ein anhaltendes Engagement führt im Gegensatz zum IASB-Vorschlag nicht generell zur Verneinung der Ausbuchung. Handelt der Übertragende lediglich als fix vergüteter Agent des Erwerbers, indem er beispielsweise den regulatorischen Selbstbehaltsanforderungen nachkommt oder die Forderungsverwaltung übernimmt, steht dies einer Ausbuchung der Forderungen nicht entgegen.

2) Es gilt allein die Sicht des Übertragenden. Auf die Prüfung der tatsächlichen Weiterveräußerungsmöglichkeit durch den Erwerber wird daher verzichtet.[801] Zumal eine objektive Definition eines Marktes nach IFRS nicht existiert, sodass hierdurch nur zusätzliche Interpretationsspielräume auf Kosten der Verlässlichkeit der Rechnungslegung entstehen würden.[802]

---

799 Vgl. Reiland, Derecognition – Ausbuchung finanzieller Vermögenswerte, 2006, 358 f.

800 Vgl. Anlage Nr. 1 im Anhang.

801 Vgl. zur diesbezüglichen Kritik Kapitel 4.7.

802 Vgl. Berentzen, Die Bilanzierung von finanziellen Vermögenswerten im IFRS-Abschluss nach IAS 39 und nach IFRS 9, 2010, 201 f.

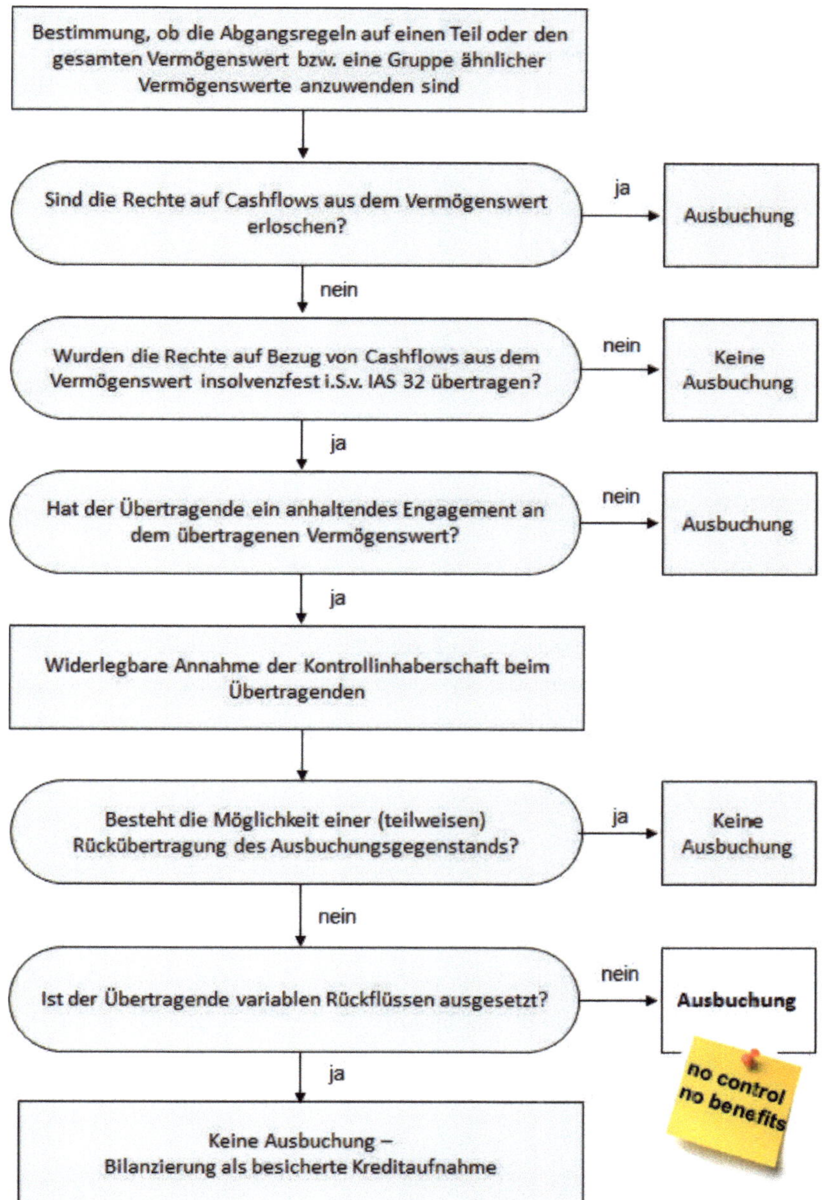

Abbildung 7: Das Konzept der aufgegebenen Kontrolle

Mit dem hier vorgestellten Ausbuchungsansatz gelingt es ferner, eine bilanzielle Gleichstellung von verschiedenen Finanzierungsformen mit (wie Verbriefung) und ohne Zweckgesellschaften (wie Factoring) zu erreichen. Eine Übertragung, die die Voraussetzungen für eine Ausbuchung liefert, erfüllt zugleich auch die Anforderungen an die Nichtkonsolidierung der dazwischen geschalteten Zweckgesellschaft. Dadurch entstehen keine allein rechnungslegungsbedingten Vorteile für die eine oder die andere Finanzierungsform.

Die von *Lüdenbach* und *Hoffmann* im Zusammenhang mit der sachverhaltsgestaltenden Bilanzpolitik aufgegriffene Problematik der Umkehrung der Kausalität in der Rechnungslegung[803] wird dadurch weitestgehend entschärft. IAS 39/IFRS 9 vermag diese Gleichstellung indes nur teilweise und nur im Wege einer fragwürdigen Bilanzierung in Gestalt des Continuing Involvement-Ansatzes zu erreichen. Ebenso gescheitert sind daran die US GAAP mit ihrem Konzept einer nichtkonsolidierungspflichtigen QSPE, welches einen massenhaften Missbrauch ermöglichte und sogar als Mitauslöser der jüngsten Finanzkrise gilt.[804]

Trotz einer teilweisen konzeptionellen Ähnlichkeit entfaltet das vorstehend dargestellte Konzept der aufgegebenen Kontrolle ebenso wie die Ausbuchungskonzeption des IAS 39/IFRS 9 eine komplementäre Wirkung gegenüber den Konsolidierungsvorschriften des IFRS 10. Insbesondere wird dadurch verhindert, dass eine Ausbuchung aus der Konzernbilanz entgegen einer hohen Partizipation des Übertragenden an Risiken und Chancen des übertragenen finanziellen Vermögenswerts ausschließlich aufgrund der fehlenden Entscheidungsmacht i.S.v. IFRS 10 etwa bei *„brain dead"*-Konstrukten erreicht werden kann.

Obgleich induktiv, d.h. ausgehend von der Bilanzierung eines Sachverhalts – nämlich der Verbriefungstransaktionen – abgeleitet, lässt der hier vorgestellte Ausbuchungsansatz zumindest für die Bilanzierung von Factoring-Transaktionen sowie Pensionsgeschäften unmittelbare Schlüsse zu: Diese werden ihrem wirtschaftlichen Gehalt entsprechend vorwiegend als Finanzierung bzw. als besicherte Kreditaufnahme bilanziert. Denkbar erscheint ferner eine Implementierung des Konzepts der aufgegebenen Kontrolle im deutschen Handelsrecht.

---

803 Vgl. Lüdenbach/Hoffmann, DB 2002, 1169 ff., Lüdenbach/Hoffmann/Freiberg, Haufe IFRS Kommentar, 2014, § 1, Rz. 38.

804 Vgl. zur Rolle der QSPE bei der Entstehung der Finanzkrise Pounder, Strategic Finance 2010, 12 ff., Ryan, The Accounting Review 2008, 1605 ff., Kothari/Lester, Accounting Horizons 2012, 335 ff.

7 Thesenförmige Zusammenfassung

Die wesentlichen Arbeitsergebnisse dieser Arbeit lassen sich wie folgt zusammenfassen:

— Verbriefungstransaktionen sind und bleiben ein Instrument der sachverhaltsgestaltenden Bilanzpolitik. Im Mittelpunkt steht dabei die Frage des Bilanzabgangs. Die Aufgabe der Rechnungslegung besteht in der Einschränkung bilanzpolitischer Spielräume zum Zwecke der Erhöhung der Entscheidungsnützlichkeit der Berichterstattung für die Abschlussadressaten. Insbesondere darf es zu keiner Umkehrung der Kausalität in der Rechnungslegung kommen, indem die bilanzielle Behandlung Ausschlag für die Durchführung einer realwirtschaftlichen Transaktion gibt. Die vorliegende Arbeit stellt daher ein Plädoyer für eine weitgehende On-Balance-Sheet-Behandlung von Verbriefungen im Einzel- und Konzernabschluss dar.

— Als Schritt in die richtige Richtung ist dabei die Neuauflage der Konsolidierungsvorschriften zu sehen. Mit IFRS 10 ist eine durchaus sachgerechte Abgrenzung des Konsolidierungskreises mit Blick auf die Konsolidierung von Verbriefungszweckgesellschaften gelungen. Der weit gefasste Begriff der Entscheidungsmacht führt – abgesehen von den reinen *„brain dead“*-Konstrukten – zur Entstehung einer widerlegbaren Beherrschungsvermutung bei mindestens einer Transaktionspartei. In True-Sale-Verbriefungen wird die Beherrschung zunächst regelmäßig bei dem Servicer angenommen. Durch die Abschaffung des unter SIC-12 gegoltenen Mehrheitserfordernisses für die Chancen- und Risikotragung kann die Beherrschungsvermutung zudem nicht mehr durch eine gezielte Streuung der Risiken und Chancen unter den Beteiligten widerlegt werden.[805] Das Problem von keinem konsolidierter *„stand-alone“*-Zweckgesellschaften wird dadurch weitestgehend entschärft. Die Abschaffung des Mehrheitserfordernisses für die Chancen- und Risikotragung ist ferner vor dem Hintergrund der kaum quantifizierbaren, jedoch regelmäßig bestehenden Reputationsrisiken[806] des Originators zu begrüßen.

— Eine nähere Auseinandersetzung mit der Quantifizierung im Rahmen des Risk and Reward-Ansatzes in Kapitel 4.6.4 in Verbindung mit der Analyse der Vorschriften zur

805 Vgl. Beispiel 2 in Kapitel 4.2.4.3.3.
806 Vgl. Kapitel 5.2.4.2.

Durchleitungsvereinbarung in Kapitel 4.8 lassen jedoch den Schluss eines weiterhin möglichen – wenn auch nur teilweisen – Bilanzabgangs trotz der Konsolidierung der Verbriefungszweckgesellschaft nach IFRS 10 zu. Ein weder nach US GAAP noch handelsrechtlich denkbares Ergebnis. Eine bespielhafte Konstellation stellt die Übernahme der Erstverlustposition durch den Originator bei Ausplatzierung der Zweitverlustposition an konzernfremde Dritte dar. Die Übernahme der Erstverlustposition in Verbindung mit der Forderungsverwaltung wird i.d.R. zur Annahme der Konsolidierungspflicht nach IFRS 10 beim Originator führen, während durch die Ausplatzierung der Zweitverlustposition ein ausreichendes Maß an übertragenen Risiken (>10%) für eine Ausbuchung erreicht wird. Die Anforderungen an eine Durchleitungsvereinbarung i.S.v. IAS 39.19 (IFRS 9.3.2.5) können dabei leicht erfüllt werden, indem die Erstverlustposition beispielsweise als variabler Kaufpreis oder Wertpapiertranche strukturiert wird. Dabei findet beim Originator die Bilanzierung nach dem Continuing Involvement-Ansatz Anwendung, die mit zahlreichen Zweifelsfragen und Operationalisierungsdefiziten behaftet ist. All dies bestärkt den Autor in der Überzeugung einer notwendigen Überholung der aktuellen Ausbuchungskonzeption des IAS 39/IFRS 9.

— Neben den Bilanzierungsfolgen der Anwendung des Continuing Involvement-Ansatzes wurde auf die Bilanzierung bei Ausbuchung und Nichtausbuchung der Forderungen insbesondere im IFRS-Einzelabschluss eingegangen. Bei Ausbuchung der Forderungen entspricht die Bilanzierung beim Originator im Wesentlichen den allgemeinen IFRS-Regeln. Dies gilt u.a. für Ansatz und Bewertung der in den eigenen Bestand übernommenen Verbriefungstitel, die künftig den Klassifizierungsvorschriften des IFRS 9 unterliegen. Die Bilanzierung bei Nichtausbuchung der Forderungen ist dagegen sowohl mit konzeptionellen als auch mit Operationalisierungsproblemen verbunden. In konzeptioneller Hinsicht gehen die Rechte und Verpflichtungen des Originators in der Bilanzierung als besicherte Kreditaufnahme unter. Der Originator bilanziert dabei weiterhin verbriefte Forderungen, deren Eigentümer er nicht mehr ist und verzichtet auf die Bilanzierung der von ihm gestellten Kreditsicherheiten. Damit verstößt die Bilanzierung als besicherte Kreditaufnahme gegen die formalen Ansatzkriterien der IFRS für (finanzielle) Vermögenswerte und steht nicht im Einklang mit den in den jüngsten IFRS-Standards zu beobachtenden statischen, auf die Einhaltung der bilanziellen Ansatzkriterien ausgerichteten Tendenzen (Asset Liability Approach).

— Vor dem Hintergrund einer erwarteten Neuausrichtung der Ausbuchungskonzeption wurde daher auf den Financial Components Approach als eine häufig im Schrifttum genannte und befürwortete Alternative kritisch eingegangen.[807] Die Anwendung des Financial Components Approach wurde trotz seiner konzeptionellen Entsprechung dem vom IASB in den jüngsten IFRS verfolgten Asset Liability Approach nicht als entscheidungsnützlicher empfunden und schließlich abgelehnt. Auf der anderen Seite konnte gezeigt werden, dass es nicht zwingend zu einer Einschränkung der Entscheidungsnützlichkeit des Abschlusses kommt, wenn zur Bilanzierung als besicherte Kreditaufnahme die einschlägigen Anhangangaben des IFRS 7 herangezogen werden. Dies gilt im Übrigen nicht nur für die Bilanzierung von Verbriefungstransaktion im IFRS-Einzelabschluss, sondern gleichermaßen für die Bilanzierung von Factoring-Transaktionen im IFRS-Konzernabschluss.

— Für Zwecke einer besseren Operationalisierung der Bilanzierung als besicherte Kreditaufnahme bedarf es Eindeutigkeit nicht nur hinsichtlich der Folgebewertung der Verbindlichkeit aus dem Erhalt der Kaufpreiszahlung, sondern auch bei der Auslegung des formal auf Derivate beschränkten Doppelerfassungsverbots des IAS 39.AG49 (IFRS 9.B3.2.14). Dessen weite Auslegung würde ein generelles Ansatzverbot für die in den eigenen Bestand übernommenen Verbriefungstitel in der IFRS-Einzelbilanz des Originators bedeuten. In bestimmten Fällen kann eine Aktivierung der Verbriefungstitel neben den weiterhin bilanzierten Forderungen jedoch erforderlich sein. Ein generelles Aktivierungsgebot für die vom Originator einbehaltenen Verbriefungstitel wäre – analog zum HGB – daher denkbar und stünde zudem im Einklang mit dem Vollständigkeitsgebot des IFRS-Rahmenkonzepts.

— Dem im vorherigen Kapitel vorgestellten Ausbuchungsansatz kann ebenso wie der aktuell geltenden Ausbuchungskonzeption des IAS 39/IFRS 9 „Klebrigkeit" bzw. Imparität gegenüber den Ansatzvorschriften für finanzielle Vermögenswerte vorgehalten werden. Gleichwohl wurde damit unmittelbar auf die kontrollbasierte Vermögenswertdefinition des IFRS-Rahmenkonzepts abgestellt und so der Hinwendung der IFRS zu einer qualitativen, auf Kontrolle basierten Bilanzierung Rechnung getragen. Vor einer allein auf die Erfüllung konzeptioneller Ansatzkriterien ausgerichteten Bilanzierung und einer Zerle-

---

807 Vgl. bspw. Feld, Bilanzierung von ABS-Transaktionen im IFRS Abschluss, 2007, 327 ff. sowie zur Anwendung des Financial Components Appproach in den IFRS und im HGB Käufer, Übertragung finanzieller vermögenswerte nach HGB und IFRS, 2009, 347 ff.

gung originärer finanzieller Vermögenswerte in einzelne Financial Components sei hingegen gewarnt. Die Bilanz als Berichtsinstrument mag zwar dadurch konzeptionell stimmiger, jedoch nicht unbedingt entscheidungsnützlicher sein. Welchen Weg der IASB bei der Frage der Ausbuchung finanzieller Vermögenswerte einschlagen wird, bleibt mit Spannung abzuwarten.

Anhang

Anlage Nr. 1: Hauptausbuchungsansatz nach dem IASB-Standardentwurf ED/2009/3 „Derecognition – Proposed amendments to IAS 39 and IFRS 7“

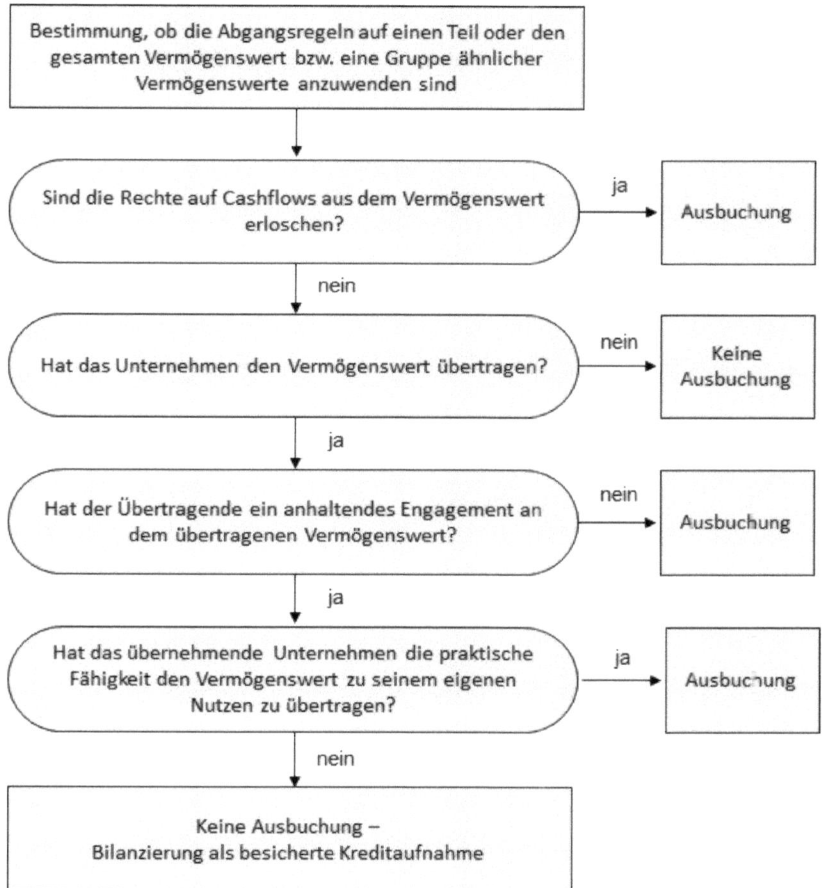

Anlage Nr. 2: Alternativansatz (*altenative view*) nach dem IASB-Standardentwurf ED/2009/3 „Derecognition – Proposed amendments to IAS 39 and IFRS 7"

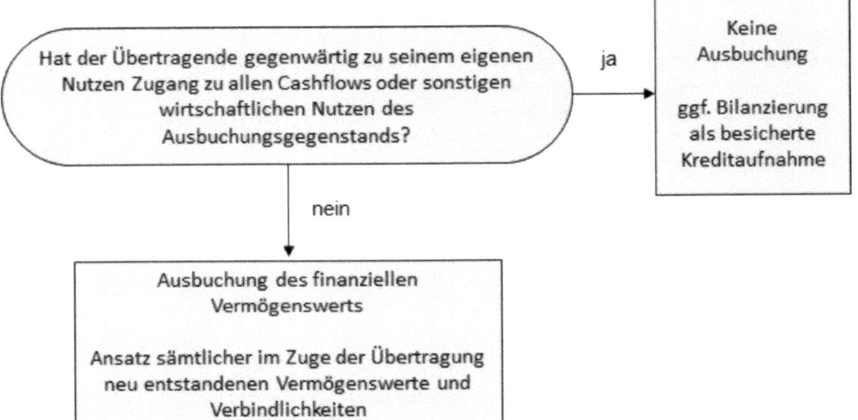

Literaturverzeichnis

Acharya, Viral V./Schnabl, Philipp/Suarez, Gustavo: Journal of Financial Economics 2013, 515-536.

Ballwieser, Wolfgang/Beine, Frank et al.: Handbuch International Financial Reporting Standards 2011, 2011, 7. Auflage, Weinheim 2011.

Bär, Michael: Darstellung und Würdigung des vorgeschlagenen Wertminderungsmodells für finanzielle Vermögenswerte nach IFRS, KoR 2010, 289-296.

Barckow, Andreas: Die Bilanzierung von derivativen Finanzinstrumenten und Sicherungsbeziehungen, Düsseldorf 2004.

Bardens, Andrea/Meurer, Holger: Neue Anhangangaben bei der Ausbuchung von finanziellen Vermögenswerten – Änderungen von IFRS 7 (rev. 2010), WPg 2011, 618-624.

Barth, Mary/Taylor, Daniel: In Defense of Fair Value: Weighing the Evidence on Earnings Management and Asset Securitizations, Journal of Accounting and Economics 2010, 26-33.

Basel Committee on Banking Supervision, An Explanatory Note on the Basel II IRB Risk Weight Functions, 2005.

Bauersfeld, Tanja: Gedeckte Instrumente zur Refinanzierung von Hypothekendarlehen, Wiesbaden 2007.

Becker, Christian/Endert, Volker: Außerbilanzielle Geschäfte, Zweckgesellschaften und Strafrecht, ZGR 2012, 699-729.

Berentzen, Christoph: Die Bilanzierung von finanziellen Vermögenswerten im IFRS-Abschluss nach IAS 39 und nach IFRS 9, Köln 2010.

Berger, Jens/Kaczmarska, Karolina: ED Derecognition – Darstellung der vorgeschlagenen Änderungen zur Ausbuchung von Finanzinstrumenten, KoR 2009, 316-328.

Best, Stefan/Plüchner, Anna in: Jelinek/Hannich, Wege zur effizienten Finanzfunktion in Kreditinstituten, Wiesbaden 2009.

Bickel, Walter/Krolak, Thomas/Mach, Andreas, in: Hommel/Knecht/Wohlenberg, Handbuch Unternehmensrestrukturierung, Wiesbaden 2006.

Bieg, Hartmut/Hossfeld, Christopher/Kußmaul, Heinz/Waschbusch, Gerd: Handbuch der Rechnungslegung nach IFRS – Grundlagen und praktische Anwendung, 2. Auflage, Düsseldorf 2009.

Bieker, Marcus/Moser, Johannes Julius: Earnings Before What? – Zur babylonischen Sprachverwirrung in deutschen Geschäftsberichten, PiR 2011, 163-170.

Blaschke, Silke/Schildbach, Stephan, in: Löw, Rechnungslegung für Banken nach IFRS, 2. Auflage, Wiesbaden 2005.

Bluhm, Christian/Overbeck, Ludger/Wagner, Christoph: An Introduction to Credit Risk Modeling, Boca Raton/New York/Washington D.C. 2003.

Böckem, Hanne/Stibi, Bernd/Zoeger, Oliver: IFRS 10 „Consolidated Financial Statements“: Droht eine grundlegende Revision des Konsolidierungskreises?, KoR 2011, 399-409.

Böve, Rolf: Spezialisierungsvorteile und -risiken im Kreditgeschäft: eine empirische Analyse am Beispiel der deutschen Sparkassen und Kreditgenossenschaften, Wiesbaden 2009.

Brakensiek, Sonja: Bilanzneutrale Finanzierungsinstrumente in der internationalen und nationalen Rechnungslegung, Herne/Berlin 2001.

Breker, Norbert/Gebhardt, Günther/Pape, Jochen: Das Fair-Value-Projekt für Finanzinstrumente, WPg 2000, 729-744.

Bresser, Melanie/Delchev, Nikolay et al., in: Deloitte, Asset Securitisation in Deutschland, 4. Auflage, München 2012.

Brown, Joan: Fixing the asset and liability definitions – but only the bits that are broken, IRZ 2014, 423-426.

Brune, Jens Wilfried in: Bohl/Riese/Schlüter, Beck'sches IFRS-Handbuch, 4. Auflage, München 2013.

Bund, Stefan: Asset Securitisation : Anwendbarkeit und Einsatzmöglichkeiten in deutschen Universalkreditinstituten, Frankfurt am Main 2000.

Burmester, Philipp/Koring, Katharina/Trinkaus, Gaby in: Deloitte, Asset Securitisation in Deutschland, 4. Auflage, München 2012.

Busch, Julia/Zwirner, Christian: Konsolidierung von Zweckgesellschaften nach IFRS 10, IRZ 2012, 373-376.

Buschhüter, Michael in: Buschhüter/Striegel, Kommentar Internationale Rechnungslegung IFRS, Wiesbaden 2011.

Chen, Weitzu/Liu, Chi-Chun /Ryan, Stephen: Characteristics of Securitizations that Determine Issuers' Retention of the Risks of the Securitized Assets, The Accounting Review 2008, 1181-1215.

Cheng, Kang: Accounting for servicing assets: A reporting challenge for executives and financial statement users, The CPA Journal 2011, 24-29.

Christ, Andreas: Verbriefungsplattformen nach IFRS, Wiesbaden 2014.

Colabella, Patrick/Fitzsimons, Adrian/Shoaf, Victoria: New Guidance on Asset Transfers and Special-Purpose Entities, Bank Accounting & Finance 2009-2010, 45-48.

Committee of European Banking Supervisors: Guidelines to Article 122a of the Capital Requirements Directive, 2010.

Croke, James/Manbeck, Peter/Mohan, Timothy/Samy, Sharad: A Challenge for the Future: Issuing ABCP in the New Regulatory Environment The Journal of Structured Finance 2011, 9-14.

Dechow, Patricia/Myers, Linda/Shakespeare, Catherine: Fair value accounting and gains from asset securitizations: A convenient earnings management tool with compensation side-benefits, Journal of Accounting and Economics 2010, 2-25.

Dechow, Patricia/Shakespeare, Catherine: The Accounting Review 2009, 99-132.

Deloitte: iGAAP 2010: Financial Instruments: IAS 32, IAS 39, IFRS 7 and IFRS 9 explained, 6. Auflage, London 2010.

Deloitte: iGAAP 2013: A guide to IFRS reporting, London 2012.

Deloitte: iGAAP 2014: Financial Instruments – IFRS 9 and related Standards, London 2013.

Derleder, Peter: Teilzession und Schuldnerrechte, AcP 1969, 97-123.

De Sear, Ed/Hwang, John: Risk Retention: The Journey Thus Far, The Journal of Structured Finance 2011, 31-35.

Devlin, Peter/Doeringer, Christian: Vorstandsvergütung und Aufsichtsratspflicht auf dem Prüfstand, Deloitte White Paper, 2011.

Dietrich, Anita/Malsch, Annette: Neuregelung der Vorschriften zur Konsolidierung und Fair-Value-Bewertung nach IFRS und deren Auswirkung auf die Bilanzierung von Investmentfonds, Recht der Finanzinstrumente 2012, 191-200.

Dittrich, Kurt in: Zerey, Zweckgesellschaften: Rechtshandbuch, Baden-Baden 2013.

Doleczik, Günter/Färber, Michèle: ED Derecognition: Änderungsvorschlag zu IAS 39 und IFRS 7, Der Betrieb 2009, 1193-1199.

Eckes, Burkhard/Flick, Peter/Schüz, Peter: ED/2013/3 Financial Instruments: Expected Credit Losses - konzeptionelle Würdigung, WPg 2013, 939-947.

Emse, Cordula: Verbriefungstransaktionen deutscher Kreditinstitute, Wiesbaden 2005.

Epstein, Barry/Jermakowicz, Eva: WILEY IFRS 2008: Interpretation and Application of International Accounting Standards, New Jersey 2008.

Epstein, Barry/Nach, Ralph/Bragg, Steven: Wiley GAAP 2008: Interpretation and Application of Generally Accepted Accounting Principles, Hoboken 2007.

Ernst & Young: International GAAP 2013, Croydon 2013.

Feld, Klaus-Peter: Bilanzierung von ABS-Transaktionen im IFRS Abschluss, Düsseldorf 2007.

Findeisen, Klaus-Dieter/Adolph, Peter: Neue Leasingbilanzierung: Wie geht es mit dem Exposure Draft Leases (ED/2013/6) weiter?, DB 2014, 614-616.

Fischbach, Rainer/Wollenberg, Klaus: Volkswirtschaftslehre 1, 13. Auflage, München 2007.

Flick, Caroline/Flick, Peter: Bilanzierung von ABS-Transaktionen ohne Abgang der verbrieften Forderungen : Auswirkungen der Finanzmarktkrise auf die Ausgestaltung von ABS-Transaktionen, WPg 2009, 828-835.

Flunker, Andrea/Lotz, Ulrich in: Deloitte, Asset Securitisation in Deutschland, 4. Auflage, München 2012.

Freidank, Carl-Christian/Velte, Patrick: Rechnungslegung und Rechnungslegungspolitik, 2. Auflage, München 2013.

Friedhoff, Martin/Berger, Jens in: Buschhüter/Striegel, Kommentar Internationale Rechnungslegung IFRS, Wiesbaden 2011.

Friedhoff, Martin/Berger, Jens: Financial Instruments, Wiesbaden 2013.

Gehrer, Judith/Krakuhn, Joachim/Theiss, Wolfgang: ED/2013/3 Financial Instruments: Expected Credit Losses – Aktuelle Fragestellungen in der Bankenpraxis, IRZ 2013, 431-436.

Geisel, Adrian/Berger, Jens: Geänderte Vorschläge zur Saldierung von finanziellen Vermögenswerten und finanziellen Verbindlichkeiten, WPg 2011, 1120-1128.

Gerner-Beuerle, Carsten in: Schriften zum europäischen und internationalen Privat-, Bank- und Wirtschaftsrecht, Band 27, Die Haftung von Emissionskonsortien, Berlin/New York 2009.

Glischke, Thomas/Grominski, Dmitri/Struffert, Ralf/Lellmann, Peter: Klassifizierung und Bewertung von strukturierten Verbriefungen unter IFRS 9, KoR 2011, 513-522.

Goranov, Borislav/Mach, Peter/Moosbrucker, Thomas in: Deloitte, Asset Securitisation in Deutschland, 4. Auflage, München 2012.

Gorton, Gary/Pennacci, George: Are Loan Sales Really Off-Balance Sheet?, Journal of Accounting, Auditing & Finance 1989, 125-145.

Gorton, Gary/Souleles, Nicholas in: Carey/Stulz, The Risks of Financial Institutions, Special Purpose Vehicles and Securitization, Chicago 2006.

Großkord, Maximilian/Mach, Peter/Reher, Gerrit: Lifetime Expected Loss – Anwendungsfelder und Berechnungsmethoden, Deloitte White Paper Nr. 58, 2013.

Grossman, Sanford/Hart, Olever: The Costs and Benefits of Ownership: A Theory of Vertical and Lateral Integration, Journal of Political Economy 1986, 691-719.

Grünberger, David: Bilanzierung von Finanzgarantien nach der Neufassung von IAS 39, KoR 2006, 81-92.

Grünberger, David: IFRS 2013: Ein systematischer Praxis-Leitfaden, 11. Auflage, Herne 2012.

Grünberger, David/Klein, Heiner: Offenlegung im Bankabschluss: Basel II Säule 3 und IFRS: Synergien und Praxishinweise, Herne 2008.

Gryshchenko, Vladimir: Die Krise als Wegweiser?! – Zweckgesellschaften nach ED 10, PiR 2010, 42-46.

Gryshchenko, Vladimir/Lotz, Ulrich in: Deloitte, Asset Securitisation in Deutschland, 4. Auflage, München 2012.

Haaker, Andreas: Beliebige Auslegung der Ausnahmevorschrift zur Nicht-Konsolidierung von Spezial-Sondervermögen?, PiR 2010, 294-295.

Haaker, Andreas: Die Grundregeln von Herbert Hax zur Performance-Messung und die Bilanzierung von Kreditrisiken, zfbf 2012, 71-110.

Haaker, Andreas: Begriffsvielfalt und Rechtsfolgen bei „Kapitalmarktorientierung“ und „öffentlichem Interesse“ von Unternehmen in Rechnungslegung und Prüfung, IRZ 2014, 181-184.

Hagemann, Tobias: IFRS 15 – Erfassung von Umsatzerlösen aus Kundenverträgen, PiR 2014, 227-233.

Haghani, Sascha/Voll, Steffen/Holzamer, Matthias/Warnig, Claudia: Financial Covenants in der Unternehmensfinanzierung, 2009.

Harms, Olaf in: Varnholt/Hoberg, Bilanzoptimierung für das Rating, 2. Auflage, Stuttgart 2014.

Hart, Oliver: Incomplete Contracts and the Theory of the Firm, Journal of Law, Economics, and Organization 1988, 119-139.

Hartenberger, Heike in: Bohl/Riese/Schlüter, Beck’sches IFRS-Handbuch, 4. Auflage, München 2013.

Hayn, Sven/Hold, Christiane in: Ballwieser/Beine et al., Handbuch International Financial Reporting Standards 2011, 7. Auflage, Weinheim 2011.

Heffes, Ellen: FEI CEO's 2007 Top 10 Financial Reporting Challenges, Financial Executive 2007, 14-15.

Heinrich, Gert: Basiswissen Mathematik, Statistik und Operations Research für Wirtschaftswissenschaftler, 4. Auflage, München 2012.

Henkel, Knut: Rechnungslegung von Treasury-Instrumenten nach IAS/IFRS und HGB, Wiesbaden 2010.

Henking, Andreas/Bluhm, Christian/Fahrmeir, Ludwig: Kreditrisikomessung, Berlin 2006.

Hettich, Silvia: Mängel und Inkonsistenzen in den derzeitigen Rechnungslegungsregeln nach IFRS – Beseitigung durch Neuregelungen?, KoR 2007, 6-14.

Higgins, Eric/Mason, Joseph: What is the value of recourse to asset-backed securities? A clinical study of credit card banks, Journal of Banking & Finance 2004, 875-899.

Hodge, Frank/Kennedy, Jane Jollineau/Maines, Laureen: The Accounting Review 2004, 687-703.

Hoffmann, Wolf-Dieter/Lüdenbach, Norbert: Die bilanzielle Abbildung der Hypothekenkrise und die Zukunft des Bilanzrechts, Der Betrieb 2007, 2213-2219.

Hommel, Michael: Rückstellungsbewertung im Spannungsverhältnis von Management Approach und Fair-Value-Approach, PiR 2007, 322-329.

Hommel, Michael/Bielke, David/Zicke, Julia: Bilanzierung von Versicherungsverträgen nach ED/2013/7 – Gewinnglättung dominiert fair value, KoR 2013, 404-412.

Hull, John: Risikomanagement, 2. Auflage, München 2011.

Hull, John: Optionen, Futures und andere Derivate, 8. Auflage, München 2012.

Iacobucci, Eward/Winter, Ralph: Asset Securitization and Asymmetric Information, Journal of Legal Studies 2005, 161-206.

IDW: WP Handbuch 2006, Band I, 13. Auflage, Düsseldorf 2006.

Jergtisch, Firiedrich in: Guserl/Pernsteiner, Handbuch Finanzmanagement in der Praxis, Wiesbaden 2004.

Kagermann, Henning/Küting, Karlheinz/Wirth, Johannes: IFRS-Konzernabschlüsse mit SAP, 2. Auflage, Stuttgart 2008.

Kammel, Volker in: Zerey, Zweckgesellschaften: Rechtshandbuch, Baden-Baden 2013.

Karaoglu, Emre: Regulatory capital and earnings management in banks: The case of loan sales and securitizations, 2005.

Käufer, Anke: Übertragung finanzieller vermögenswerte nach HGB und IFRS, Berlin 2009.

Kirsch, Hans-Jürgen/Knauer, Corinna: Die "unsichtbare" Finanzgarantie – Die Bilanzierung von Finanzgarantien nach IFRS unter besonderer Berücksichtigung eines möglichen Brutto- oder Nettoausweises sowie Problemen der Folgebilanzierung, KoR 2011, 337-341.

Kirsch, Hans-Jürgen/Schoo, Lena/Kraft, Ariane: Das Discussion Paper zum Conceptual Framework des IASB – Ein Überblick über Inhalte und Neuerungen, WPg 2014, 301-310.

Klein, Martin/Eisenschink, Michael: Offenlegung von Forderungsverkäufen im Jahresabschluss mittelständischer Kapitalgesellschaften, StuB 2011, 334-340.

Knobloch, Alois: Die Leasingbilanzierung nach ED/2013/6 – Bestandsaufnahme und Plädoyer für einen Consupmtion-based-approach, WPg 2014, 705-721.

Kothari, S.P./Lester, Rebecca: The Role of Accounting in the Financial Crisis: Lessons for the Future, Accounting Horizons 2012, 335-351.

Kothari, Vinod: Securitization: The Financial Instrument of the Future, 3.Auflage, Singapur 2006.

KPMG: IFRS visuell, 6. Auflage, Stuttgart 2012.

KPMG: Insights into IFRS 2012/2013, 9. Auflage, 2012.

Kropp, Matthias/Klotzbach, Daniela: Der Exposure Draft zu IAS 39 Financial Instruments, WPg 2002, 1010-1031.

Kuhn, Steffen: Die bilanzielle Abbildung von Finanzinstrumenten in der Rechnungslegung nach IFRS, Düsseldorf 2007.

Kuhn, Steffen/Scharpf, Paul: Rechnungslegung von Financial Instruments nach IFRS, 3. Auflage, Stuttgart 2006.

Kühn, Johannes/von Websky, Philipp in: Deloitte, Asset Securitisation in Deutschland, 4. Auflage, München 2012.

Kühnberger, Manfred: Fair Value Accounting, Bilanzpolitik und die Qualität von IFRS-Abschlüssen. Ein Überblick über ausgewählte Aspekte des Fair Value Accounting, zfbf 2014, 428-450.

Kühnberger, Manfred/Thurmann, Philipp: Pro-forma Earnings bei Immobilien-AG, KoR 2013, 281-292.

Kunkel, Paul/Hummel, Florian: Die Verbriefung von Handels- und Leasingforderungen: Auswirkungen der CRD IV auf ABS und ABCP, Risiko Manager, 2011, 5-10.

Kusano, Masaki: Does the Balance Sheet Approach Improve the Usefulness of Accounting Information?, The Japanese Accounting Review 2012, 139-152.

Küting, Karlheinz/Mojadadr, Mana: Das neue Control-Konzept nach IFRS 10 – IFRS 10 "Consolidated Financial Statements" stellt die Konzerne bereits jetzt vor enorme Herausforderungen, KoR 2011, 273-285.

Küting, Karlheinz/Weber, Claus-Peter: Die Bilanzanalyse, 10. Auflage, Stuttgart 2012.

Landsman, Wayne/Peasnell, Kenneth/Shakespeare, Catherine: Are asset securitizations sales or loans?, The Accounting Review 2008, 1251-1272.

Lang, Helmut: Neue Theorie des Management, 2. Auflage, Bremen 2014.

Lauer, Peter: Fair-Value-Bewertung von Schulden, Berlin 2014.

Levitin, Adam: Skin-in-the-Game: Risk Retention Lessons from Credit Card Securitization, The George Washington Law Review 2013, 813-855.

Löffelholz, Lars in: Jelinek/Hannich, Wege zur effizienten Finanzfunktion in Kreditinstituten, Wiesbaden 2009.

Lotz, Ulrich: Bilanzierung von ABS-Transaktionen, Euroforum E-Book, 2007.

Lotz, Ulrich/Burmester, Philipp/von Slupetzki, Annike: Neuregelungen bei Verbriefungen: Art. 122a CRD II und die Harmonisierungsproblematik der §§ 18a, 18b KWG, Recht der Finanzinstrumente 2012, 17-24.

Lotz, Ulrich/Gryshchenko, Vladimir: Implikationen für Verbriefungstransaktionen – Änderungen durch IFRS 9, PiR 2011, 149-155.

Lotz, Ulrich/Gryshchenko, Vladimir in: Zerey, Zweckgesellschaften: Rechtshandbuch, Baden-Baden 2013.

Lüdenbach, Norbert: Abtretung bundesgedeckter Forderungen (preinsured assets), PiR 2009, 56-58.

Lüdenbach, Norbert: Bilanzierung eines sanierungsbedingten Nachrangdarlehens beim Gläubiger, PiR 2013, 329.

Lüdenbach, Norbert: IFRS: Erfolgreiche Anwendung von IFRS in der Praxis, 7. Auflage, Freiburg 2013.

Lüdenbach, Norbert/Freiberg, Jens: Der Beherrschungsbegriff des IFRS 10 - Anwendung auf normale vs. strukturierte Unternehmen, PiR 2012, 41-50.

Lüdenbach, Norbert/Hoffmann, Wolf-Dieter: Enron und die Umkehrung der Kausalität bei der Rechnungslegung, DB 2002, 1169-1175.

Lüdenbach, Norbert/Hoffmann, Wolf-Dieter/Freiberg, Jens: Haufe IFRS Kommentar, 12. Auflage, Freiburg 2014.

Lüthje, Bernd in: Varnholt/Hoberg, Bilanzoptimierung für das Rating, 2. Auflage, Stuttgart 2014.

Mahadkar, Vishal: Defending skin-in-the-game: how regulators should structure the final credit risk retention rules for the residential mortgage market, Fordham Journal of Corporate & Financial Law 2013, 405-449.

Martin, Marcus/Reitz, Stefan/Wehn, Carsten: Kreditderivate und Kreditrisikomodelle, Wiesbaden 2006.

Martin, Marcus/Wehn, Carsten: Berücksichtigung von Prepayment-Optionen in MBS, ABS und CMO, in: Gruber/Gruber/Braun, Praktiker-Handbuch Asset-Backed-Securities und Kreditderivate, Stuttgart 2005.

Matena, Sonja: Bilanzielle Vermögenszurechnung nach IFRS, Düsseldorf 2004.

Mojadadr, Mana: Zweckgesellschaften im Konzernabschluss nach HGB und IFRS, Berlin 2013,

Moody's: The Fundamentals of Asset-Backed Commercial Paper, 2003.

Müller, Stefan: IFRS: Grundlagen und Erstanwendung, Berlin 2007.

Nemet, Marijan/Khrebtishchev, Alexander: Forfaitierung von Restwertrisiken, IRZ 2011, 91-94.

Ngo, Khanh Dang: Rechtsfolgen des Refinanzierungsregisters, Wiesbaden 2013.

Niehus, Rudolf: "Auch für Einzelabschlüsse gelten grundsätzlich die IAS"? – Ein Beitrag zu den (möglichen) Grenzen einer "Internationalisierung" der Rechnungslegung im Einzelabschluss, WPg 2001, 737-752.

Niu, Flora: Accounting for transferring financial assets: Is the financial-components approach valued by the capital market?, Review of Accounting and Finance 2007, 195-213.

Niu, Flora/Richardson, Gordon: Are Securitizations in Substance Sales or Secured Borrowings? Capital-Market Evidence, Contemporary Accounting Research 2006, 1105-1133.

Overbeck, Ludger/Stahl, Gerhard in: Oehler, Credit Risk und Value-at-Risk Alternativen, Stuttgart 1998.

Pavel, Christine/Phillis, David: Why commercial banks sell loans: an empirical analysis Economic Perspectives 1987, 3-14.

Pelger, Christoph: Ansatzpunkte und zweifelhafte Anreizwirkungen: Entwicklungen in den IFRS und der Zusammenhang zur Unternehmenssteuerung, KoR 2008, 565-574.

Pellens, Bernhard: IFRS 15: neue Regeln für die erste Zeile in der GuV – Hohe Umstellungskosten und hoher Informationswert?, WPg 2014, I.

Pellens, Bernhard/Fülbier, Rolf Uwe/Gassen, Joachim/Sellhorn, Thorsten: Internationale Rechnungslegung, 8. Auflage, Stuttgart 2011.

Pellens, Bernhard/Schmidt, André: Verhalten und Präferenzen deutscher Aktionäre, Frankfurt am Main 2014.

Perry, Raymond: Accounting for securitizations, Accounting Horizons 1993, 71-82.

Peters, Sönke/Brühl, Rolf/Stelling, Johannes: Betriebswirtschaftslehre, 12. Auflage, München 2005.

Pfau, Juliane: Hypothekenpfandbriefe und Mortgage-Backed Securities im Vergleich unter Berücksichtigung des Bedarfs an selbst bewohntem Eigentum, Berlin 2002.

Pollock, Philip/Stadum, Edward/Holtermann, Gordon: Die Sekuritisierung und ihre Zukunft in Deutschland, Recht der Internationalen Wirtschaft 1991, 275-281.

Pounder, Bruce: Strategic Finance 2010, 12-16.

Prüm, Thomas/Dartsch, Andreas: Die jüngste KWG-Novelle und ihre Auswirkungen auf ABS-Emissionen CORPORATE FINANCE law 2010, 475-486.

PwC, IFRS für Banken, 3. Auflage, Frankfurt am Main 2005.

PwC, Manual of Accounting – IFRS 2012, London 2011.

PwC, IFRS für Banken, 2012, 5. Auflage, Frankfurt am Main 2012.

Reichling, Peter/Bietke, Daniela/Henne, Antje: Praxishandbuch Risikomanagement und Rating, 2. Auflage, Wiesbaden 2007.

Reiland, Michael: Derecognition – Ausbuchung finanzieller Vermögenswerte, Düsseldorf 2006.

Reiland, Michael: IFRS 10: Sachgerechte Abgrenzung des Konsolidierungskreises oder Spielwiese für Bilanzpolitiker?, Der Betrieb 2011, 2729-2736.

Ricken, Stephan: Kreditrisikotransfer europäischer Banken, Frankfurt am Main 2007.

Riebell, Claus: Die Praxis der Bilanzauswertung, 8. Auflage, Stuttgart 2006.

Röchling, Arndt: Loan-Backed Securities, Lohmar-Köln 2002.

Roth, Günter in: Rixecker/Säcker/Oetker, Münchener Kommentar zum Bürgerlichen Gesetzbuch: BGB, München 2012.

Rothman, Samantha: Lessons From General Growth Properties: The Future Of The Special Purpose Entity, Fordham Journal of Corporate & Financial Law, 2012, 227-260.

Rudolph, Bernd/Hofmann, Bernd/Schaber, Albert/Schäfer, Klaus: Kreditrisikotransfer, Berlin Heidelberg 2007.

Ryan, Stephen: Accounting in and for the Subprime Crisis, The Accounting Review 2008, 1605-1638.

Saito, Shizuki: Accounting Standards and Global Convergence Revisited: Social Norms and Economic Concepts, The Japanese Accounting Review 2011, 105-117.

Scharenberg, Sigrun: Die Bilanzierung von wirtschaftlichem Eigentum in der IFRS-Rechnungslegung, Wiesbaden 2009.

Scharpf, Paul/Weigel, Wolfgang/Löw, Edgar: Die Bilanzierung von Finanzgarantien und Kreditzusagen nach IFRS, WPg 2006, 1492-1504.

Schildbach, Thomas: Der Konzernabschluss nach HGB, IFRS und US-GAAP, 7. Auflage, München 2008.

Schipper, Katherine/Yohn, Teri: Standard-Setting Issues and Academic Research Related to the Accounting for Financial Asset Transfers, Accounting Horizons 2007, 59-80

Schlösser, Tanja: Problemkreditmanagement im deutschen Kreditgeschäft, Lohmar-Köln 2011.

Schmeisser, Wilhelm/Leonhardt, Maik in: Schmeisser/Eckstein/Zündorf/Eckstein/Krimphove, Finanzwirtschaft – Finanzdienstleistungen – Empirische Wirtschaftsforschung, Band 12, München und Mering 2009.

Schmeisser, Wilhelm/Mauksch, Carola/Schindler, Falko: Ausgewählte Verfahren zur Analyse und Steuerung von Risiken im Kreditgeschäft, München 2005.

Schmidt, Martin: Rechnungslegung von Finanzinstrumenten, Wiesbaden 2005.

Schmotz, Thomas in: Buschhüter/Striegel, Kommentar Internationale Rechnungslegung IFRS, Wiesbaden 2011.

Schneck, Ottmar: Handbuch alternative Finanzierungsformen, Weinheim 2006.

Schreiber, Susanne: Der Asset-Liability-Approach: zum Einfluss dieser bilanztheoretischen Konzeption auf den Ansatz von immateriellen Gütern nach US-GAAP, WiSt 2007, 572-577.

Schreiber, Stefan: ED/2013/11 – Änderungsvorschläge des IASB im Rahmen der Annual Improvements to IFRSs (2012 – 2014 Cycle), WPg 2014, 520-526.

Schulz, Sebastian: Die Leasingbilanzierung nach IFRS aus Sicht des asset-liability-approach, IRZ 2008, 179-185.

Senger, Thomas/Rulfs, Ronald in: Beck'sches IFRS-Handbuch, 2013, 4. Auflage, München 2013.

Sickmann, Eric: Konsolidierung von Variable Interest Entities, Düsseldorf 2005.

Streckenbach, Jana Isabelle: Bilanzierung von Zweckgesellschaften im Konzern, Bochum 2006.

Struffert, Ralf: Asset Backed Securities-Transaktionen und Kreditderivate nach HGB und IFRS, Wiesbaden 2006.

Struffert, Ralf in: Deloitte, Asset Securitisation in Deutschland, 4. Auflage, München 2012.

Struffert, Ralf/Nagelschmitt, Sabine: Darlehenskonditionen im Lichte von IFRS 9, WPg 2012, 924-935.

Struffert, Ralf/Wolfgarten, Wilhelm: Aktuelle Fragen der Bilanzierung von Verbriefungstransaktionen – Stellung von Credit Enhancements durch den Originator sowie Nutzung von Verbriefungen für Offenmarktgeschäfte, WPg 2010, 371-380.

Swieringa, Robert: Recognition and measurement issues in accounting for securitized assets, Journal of Accounting, Auditing & Finance 1989, 169-186.

Terstege, Udo/Ewert, Jürgen: Betriebliche Finanzierung schnell erfasst, Berlin Heidelberg 2011.

Thelen-Pischke, Hiltrud in: Zerey, Zweckgesellschaften: Rechtshandbuch, Baden-Baden 2013.

Thiemann, Matthias: Regulating the off-balance sheet exposure of banks, 2011.

Trinkaus, Gaby: Performance and regulatory effects of non-compliant loans in German synthetic mortgage-backed securities transactions, Lohmar-Köln 2010.

Veit, Klaus-Rüdiger: Bilanzpolitik, München 2002.

Vermilyea, Todd/Webb, Elizabeth/Kish, Andrew: Implicit recourse and credit card securitizations: What do fraud losses reveal?, Journal of Banking & Finance 2007, 1198-1208.

Vetter, Michael/Cremers, Heinz: Das IRB-Modell des Kreditrisikos im Vergleich zum Modell einer logarithmisch normalverteilten Verlustfunktion, 2008.

Vollborth, Nina: Forderungsabtretung durch Banken im Lichte von Bankgeheimnis und Datenschutz, Baden-Baden 2007.

Wagenhofer, Alfred: Fair Value-Bewertung im IFRS-Abschluss und Bilanzanalyse, IRZ 2006, 31-37.

Wagenhofer, Alfred: Die Zukunft der internationalen Rechnungslegung, Der Schweizer Treuhänder 2014, 539-550.

Wagenhofer, Alfred/Ewert, Ralf: Externe Rechnungslegung, 2. Auflage, Berlin 2007.

Walter, Bernd: Strukturierte Produkte, Driesen 2008.

Wohlgemuth, Frank: IFRS: Bilanzpolitik und Bilanzanalyse, Berlin 2007.

Young, Michael: The Role of Fair Value Accounting in the Subprime Mortgage Meltdown, Journal of Accountancy 2008, 34-35.

Zantow, Roger/Dinauer, Josef: Finanzwirtschaft des Unternehmens, 3. Auflage, München 2011.

Zimmermann, Ruth-Caroline: Abschlussprüfer und Bilanzpolitik der Mandanten, Wiesbaden 2008.

Zülch, Henning: Die Gewinn- und Verlustrechnung nach IFRS, Berlin 2005.

Zülch, Henning/Burghardt, Stephan: ED 10 "Consolidated Financial Statements": Entwurf zur Abbildung von Tochter- und Zweckgesellschaften, PiR 2009, 80-82.

Zülch, Henning/Erdmann, Mark-Ken/Popp, Marco: Kritische Würdigung der Neuregelungen des IFRS 10 im Vergleich zu den bisherigen Vorschriften des IAS 27 sowie SIC-12, KoR 2011, 585-593.

Zülch, Henning/Hendler, Matthias: Bilanzierung nach IFRS, Weinheim 2009.

Rechtsquellenverzeichnis

Verzeichnis der Rechtsquellen der EU

Verordnung (EG) Nr. 1606/2002 des Europäischen Parlaments und des Rates vom 19. Juli 2002 betreffend die Anwendung der internationalen Rechnungslegungsstandards, veröffentlicht im Amtsblatt der EG, L 243 vom 11.09.2002.

Verordnung (EU) Nr. 1254/2012 der Kommission vom 11. Dezember 2012 zur Änderung der Verordnung (EG) Nr. 1126/2008 zur Übernahme bestimmter internationaler Rechnungslegungsstandards gemäß der Verordnung (EG) Nr. 1606/2002 des Europäischen Parlaments und des Rates im Hinblick auf International Financial Reporting Standard 10, International Financial Reporting Standard 11, International Financial Reporting Standard 12, International Accounting Standard 27 (2011) und International Accounting Standard 28 (2011), veröffentlicht im Amtsblatt der EU, L 360 am 29.12.2012.

Verordnung (EU) Nr. 313/2013 der Kommission vom 4. April 2013 zur Änderung der Verordnung (EG) Nr. 1126/2008 zur Übernahme bestimmter internationaler Rechnungslegungsstandards gemäß der Verordnung (EG) Nr. 1606/2002 des Europäischen Parlaments und des Rates im Hinblick auf Konzernabschlüsse, Gemeinsame Vereinbarungen und Angaben zu Anteilen an anderen Unternehmen: Übergangsleitlinien (Änderungen an IFRS 10, IFRS 11 und IFRS 12), veröffentlicht im Amtsblatt der EU, L 95 am 05.04.2013.

Verordnung (EU) Nr. 575/2013 des Europäischen Parlaments und des Rates vom 26. Juni 2013 über Aufsichtsanforderungen an Kreditinstitute und Wertpapierfirmen und zur Änderung der Verordnung (EU) Nr. 646/2012, veröffentlicht im Amtsblatt der EU, L 176 vom 27.06.2013.

Richtlinie 2009/111/EG des Europäischen Parlaments und des Rates vom 16. September 2009 zur Änderung der Richtlinien 2006/48/EG, 2006/49/EG und 2007/64/EG hinsichtlich Zentralorganisationen zugeordneter Banken, bestimmter Eigenmittelbestandteile, Großkredite, Aufsichtsregelungen und Krisenmanagement, veröffentlicht im Amtsblatt der EU, L 302 vom 17.11.2009.

Richtlinie 2013/36/EU des Europäischen Parlaments und des Rates vom 26. Juni 2013 über den Zugang zur Tätigkeit von Kreditinstituten und die Beaufsichtigung von Kreditinstituten und Wertpapierfirmen, zur Änderung der Richtlinie 2002/87/EG und zur Aufhebung der Richtlinien 2006/48/EG und 2006/49/EG, veröffentlicht im Amtsblatt der EU, L 176 vom 27.06.2013.

Leitlinie der Europäischen Zentralbank vom 20. September 2011 über geldpolitische Instrumente und Verfahren des Eurosystems (EZB/2011/14), veröffentlicht im Amtsblatt der EU, L 331 vom 14.12.2011.

Nationale Gesetze

BGB: Bürgerliches Gesetzbuch vom 18.08.1896 (RGBl. S. 195), zuletzt geändert am

22.07.2014 (BGBl. I S. 1218)

HGB: Handelsgesetzbuch (ohne Seehandel) vom 10.05.1897 (RGBl. S. 219), zuletzt geändert am 22.12.2011 (BGBl. I S. 3044).

InsO: Insolvenzordnung vom 05.10.1994 (BGBl. I S. 2866), zuletzt geändert am 31.08.2013 (BGBl. I S. 3533).

PfandBG: Pfandbriefgesetz vom 22.05.2005 (BGBl. I S. 1373), zuletzt geändert am 10.12.2014 (BGBl. I S. 2091).

KWG: Kreditwesengesetz in der Fassung der Bekanntmachung vom 09.09.1998 (BGBl. I S. 2776), zuletzt geändert am 10.12.2014 (BGBl. I S. 2091).

WpHG: Wertpapierhandelsgesetz in der Fassung der Bekanntmachung vom 09.09.1998 (BGBl. I S. 2708), zuletzt geändert am 10.12.2014 (BGBl. I S. 2085).

Rechtsprechungsverzeichnis

BGH, Urteil vom 24.06.2003, IX ZR 75/01, DB 2003, 2328.

BGH, Urteil vom 12.10.1999, XI ZR 24/99, ZIP 1999, 2058.

Verzeichnis der sonstigen Quellen

Bundestags-Drucksachen

BT-Drs. 15/5852

BT-Drs. 16/12407

Verzeichnis der Verlautbarungen von Standardisierungsgremien

Deutsches Rechnungslegung Standards Committee (DRSC): Deutscher Rechnungslegungsstandard Nr. 19 (DRS 19), Pflicht zur Konzernrechnungslegung und Abgrenzung des Konsolidierungskreises, Loseblattsammlung, 16. Ergänzungslieferung, 2011.

HFA des IDW: Stellungnahme zur Rechnungslegung: Einzelfragen zur Anwendung von IFRS (IDW RS HFA 2), in: WPg Supplement 3/2012, 18-41.

HFA des IDW: Stellungnahme zur Rechnungslegung: Zweifelsfragen der Bilanzierung von asset backed securities-Gestaltungen und ahnlichen Transaktionen (IDW RS HFA 8), in: FN-IDW 2002, S. 640-648.

HFA des IDW: Stellungnahme zur Rechnungslegung: Einzelfragen zur Bilanzierung von Finanzinstrumenten nach IFRS (IDW RS HFA 9), in: WPg Supplement 2/2007, 83-157.

HFA des IDW: Stellungnahme zur Rechnungslegung: Einzelfragen zur Ermittlung des Fair Value nach IFRS 13 (IDW ERS HFA 47), in: WPg Supplement 1/2014, 140-156.

IFRIC: Update September 2005.

IASB: ED/2009/3 Derecognition – Proposed amendments to IAS 39 and IFRS 7, http://www.ifrs.org/News/Press-Releases/Documents/EDDerecognition.pdf, abgerufen am 15.12.2014.

IASB: Transfer of Financial Assets – Project Summary and Feedback Statement, 2010, http://www.ifrs.org/News/Press-Releases/Documents/FeedbackStatementAmendsIFRS72.pdf, abgerufen am 15.12.2014.

IASB: Effect Analysis, IFRS 10 Consolidated Financial Statements and IFRS 12 Disclosure of Interests in Other Entities, 2012, http://www.ifrs.org/News/Announcements-and-Speeches/Documents/EffectAnalysis_IFRS10andIFRS12_UpdatedJanuary2012.pdf, abgerufen am 15.12.2014.

IASB: Non-financial liabilities (amendments to IAS 37), http://www.ifrs.org/current-projects/iasb-projects/liabilities-and-equity/Pages/Non-financial-liabilities.aspx, abgerufen am 15.12.2014.

IASB: Update September 2006.

IDW: Positionspapier des IDW zu Bilanzierungs- und Bewertungsfragen im Zusammenhang mit der Subprime-Krise, 2007, http://www.idw.de/idw/download/Subprime-Positionspapier.pdf?id=424920, abgerufen am 15.12.2014.

IASB: International Financial Reporting Standards 2013 – Official pronouncements issued at 1 January 2013. Includes IFRSs with an effective date after 1 January 2013 but not the IFRSs they will replace (Red book), 2 Bände, London 2013.

Wiley: IFRS 2013, Die von der EU gebilligten Standards und Interpretationen, Weinheim 2013.

FASB: ASC 860 – Transfers and Servicing, verfügbar unter: https://asc.fasb.org/.

IASB: Exposure Draft ED/2013/6 Leases, http://www.ifrs.org/Current-Projects/IASB-Projects/Leases/Exposure-Draft-May-2013/Documents/ED-Leases-Standard-May-2013.pdf, abgerufen am 15.12.2014.

IASB: ED/2013/7 Insurance Contracts, http://www.ifrs.org/Current-Projects/IASB-Projects/Insurance-Contracts/Exposure-Draft-June-2013/Documents/ED-Insurance-Contracts-June-2013.pdf, abgerufen am 15.12.2014.

Geschäftsberichte

CLAAS, Geschäftsbericht 2013, http://app.claas.com/2013/geschaeftsbericht/downloads/de/pdf/CLAAS_GB13_D.pdf, abgerufen am 15.12.2014.

Deutsche Bank, Geschäftsbericht 2012, https://www.deutsche-bank.de/ir/de/download/Deutsche_Bank_Geschaeftsbericht_2012_gesamt.pdf, abgerufen am 15.12.2014.

Deutsche Bank, Geschäftsbericht 2013, https://www.deutsche-bank.de/ir/de/download/Deutsche_Bank_Geschaeftsbericht_2013_gesamt.pdf, abgerufen am 15.12.2014.

Santander, Auditors' Report and Annual Consolidated Accounts 2012, http://www.santanderannualreport.com/2012/pdf/informe-auditoria-y-cuentas-anuales/informe_auditoria_cuentas_anuales_consolidadas_en.pdf, abgerufen am 15.12.2014.

Internetquellen

BaFin, Prospektpflicht, http://www.bafin.de/DE/Aufsicht/Prospekte/ProspekteWertpapiere/Prospektpflicht/prospektpflicht_node.html, abgerufen am 15.12.2014.

TSI-Verbriefungsplattform, http://www.true-sale-international.de/unternehmen/wissenschaftsfoerderung/stiftungen, abgerufen am 15.12.2014.

SFM, http://www.sfmeurope.com/services/

S&P, Credit Ratings Definitions & FAQs, http://www.standardandpoors.com/ratings/definitions-and-faqs/en/us, abgerufen am 15.12.2014.

DZ Bank, ABS & Structured Credits - Asset-basierte Finanzierungen "Made In Germany" - Teil 2, 2010, http://www.true-sale-international.de/fileadmin/tsi_downloads/ABS_Research/Aktuelle_Positionen_und_Research/ABF_Made_in_Germany_Teil_2.pdf, abgerufen am 15.12.2014.

DZ Bank, ABS & Structured Credits, Ausgabe 2, 2013, http://www.true-sale-international.de/uploads/media/AB_Watcher_2013_02_28_Nr__193_de.pdf, abgerufen am 15.12.2014.

DZ Bank, ABS and Structured Credits – Rückblick 2012 / Ausblick 2013, http://www.true-sale-international.de/fileadmin/tsi_downloads/ABS_Aktuelles/Verbriefungsmarkt/ABS_Outlook_2013_de.pdf, abgerufen am 15.12.2014.

Verband Deutscher Pfandbriefbanken, Der Pfandbrief 2012/2013, http://www.pfandbrief.de/cms/_internet.nsf/0/47F1D8B2BAFF8EECC1257B5900513AE4/$FILE/DE_PBFB_2012.pdf, abgerufen am 15.12.2014.

Vasicek, Oldrich, Probability of Loss on a Loan Portfolio, KMV, 1987, http://www.moodysanalytics.com/~/media/Insight/Quantitative-Research/Portfolio-Modeling/87-12-02-Probability-of-Loss-on-Loan-Portfolio.ashx, abgerufen am 15.12.2014.

Stellungnahmen zum Exposure Draft ED/2009/3: Derecognition – Proposed amendments to IAS 39 and IFRS 7, http://www.ifrs.org/Current-Projects/IASB-Projects/Derecognition/Exposure-Draft-and-Comment-Letters/Comment-Letters/Pages/Comment-letters.aspx, abgerufen am 15.12.2014.

PwC, Practical guide to IFRSs 10 and 12 – Questions and answers, https://inform.pwc.com/inform2/show?action=informContent&id=1238152810173849, abgerufen am 15.12.2014.

PwC, IAS 39 – Derecognition of financial assets in practice, 2008, 41, https://www.pwc.ch/user_content/editor/files/publ_ass/pwc_ias39_derecognition.pdf, abgerufen am 15.12.2014.

LBBW, Financial Stability Forum Bericht zum 31.12.2011, http://www.lbbw.de/imperia/md/content/lbbwde/ueberuns/geschaeftsbericht/2012/FSB_Bericht_12_2011.pdf, abgerufen am 15.12.2014.

Moody's, Rating Action Moody's assigns Prime-1 rating to Weinberg Capital ABCP program, http://www.moodys.com/research/Moodys-assigns-Prime-1-rating-to-Weinberg-Capital-ABCP-program--PR_193085, abgerufen am 15.12.2014.

Moody's, The Lognormal Method Applied to ABS Analysis, 2000, https://www.moodys.com, abgerufen am 15.12.2014.

Moody's, Demystifying Securitization for Unsecured Investors, 2003, https://www.moodys.com/sites/products/AboutMoodysRatingsAttachments/2001700000415918.pdf, abgerufen am 15.12.2014.

Helaba, Opusalpha Investorenpräsentation vom 13.04.2011, 21 helaba.de/de/Unternehmen/GlobalMarkets/Downloads/FremdkapitalfinOpusalpha.pdf, abgerufen am 15.12.2014.

Hoffmann, Karl, Anmerkungen zum Entwurf der Fortsetzung IDW RS HFA 9 Abgang von finanziellen Vermögenswerten nach IAS 39, 2006, http://www.idw.de/idw/download/IDWERSHFA9_Fortsetzung_Hoffmann.pdf?id=414784&property=Datei, abgerufen am 15.12.2014.

G20-Staaten, Declaration on Strengthening the Financial System, 2009, http://www.g20.utoronto.ca/2009/2009ifi.pdf, abgerufen am 15.12.2014.

FSF, Report of the Financial Stability Forum on Enhancing Market and Institutional Resilience, 2008, http://www.financialstabilityboard.org/publications/r_0804.pdf, abgerufen am 15.12.2014.

Deloitte, Securitization Accounting, 8. Auflage 2010, http://www.crefc.org/uploadedFiles/CMSA_Site_Home/Government_Relations/CMSA_Issues/Financial_Accounting_Standard_Board/FAS_140_%E2%80%93_Transfers_in_Financial_Assets/Deloitte-Securitization_Accounting.pdf?n=2954, abgerufen am 15.12.2014.

Beinert, Claudia/Dreher, Denny/Reichling, Peter, Das Altman'sche Z"-Modell als Benchmark bei der Ratingvalidierung, Risiko Manager 2007, http://www.risiko-manager.com

/index.php?id=162&tx_ttnews%5Btt_news%5D=8629&cHash=f86d3284948753a642e4ddff1df5d6d4, abgerufen am 15.12.2014.

EFRAG, „Separate Financial Statements", http://www.efrag.org/files/Separate%20Financial%20Statements/140828_Separate_financial_statements.pdf, abgerufen am 15.12.2014.

EFRAG, Supplementary study – Consolidation of Special Purpose Entities (SPEs) under IFRS 10, 2012, http://www.efrag.org/files/EFRAG%20Output/SPE_Supplementary_study_-_EFRAG_secretariat_report.pdf, abgerufen am 15.12.2014.

Europäische Zentralbank, Durchführung der Geldpolitik im Euro-Währungsgebiet, 2012, http://www.bundesbank.de/Redaktion/DE/Downloads/Veroeffentlichungen/EZB_Publikationen/2012/2011_01_01_durchfuehrung_geldpolitik.html, abgerufen am 15.12.2014.

European Commission, Implementation of the IAS Regulation (1606/2002) in the EU und EEA, http://ec.europa.eu/internal_market/accounting/docs/ias/ias-use-of-options_en.pdf, abgerufen am 15.12.2014.

Prospekte deutscher ABS-Transaktionen,

http://www.true-sale-international.de/leistungen/abs-transaktionen/allgemein/, abgerufen am 15.12.2014.